QoS 感知的 Web 服务选择

付晓东　邹　平　著

科学出版社

北　京

内 容 简 介

网络环境的开放性使得可用的候选 Web 服务构成一个不断成长、动态变化、具有相同功能的同质服务空间，从而使 QoS 感知的服务选择面临多种挑战。本书从 Web 服务及其 QoS 基础知识、Web 服务信誉度量、局部服务选择策略和全局服务选择策略 4 个方面，全面地介绍目前 QoS 感知的 Web 服务选择中的若干关键问题及其解决方案，有利于读者系统地了解并掌握 QoS 感知的服务选择最基本和最重要的研究成果。

本书可作为服务计算、分布式计算、可信计算、Web 服务应用等领域的研究人员与工程技术人员的参考书，也可作为计算机科学与技术、软件工程、管理信息系统和决策理论与方法等相关专业的研究生教材。

图书在版编目（CIP）数据

QoS 感知的 Web 服务选择/付晓东，邹平著. —北京：科学出版社，2014.1

ISBN 978-7-03-039633-4

Ⅰ. ①Q… Ⅱ. ①付… ②邹… Ⅲ. ①Web服务器 Ⅳ. ①TP393.09

中国版本图书馆CIP数据核字（2014）第013266号

责任编辑：张 濮 陈 静/责任校对：鲁 素
责任印制：徐晓晨/封面设计：迷底书装

科 学 出 版 社 出版
北京东黄城根北街 16 号
邮政编码：100717
http://www.sciencep.com

北京凌奇印刷有限责任公司 印刷
科学出版社发行 各地新华书店经销
*
2014 年 1 月第 一 版 开本：720 × 1 000 1/16
2019 年 1 月第三次印刷 印张：14 1/2
字数：292 000
定价：88.00 元

（如有印装质量问题，我社负责调换）

前　言

在开放的网络环境下实现跨组织的信息共享与业务协同已成为商业、科学研究、军事等领域中具有广泛需求的基础性研究课题。近年来,随着服务(service)成为开放网络环境下资源封装与抽象的核心概念,通过动态组合服务实现资源的灵活聚合已成为技术发展的自然思路。特别是随着 Web 服务技术的出现和推广, Web 服务已成为公认的实现面向服务架构(Service-Oriented Architecture, SOA)的主流技术。由于应用领域的多样性、复杂性和用户需求的动态性, Web 服务组合需要具有服务动态发现、选择与绑定的能力。然而, 运行环境的动态性和不可预知性使得 Web 服务组合的服务质量(Quality of Service, QoS)保障成为至关重要且意义重大的挑战, 而 QoS 感知(QoS-aware)的服务选择则是解决这一挑战的核心技术之一。

网络环境的开放性使得可用的候选 Web 服务构成一个不断成长、动态变化、具有相同功能的同质服务空间, 这使得 QoS 感知的服务选择成为既令人兴奋又面临挑战的问题。Web 服务选择的关键问题主要包括 QoS 信息的真实性判断, 不确定 QoS、随机 QoS 情况下的服务选择, 组合服务运行时高效服务选择等方面。为此, 本书以作者在这些方面所做的工作为主体, 结合本领域近年来得到广泛认可的工作成果, 对 QoS 感知的 Web 服务选择问题和已经验证过的解决方案进行全面分析与阐述, 力求使读者能系统地了解并掌握 QoS 感知的服务选择的最基本、最重要的研究成果。

本书共分为四个部分, 各章之间的关系如图 1 所示。第一部分介绍 Web 服务基础, 包括第 1~2 章。第 1 章介绍 Web 服务技术兴起的背景, 面向服务计算与面向服务架构的概念, 着重阐述 Web 服务的相关知识。第 2 章介绍 Web 服务组合的概念及其 QoS 保障问题, 阐述局部服务选择策略和全局服务选择策略的思想。

第二部分讨论 Web 服务信誉度量方法, 包括第 3~4 章。第 3 章介绍一种利用 QoS 公告值与实际值的相似度进行信誉度量的模型, 包括层次化的 QoS 相似度计算方法和基于 QoS 相似度的信誉度量算法。为处理 QoS 随机性的问题, 第 4 章介绍一种以随机优势理论为基础, 利用公告 QoS 随机性和实际 QoS 随机性之间的一致性计算 QoS 信誉的方法。

第三部分讨论局部 Web 服务选择策略, 包括第 5~8 章。第 5 章介绍候选服务的 QoS 信息为确定值时的 Web 服务局部选择方法, 这是最基础的一种服务选择方法, 其核心是多属性决策理论。第 6 章对 Web 服务选择中的信息不确定性进

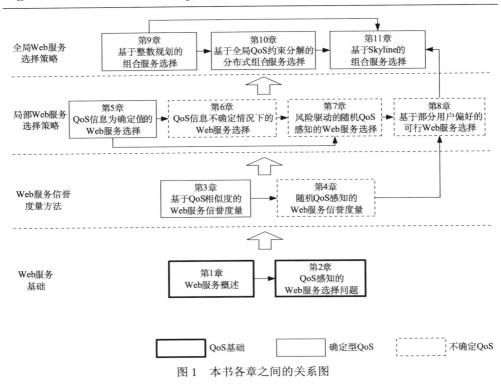

图 1　本书各章之间的关系图

行分析，利用区间数比较的可能度方法和逼近理想点的多属性决策方法，建立基于不确定 QoS 信息的服务局部选择模型。第 7 章将随机 QoS 信息情况下的服务选择问题形式化为随机多属性决策问题，利用半方差理论将随机多属性决策问题转换为普通多属性决策问题，并利用逼近理想解的排序方法(Technique for Order Preference by Similarity to Ideal Solution，TOPSIS)求解。此外，该章还介绍了一种基于最大熵原理的小样本 QoS 概率分布获取方法。第 8 章介绍一种基于随机优势准则的 Web 服务选择策略。在候选服务的 QoS 具有随机性时，该方法只需要用户给出其对风险的态度，即可有效地得到一个候选服务的可行集。

　　第四部分介绍全局 Web 服务选择策略，包括第 9~11 章。第 9 章利用 0-1 整数规划(integer programming)模型对组合服务选择问题进行建模，并介绍一种对该整数规划问题进行求解的启发式算法，同时讨论了遗传算法(Genetic Algorithm，GA)在组合服务选择中的应用。第 10 章介绍基于全局 QoS 约束分解的分布式组合服务选择方法。该方法通过将全局 QoS 约束有效地分解为一系列局部约束，从而可有效地在分布模式下实现组合服务选择。第 11 章介绍基于 Skyline 概念的服务组合方案选择方法，通过 Skyline 技术降低候选服务与组合方案的数目，提高组合服务选择效率。此外，还分析了提升服务 QoS 使其被包含到组合服务中的方法。

　　本书相关的研究得到云南大学岳昆教授，昆明理工大学可信服务计算学科方向团队刘骊、冯勇、刘晓燕、张晶、范洪博等老师的大力支持。昆明理工大学的研究生马玉倩、黄袁、贾楠、代志华、李昌志、王威、田强、夏永澄等同学参加了相关课题的研究。本书得到国家自然科学基金项目"随机 QoS 感知的服务计算风险管理研究"（71161015）、云南省应用基础研究计划项目"动态 Web 服务组合自愈服务质量保障机制研究"（2009CD040）、云南省应用基础研究计划重点项目"科技资源公共服务云关键技术与应用研究"（2013FA013）、云南省教育厅科学研究基金重点项目"风险驱动的动态 Web 服务组合方案选择研究"（2010Z009），以及昆明理工大学可信服务计算学科方向团队、云南省高校普适与可信计算创新团队、昆明理工大学普适与可信计算创新团队建设项目的支持，在此一并表示衷心的感谢。

　　由于作者水平有限，书中难免有不妥之处，恳请专家和读者批评指正！

付晓东　邹　平

2013 年 6 月于昆明

目　　录

第 1 章　Web 服务概述

近年来，服务成为开放网络环境下资源封装与共享的核心概念，特别是随着 Web 服务技术的出现和推广，面向服务计算（Service Oriented Computing，SOC）成为主流的计算范型。Web 服务组合作为面向服务的计算范型中实现资源共享和应用集成的主要手段，是集成技术发展的重要方向。本章介绍 Web 服务发展的背景，面向服务计算、面向服务架构的概念，并着重对 Web 服务相关知识进行全面阐述。

1.1　Web 服务发展的背景

随着信息技术的发展，互联网（internet）已成为现代社会重要的信息基础设施。伴随着互联网的繁荣，越来越多的数据资源、计算资源与应用资源依托互联网成为可被公共获取和访问的网络资源，从而推动互联网由传统意义下的信息发布平台逐渐演变为一个开放的分布计算基础设施。如何有效地整合开放网络环境下的各种资源成为具有广泛应用需求的基础性研究问题。

全球信息化进程的快速发展和信息化技术的日益成熟，促进企业应用的全面信息化。企业在全球经济大环境和持续增长的竞争压力下需要不断变革，以求更好地生存和发展。商务模式正在转型为跨越供应商、分销商、客户与雇员的新模式，要求企业在人员、业务流程和业务信息上进行动态的集成。

然而，当前的市场环境日益表现出持续多变和不可预测的特点，为企业信息系统带来若干挑战[1]：①企业必须及时、有效和充分地集成各类企业应用系统，以保持企业的核心竞争力；②企业信息系统必须不断紧跟市场环境的变化，即企业信息系统必须是可重用、可重构和可扩充的；③企业信息系统必须能够跨越企业的边界与外部企业紧密协作以充分利用企业外部资源；④企业间协作的不确定性、易变性和时效性要求企业信息系统能够动态地集成并有效管理。总之，随着电子商务的发展和业务需求的深入，要求企业信息系统可以在互联网环境下进行跨组织的互操作和应用集成，并要求能够依据新的需求，快速、灵活地集成各种已有的和新添置的业务应用系统，并使得它们可以有机地协同提供服务[2]。

但是，互联网环境的开放性、自治性和动态性使得构建在互联网公共网络基础设施之上的跨组织应用具有不同于部署在组织内部的分布应用的新特点，主要表现在以下几个方面[3]：

(1) 异构性。信息系统需要整合属于不同组织的各类计算、数据和应用资源，而其所涉及的各个子系统可能采用完全不同的技术实现，而不具有公共的应用模型和互操作方法。同时，它们的设计、开发、运行、管理和演化过程是局部自治的，从而加剧了系统的异构。

(2) 开放性。在互联网环境下，应用可利用的资源是开放的，因此应用的边界难以预先定义。尽管某个时刻系统使用特定服务提供商的服务，但并不排除将来该应用可能迁移到新业务伙伴的服务平台，因此系统潜在的应用组件是开放的。

(3) 动态性。网络环境的开放性使得可用资源处于动态变化之中，新资源不断出现，旧资源不断消亡。因此，这类应用需要支持动态的组件拓扑和可演化的组件协同关系。同时，由于底层网络基础设施不可靠，互联网提供尽力服务(best effort service)的特点使得用户感受到的服务质量不断变化。例如，商业实体解体、应用系统故障和网络中断都可能导致资源的不可用。

从以上分析可以看出，在互联网开放网络环境下如何刻画共享资源的本质特征，如何为异构、自治的各种应用系统提供普适的集成手段，如何根据需求和环境变化有效地发现、选择满足特定功能要求和 QoS 要求的资源，以及如何在动态的应用结构之上为集成应用提供自适应的质量保障，这些已成为构建基于互联网的跨组织应用所面临的新问题。

1.2　面向服务计算与面向服务架构

面向服务计算(SOC)是以服务为基本单位，通过服务组合技术快速构建分布式软件系统和企业应用的计算方式[4-5]。服务是自描述、自包含和与平台无关的自治计算单元，具有技术中立、松耦合、位置透明等特征。SOC 将服务作为应用开发的基本元素。SOC 依靠面向服务架构(SOA)将软件应用组织为一系列的交互服务[5]。SOA 是为解决互联网环境中服务共享、服务重用和业务集成而提出来的一种新的分布式软件系统架构。尽管目前还未形成一个统一的、为业界广泛接受的 SOA 定义，但普遍认为面向服务架构是使服务功能能以一系列与消费者相关的粒度发布并进行提供和消费的策略、实践和框架，服务能够被发布(publish)、发现(discover)并通过标准格式的接口进行绑定(bind)和调用[6]。SOA 是一个组件模型，它将应用程序的不同功能单元(服务)通过服务间定义良好的接口和契约(contract)联系起来。接口采用中立的方式定义，独立于具体实现服务的软硬件平台、操作系统和编程语言，使得所构建的系统中的服务可使用统一、标准的方式进行交互。这种具有中立接口定义(没有强制绑定到特定的实现上)的特征被称为服务之间的松耦合性。

基本 SOA 描述了基于"发布/发现/绑定"的资源使用模型，将客户端应用连接到服务器上,如图 1.1 所示。该架构由 3 个实体和 3 个基本操作构成,3 个实体分别是服务提供者(service provider)、服务用户(service client)和服务代理(service broker),3 个基本操作分别是发布、发现和绑定。服务提供者将它的服务发布到服务代理的一个目录(registry)上,当服务用户需要使用该服务时,首先到服务代理提供的目录中发现该服务,得到如何调用所需服务的信息,然后再根据这些信息去绑定并调用服务提供者发布的服务。

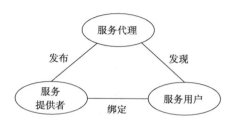

图 1.1　基本面向服务架构的模型

　　与传统的企业应用集成架构的主要区别在于,基于 SOA 的企业应用系统使用基于标准的服务。服务作为一种自治、开放和与平台无关的网络化构件,可使分布式应用具有更好的复用性、灵活性和可增长性。采用面向服务架构能带来以下几方面的好处,有助于在多变的商业环境中取得成功[7]。

　　(1) 利用现有资产。SOA 提供了一个抽象层,可将现有的资产包装成提供企业功能的服务。企业可以继续从现有的资源中获取价值,从而可以有效保护企业投资,促进遗留系统的复用。

　　(2) 更易于集成和降低管理的复杂性。在面向服务架构中,集成点是规范而不是实现,这提供了实现透明性,并将基础设施和实现改变带来的影响降到最低。通过提供针对基于完全不同的系统构建的现有资源和资产的服务规范,复杂性被隔离,从而让集成变得更加易于管理。

　　(3) 更快的响应和上市速度。从现有的服务中组合新服务的能力,为需要灵活地响应苛刻的商业要求的企业提供了独特的优势,可以减少完成软件开发生命周期所需的时间。这使得企业可以快速地开发新的业务服务,并允许其迅速地对改变做出响应并减少上市准备时间,支持企业随需应变的敏捷性。

　　(4) 减少成本和增加重用。企业可以根据业务要求更轻松地使用和组合服务。这样可以减少资源副本,增加重用和降低成本的可能性。

　　(5) 及时性。通过 SOA,企业可以为未来做好充分准备。SOA 业务流程由一系列业务服务组成,可更加轻松地创建、修改和管理以满足不同时期的需要。

　　SOA 将异构平台上应用程序的不同功能组件封装成具有良好定义并且与平

台无关的标准服务，使得服务能够被发现、选择和绑定，并使服务能够以松耦合方式进行再组合，形成一个新的软件系统。尽管 SOA 的思想很简单，但 SOA 涵盖了众多的理论、方法和技术。基本面向服务架构并没有解决服务管理、服务组合和服务协调等应用于服务组件的一系列重要问题。为此，SOC 和 SOA 的倡导者之一 Papazoglou 提出了扩展的面向服务架构[4-5]，如图 1.2 所示。他将 SOA 涉及的问题、参与的角色和支撑技术自底向上划分为以下三个层次。

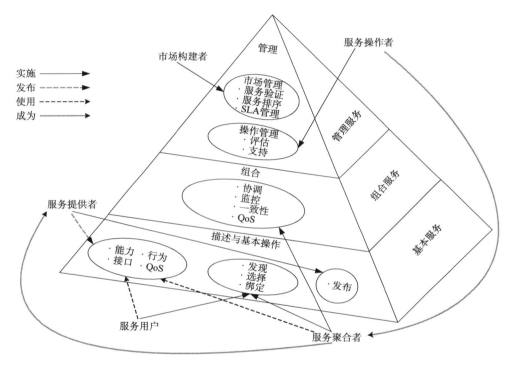

图 1.2 扩展的面向服务架构模型

(1) 基础层(foundation)。作为面向服务架构的第一层，涉及了服务的能力、接口、行为、QoS 描述和使用这些描述的操作，如服务的发布、发现、选择和绑定等。该层采用基本面向服务架构实现。

(2) 组合层(composition)。服务组合层包括将多个服务合并为一个组合服务必需的角色与功能。服务组合的结果是一个更加强化和增值的新服务，由基本服务或其他组合服务动态地组成。服务组合层的功能由服务聚合者(service aggregator)实施。服务组合需完成协调(coordination)、监控(monitoring)、一致性(conformance)和 QoS 组合功能。其中，协调功能控制服务组件的执行并管理服务之间的数据流；监控功能允许定制服务组件产生的事件与信息，同时发布高级别的组合事件；一致性功能通过匹配组合服务及其组件的参数类型对组件服务施加约束，以确保组合服务的完整性；QoS 组合功能则通过聚合服务组件的 QoS 以达成组合服务的 QoS，如组合服务的性能、成本、可靠性和可用性等。

（3）管理层（management）。该层负责对组合服务进行全面的监督管理以确保应用的质量，包括操作管理（operation management）和市场管理（market management）两个方面。操作管理提供详细的性能统计以支持应用有效性的评估，同时在特定活动完成或者达到某个决策条件时进行告知，这些功能由服务经营者（service operator）完成，服务经营者可以是服务用户也可以是服务聚合者。市场管理为服务买卖双方提供进行电子交易的平台，同时通过提供增值服务和组合购买力以聚合服务的供需。市场管理提供服务验证、质量保证、服务排序和服务级协议（Service Level Agreements，SLA）的协商和执行。市场管理由市场构建者（market maker）实施，市场构建者通常是将服务供应商聚集在一起的联盟或组织。

SOA 是一种追求敏捷性的面向服务的体系架构，它把业务逻辑和具体实现技术二者分离开来，因而遵循该体系架构所构造出来的应用系统能适应业务和实现技术的不断变化。在面向服务架构中，映射到业务功能的服务是在业务流程分析阶段确定的，服务功能模块的划分遵照模块化、封装性和松耦合三个设计原则，以增加服务被重用的机会。在业务流程发生改变时，通过对现有服务的重新组装实现新的流程，可满足业务环境动态改变的需要。同时，服务的松耦合性解决了企业信息系统异构集成的需要。另外，服务注册中心（service registry）提供动态服务发现的功能，企业可以选择在组织内部发布服务，也可以将自己的服务向外发布到业务合作伙伴，结合企业伙伴的业务流程进一步提高企业的竞争优势。

作为一种构建软件系统的基础体系架构，SOA 能够彻底解决异构软件系统和组件之间的无缝集成问题。作为一种新的面向服务的软件开发方式，基于 SOA 的软件开发演变成由服务开发、服务部署和服务组装等过程构成的软件大规模生产线，使得快速开发随需应变、松耦合的企业级应用成为可能。

自 2000 年以来，SOC 与 SOA 已经成为学术界和工业界炙手可热的焦点。在学术界，已经形成了多个以面向服务的计算和面向服务的软件开发为主题的专题国际会议，如 ICSOC（International Conference on Service Oriented Computing）、ICWS（International Conference on Web Services）、SCC 等，研究人员不断推出新的面向服务的计算理论、方法和模型；与此同时，各大学术团体、标准化组织，如 W3C（World Wide Web Consortium）、OASIS（Organization for the Advancement of Structured Information Standards）、OMG（Object Management Group）等也纷纷成立面向服务的计算的专题研讨组，不断推出 SOA 相关技术标准和规范。在工业界，SOA 则成为现阶段直至未来若干年内各大型软件公司竞争的关键所在。据美国著名的信息技术（Information Technology，IT）市场研究和顾问咨询公司高德纳

(Gartner)预测，SOA 将成为占有绝对优势的软件工程实践方法，它将结束传统的整体软件体系架构长达 40 年的统治地位。近几年，全球各大 IT 巨头，如 IBM、Microsoft、HP、BEA、SAP 等纷纷推出自己的面向服务的应用平台，其产品对 SOA 进行全面支持。

总而言之，SOC 与 SOA 由于其前所未有的资源整合与互操作能力，成为软件产业的又一个革命性技术，将会把目前基于互联网的知识经济推进到一个前所未有的新阶段。通过对 SOC 与 SOA 所倡导的理念和思想进行分析，可以发现，应用 SOC 的计算方式，成功部署和实施 SOA 的一个关键取决于服务技术的发展，特别是服务组合技术的发展。因此，研究服务组合技术对于 SOC 和 SOA 的应用与实施和推动软件产业新一轮改革浪潮具有重要的意义。

1.3　Web　服　务

1.3.1　基于分布式对象技术 SOA 存在的问题

面向服务架构并不是一个新概念。分布式对象技术是实现分布资源共享与应用集成的经典技术途径，以 Microsoft 的分布式组件对象模型（Distributed Component Object Model，DCOM）、OMG 的公共对象请求代理体系结构（Common Object Request Broker Architecture，CORBA）和 J2EE 为代表的分布式对象技术能够在异地之间传递数据对象，具有面向对象的各种优点，已初步具备面向服务的基本特征。例如，服务可以实现为 CORBA 对象，而 CORBA 中的 Naming Service 可看成简单的服务注册和发现设施。因此，分布式对象技术可以看成是面向服务计算的早期实践[8]。但是，由于分布式对象技术源于开放互联网络尚未成熟的年代，旨在解决基于组织内的分布应用组件的互操作问题，所以基于分布式对象技术实现 SOC 难以满足开放网络环境下的资源共享与应用集成的需求，具体原因包括以下几个方面。

1. 分布式对象技术是紧密耦合的

首先，由于缺乏统一的数据表示规范和传输协议，分布计算连接的两端都必须遵循同样的应用程序接口（Application Programming Interface，API）约束，导致彼此互操作性差。其次，这些面向服务的架构也受到厂商的约束。例如，Microsoft 的 DCOM 只能应用于自己的系统平台，而 CORBA 则把实现对象请求代理（Object Request Broker，ORB）协议的任务留给了供应商。这些系统有一个共同的缺陷，即它们要求客户端必须使用特定的协议访问服务器端的对象。因为无法保证希望进行交互的双方都采用相同的中间件平台，所以难以满足各个组织相互协作或者扩展业务的需要。

2. 分布式对象技术在核心的服务描述手段上缺乏对于服务特性的完整表达

在开放环境下，准确地描述服务为用户所感知的功能与非功能特性对于正确地实施集成十分关键。分布对象或分布构件使用接口描述语言 （Interface Description Language，IDL）来表达服务提供者与服务使用者之间的"契约"。接口描述中一般仅包括调用服务操作的语法规范，对于服务的其他用户感知的关键性质，如行为规范、服务质量规范等特性缺乏必要的描述手段。

3. 分布式对象技术通常认为系统边界和应用结构相对稳定

"按引用访问"和"按名访问"是分布式对象技术中应用与应用之间建立交互关系的基本模式，这往往要求参与应用系统交互的服务对象的边界是比较稳定和可预知的。尽管有研究致力于通过系统配置的动态调整来增强应用适应复杂变化的能力，但是系统结构调整的规则往往是根据对变化的预测而预先设定的，难以支持应用系统根据计算环境的变化动态地进行服务查找和集成。

4. 分布式对象技术一般需要显式的编程以实现应用组件之间的交互与协同

分布式对象技术以分布对象(或分布构件)建模应用系统中的计算实体，是面向对象思想在分布环境中的延伸。虽然分布对象提供了业务逻辑的抽象和封装，但是目前分布对象开发工具对于计算实体之间协同关系支持较弱，统一建模语言 (Unified Modeling Language，UML)的活动图、状态图和交互图的作用基本停留在设计阶段文档交流的层次上，难以支持协同描述向运行系统的直接映射，计算实体之间的协同逻辑通常需要开发人员在开发分布对象时显式地编程实现。协同逻辑的硬编码导致应用组件之间协同行为的改变，往往引起应用系统的重设计和重编码。

1.3.2　Web 服务概念及其特点

由于传统分布式对象技术存在的各种问题，2000 年前后，作为 SOA 的一种实现方式，Web 服务技术通过采用 Web 服务描述语言 （Web Services Description Language，WSDL)[9]、简单对象访问协议(Simple Object Access Protocol，SOAP)[10]和统一描述、发现和集成协议(Universal Description，Discovery，and Integration，UDDI)[11]等基于可扩展置标语言(eXtensible Markup Language，XML)的标准和协议[12]，解决了异构分布式计算和代码与数据重用等问题。其具有的高度互操作性、跨平台性和松耦合的特点，引起了世界范围内学术界和工业界的极大兴趣，并迅速成长为基于互联网构造跨组织分布应用的标准框架[13]。Web 服务的兴起主要受

到以下因素的推动：首先，基于广泛部署的通信协议（如 HTTP）传输和基于 XML
编码的消息使得跨组织的分布系统之间的通信和广泛的互操作成为可能；第二，
基于文档的消息模型满足了应用之间松耦合的需求；第三，Web 服务的迅速推广
得益于 IBM、Microsoft、W3C 和 OMG 等厂商及国际组织的大力支持。

　　W3C 在 2004 年公布的官方文件 Web Service Architecture 中将 Web 服务定义
为“支持机器之间跨越网络进行互操作的软件，它使用机器可处理的形式描述接
口（如 WSDL），其他系统使用 SOAP 消息与之通过服务描述所说明的方式进行交
互，典型地采用 XML 序列化（serialization）方法处理 SOAP 消息，并依靠超文本
传输协议（HyperText Transfer Protocol，HTTP）等其他 Web 标准协议进行传输”[14]。
图 1.3 所示为基本的 Web 服务体系结构，描述了在 Web 服务应用中各种角色如何
使用基本协议实现 Web 服务的基本操作。该结构由服务提供者、服务请求者和服
务代理 3 个参与者与发布、发现和绑定 3 个基本操作构成。服务提供者把部署成
功后的 Web 服务通过 UDDI 协议发布到注册中心，并提供该服务的 WSDL 描述；
服务请求者向 UDDI 注册中心发出查询请求，获取 Web 服务的 WSDL 描述，并
根据 WSDL 描述构造 SOAP 消息调用该 Web 服务；服务代理维护 UDDI 注册中
心，处理服务提供者的 UDDI 发布请求和服务请求者的 UDDI 查找请求。Web 服
务体系使用 WSDL、UDDI、SOAP 等一系列标准和协议实现相关的功能。在 Web
服务架构的各模块间与模块内部，消息以 XML 格式传递，其原因在于以 XML 格
式表示的消息易于阅读和理解，并且 XML 文档具有跨平台性和松耦合的结构特点。

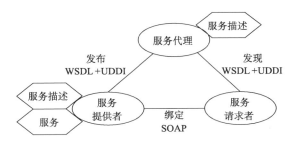

图 1.3　Web 服务体系结构

　　Web 服务改进了 DCOM 和 CORBA 的缺点，它是基于标准与松耦合的：被
广泛接受的标准（如 XML、SOAP、WSDL 和 UDDI）提供了在各不同厂商解决方
案之间的交互性；而松耦合将分布计算中的参与者隔离开，交互双方中某一方的
改动并不会影响到另一方。

　　Web 服务提供了一个分布式的计算技术，它改变了传统的点对点的集成处理
方式。通过松散的应用集成，Web 服务使企业间业务流程集成变为可便捷实施的
解决方案。具体来说，Web 服务具有如下特性。

（1）完好的封装性。Web 服务是一种部署在 Web 上的对象，具备对象的良好封装性。对于使用者而言，能且仅能看到该对象提供的功能列表，是自包含的可执行单元，能提供特定的服务。

（2）松耦合性。这一特性源于对象/组件技术，当一个 Web 服务的实现发生变更时，并不对服务使用者造成影响。对于使用者而言，若服务提供者的调用接口不变，则服务实现的任何变更对它们都是透明的。松耦合性大大提高了 Web 服务开发的灵活性。

（3）自描述性。是指服务使用机器可处理的形式显式地描述自身。服务描述的目的是使服务的使用者能够准确地理解服务、正确地使用服务。服务描述的内容一般包括服务的接口、网络位置、通信协议、功能语义和非功能属性等。只有明确地给出服务描述，才能保证开放环境下的用户正确理解并使用服务。自描述性是服务松耦合、位置透明的前提，同时也为服务的可发现性提供技术保证。

（4）可互操作性。任何 Web 服务都可以与其他 Web 服务进行交互。Web 服务通过 SOAP 实现相互间的访问，避免了在 CORBA、DCOM 等不同协议之间转换的麻烦，同时还可以在新的 Web 服务中使用已有的 Web 服务而不必考虑 Web 服务的实现语言、运行环境等具体实现细节。

（5）普遍性。Web 服务使用 HTTP 和 XML 进行通信。因此，任何支持这些技术的设备都可以拥有和访问 Web 服务。Web 服务可在电话、汽车、家用电器等设备中实现，现在各主要设备和软件供应商都已宣布支持 Web 服务技术。

Web 服务代表了 SOA 的一种实现。由于 Web 服务与 SOA 中倡导的服务概念完全吻合，所以 Web 服务技术被公认为 SOA 的最佳技术方案，Web 服务技术的兴起与发展使得 SOC 计算模式有了实质性的意义。在 Web 服务的实现中使用的一些标准技术得到大部分软件供应商的支持，使得 Web 服务成为 SOA 中最流行的一种实现。但是，SOA 概念并没有确切地定义服务应该如何具体交互，而 Web 服务在服务交互之间的消息传递、服务接口的描述、服务的发现等方面定义了具体的协议标准。目前 Web 服务技术仍在不断发展，许多问题仍处于广泛的讨论中。但不可否认的是，与传统中间件相比，Web 服务作为一种新兴的 Web 应用模式，结合传统的分布式对象技术和先进的 XML 技术，在消息格式、数据传输、服务描述和服务发布与发现等方面定义了统一的规范，可以集成异构组件和遗留系统，使得跨组织的资源共享与应用集成成为可能，从而成为目前电子商务应用环境中最合理的解决方案[15]。

1.3.3　Web 服务技术层次

Web 服务体系结构包括多层相关联的技术，这些技术可以用多种方法实现，就像可以利用多种方法建立和使用 Web 服务一样。图 1.4 描述了 Web 服务体系结构需要解决的若干关键技术[4,14,16-17]。

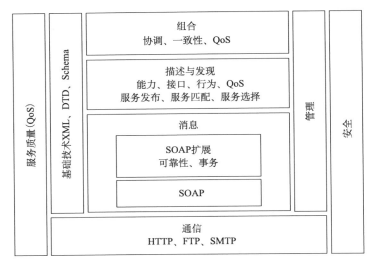

图 1.4　Web 服务体系结构的关键技术

这些技术中从底向上分为：

（1）通信层（communication）。该层利用已有的成熟的通信协议，如 HTTP、文件传输协议（File Transfer Protocol，FTP）、简单邮件传输协议（Simple Mail Transfer Protocol，SMTP）等实现 Web 服务之间的相互通信。

（2）消息层（message）。它的目标是实现结构化和规范化的消息交互。该层包括两个部分，即建立在通信协议基础上的 SOAP 和 SOAP 扩展。SOAP 协议实现 XML 消息的打包和交换，其本身并不定义任何语义，只定义一种简单的消息封装结构。SOAP 是一个基于 XML 的、在分布式的环境中交换信息的简单协议，它描述了数据类型的消息格式与一整套规则，包括结构化类型和数组，另外它还描述了如何使用 HTTP 来传输消息；SOAP 扩展则实现消息的可靠性与分布式事务处理等功能。目前 SOAP 扩展包括 WS-Reliability[18]、WS-Transaction[19]等标准。

（3）描述与发现层（description & discovery）。该层实现对服务的描述和基本操作的支持，其中服务描述包括能力、接口、行为和服务质量（QoS）的描述；基本操作则包括服务发布、服务匹配和服务选择等方面，这些操作与服务描述密切相关。WSDL 和 UDDI 是 Web 服务描述和发现的基本手段。作为服务描述的事实标准，WSDL 只着重描述 Web 服务接口的语法，缺乏必要的语义信息和对行为约束的有效支持，使 Web 服务功能不能得到准确的描述，无法消除服务语义的模糊、理解的歧异性等问题，严重影响了服务的自动发现、匹配和组装。语义 Web 服务正是为解决当前 Web 服务技术所面临的各种问题而提出的一种新的 Web 服务技术。语义 Web 服务技术结合了语义技术和 Web 服务技术，利用语义本体对 Web 服务进行建模，在语义层面对服务接口、服务消息、服务结构和服务交互等进行描述，旨在结合语义推理技术支持 Web 服务自动发现、组装、调用和监控等关键过程。目前在语义 Web 服务的研究方面，具有较大影响力的代表性工作包括 OWL-S(Web Ontology Language for Services)[20]、WSMO(Web Service Modeling Ontology)[21]等。

(4) 组合层(composition)。目前网络上发布的服务大多是结构简单、功能单一的服务，无法满足企业复杂应用的需要。因此，如何有效地组合分布于网络中的各种功能服务，实现服务之间的无缝集成，形成功能强大的企业级流程服务以完成企业的商业目标，已成为 Web 服务发展过程中的一个重要步骤，也是关系到 SOC 与 SOA 能否成功得到应用和实施的关键所在。组合层的目标就是当单个 Web 服务无法满足用户需求时，将若干 Web 服务进行有机合成，以形成大粒度的具有内部流程逻辑的增值服务，并通过执行组合服务而达到业务目标。服务组合要保证多个服务的协调、一致，并在组合服务的层面上保证满足用户服务质量的要求。目前，代表性的服务组合描述语言主要包括 WS-BPEL(Web Services Business Process Execution Language)[22]、WS-CDL(Web Services Choreography Description Language)[23]、WSCI (Web Service Choreography Interface)[24]等。这些服务组合描述语言都是基于 XML 的，它们为描述 Web 服务组合流程的控制流、数据流制定了语法规则。使用以上服务合成描述语言完成合成服务的创建主要依靠设计人员的经验，由于缺乏语义支持，尚无法实现自动的服务组合流程建模与验证。

Web 服务技术各层面均采用 XML、文档类型定义(Document Type Definition, DTD)和 XML Schema 作为具体实现的技术基础。此外，在任意一个层面上，均需要对应用的安全问题进行考虑。同时，应提供对服务监视、控制和对服务质量与服务使用进行分析的管理能力。

XML[25]是 W3C 指定的用于描述数据文档中数据的组织和安排结构的一种元标记语言，XML 语言描述了文档的结构和语义，可将数据结构和数据表现相分离，并使用与平台和语言无关的文本方式表达数据。最初的 XML 规范使用 DTD 为 XML 文档提供语法的有效性规定，以便给各个语言要素赋予一定的约束。但应用过程中发现 DTD 具有一些缺点：①由于 DTD 使用非 XML 的语法规则，描述能力有限；②不支持多种数据类型，在大多数应用环境下能力不足；③约束定义能力不足，无法对 XML 实例文档做出更细致的语义描述；④其创建和访问并没有标准的编程接口，无法使用标准的编程方式进行维护。为此，W3C 推荐用 XML Schema 对 XML 文档进行有效性规定和约束。XML Schema 提供了基本的数据类型并且允许创建新的数据类型；它使用和 XML 文件一样的语法，可以类似 XML 文件一样被处理；它集成了名字空间(name space)，保证了不同语言词汇表中的元素声明的区分。XML 在 Web 服务中担当了非常重要的角色，是 Web 服务的建模、描述、发现、发布和查找等基本操作的载体。

Web 服务面临主机安全、应用安全和网络架构安全等一系列的安全威胁，因此为实现安全的 Web 服务，需要一系列基于 XML 的安全机制，以解决身份鉴别、授权、数据完整性与机密性保障、基于角色的访问控制（Role-Based Access Control, RBAC）、分布式安全策略、审计、消息级别的安全等一系列问题。OASIS 发布的 WS-Security 规范[26]，被认为是安全的分布式应用和 Web 服务的基础，该规范为用户提供了把完整性、机密性和身份验证嵌入 Web 服务应用之间信息交换的一般方法。

Web 服务管理通过一系列管理能力提供对服务质量、服务使用的监测、控制和报告功能。一般而言，通过 Web 服务组合而成的组合服务，其中各组件服务均由第三方企业和组织提供。因此，组合服务如同一个极度松耦合的分布式应用系统，该系统在地域上的分散程度是一般分布式系统所不及的，而且该系统的每一个外部服务对于组合服务均是透明的，加之网络环境高度的复杂性和动态性，使得如何保证 Web 服务组合稳定可靠地执行与对其监控成为一大难点问题。

1.4　小　　结

在开放的网络环境下实现跨组织的信息共享与业务协同已成为商业、科学研究和军事等各领域中具有广泛需求的基础性研究课题。与分布式对象技术相比，Web 服务技术的封装性、松耦合性、自描述性、可互操作性和普遍性等特性使其与 SOA 中倡导的服务概念完全吻合，被公认为 SOA 的最佳技术方案，从而成为开放网络环境下资源封装与抽象的核心概念。Web 服务技术得到学术界和工业界的高度关注，并建立了相应的技术标准和实现方法，为 SOA 概念的完善和发展奠定了坚实的基础。

第 2 章　QoS 感知的 Web 服务选择问题

Web 服务组合是基于 Web 服务的 SOA 实现的基本方式。本章首先介绍 Web 服务组合的概念和常见的服务组合实现方式。然后，分析 Web 服务组合系统的特性，并介绍由此导致的 QoS 保障问题。最后，阐述 QoS 的概念模型，介绍两种最重要的 QoS 感知的服务选择策略，并分析这两种策略的特点。

2.1　Web 服务组合

互联网技术的发展提供了一种全球范围的信息基础设施。这个不断延伸的信息基础设施，形成了一个资源丰富的计算平台，构成了人类社会的信息化、数字化的基础。基于互联网的连通性，软件产品的形态和传播模式开始发生根本性变化。近年来，随着 SOC 和 SOA 概念的蓬勃兴起和应用，特别是 Web 服务标准的持续完善和支持 Web 服务的企业级软件平台的不断成熟，越来越多的企业和商业组织参与到软件即服务（Software as a Service，SaaS）的行列中，纷纷将其业务功能和组件包装成标准的 Web 服务发布到互联网上，以实现快速便捷地寻求合作伙伴、挖掘潜在客户和达到业务增值的目的。另一方面，云计算付费使用的商业模式使得服务提供者可以为其用户根据不同的配置，提供具有不同 QoS 的服务。然而，网络上发布的服务大多都是结构简单、功能单一的服务，无法满足企业复杂应用的需要[27]。如何有效地组合分布于网络中的各种功能服务，实现服务之间的无缝集成，定义并执行跨越不同地点多个企业的事务，形成功能强大的企业级流程服务以实现业务伙伴之间的动态协作，已经成为 Web 服务发展过程中的一个重要步骤，是关系到 SOC 与 SOA 能否成功得到应用和实施的关键所在。

Web 服务组合的研究正是在这种背景下提出来的，由于目前尚未有统一的定义，不同的研究人员分别从不同的角度和侧重点对 Web 服务组合问题进行定义。Aalst 等[28]从业务流程的角度出发，认为 Web 服务组合是根据一个明确的过程模型，将不同企业提供的 Web 服务相互连接来实现商务协作的活动。Pires 等[29]则从企业功能的角度出发，认为 Web 服务组合是企业将来源于不同单位的基本服务集成起来为客户提供一个增值服务的能力，它除了共享企业间的业务过程、管理需求并提供合成服务的安全性、可靠性与可扩展性，还需要处理组合过程中服务调用的顺序、服务间的数据流和事务处理等。Zeng 等[30]认为广泛可用的和标准化的 Web 服务使得根据特定的业务流程，连接多个业务伙伴的 Web 服务实现 B2B 互操作成为可能，这一实践称为服务组合。Milanovic 等[31]认为服务组合使得开发者可以利用 SOA 与生俱来的描述、发现和通信能力来创建应用，这些应用可被快速部署，为开发者提供重用能力和为用户提供对于多种复杂服务的无缝访问。

综合以上观点，本书认为 Web 服务组合是指当单个 Web 服务无法满足用户需求时，将若干 Web 服务进行有机合成，以形成大粒度的具有内部流程逻辑的组合服务，并通过执行组合服务而达到业务目标的过程。由服务组合构造得到的服务称为"组合服务"（composite service），而提供子功能的服务称为该组合服务的"组件服务"（component service）。

按照参与组合的组件服务的确定时机不同，服务组合分为静态组合与动态组合两种模式。在静态组合模式中，组合服务的功能由哪些组件服务完成是在设计阶段静态确定的，并且在组合服务运行期间不会更改。动态组合模式则在组合服务的运行期间动态地决定参与组合的组件服务，并允许在运行期间更换组件服务。因此，动态服务组合要求在运行系统中集成服务的动态发现、选择与绑定的能力。动态服务组合不仅可以通过选择性地重用已有服务来降低服务开发周期和成本，实现组织之间灵活、高效的业务交互，而且在自动化组合方法的支持下，还可以进一步增加服务的响应能力，降低组合服务的运行管理成本。因此，动态服务组合技术是实现开放网络环境下资源有效聚合的重要技术，具有广泛的应用前景。本书在下面的介绍中如无特别声明，Web 服务组合即指动态 Web 服务组合。

当前，工业界和学术界从不同角度对 Web 服务组合进行了大量研究，根据对于组合服务的不同理解，当前的服务组合研究可以分为 3 个主要流派：基于业务流程的服务组合方法、基于组件协作的服务组合方法与基于规划的服务组合方法。

1. 基于业务流程的服务组合方法

基于业务流程的服务组合方法认为，组合服务是构建在一组静态或动态确定的组件服务之上的业务流程[32]。因此，基于业务流程的服务组合方法使用与经典工作流[33]建模方法相类似的模型来描述组合服务。活动、控制流、数据流是组合服务建模的基本模型元素。其中，活动对应于由组件服务执行的某个操作，控制流描述活动之间的依赖关系，数据流描述活动之间的数据传递。基于业务流程的服务组合方法是一种朴素的组合服务模型观，易于理解。目前多数相关国际标准支持基于业务流程的服务组合，如 WS-BPEL[22]等。但是基于业务流程的服务组合方法多基于非形式化的流程模型，建模理论基础比较薄弱，因此对组合正确性的保证较弱。一些研究借鉴了工作流建模理论的成果，通过将组合服务模型与形式化的建模方法(如 Petri 网、自动机或时态逻辑等形式化工具)之间建立映射关系,从而为服务组合增强模型性质分析和验证的能力。

基于业务流程的服务组合方法在运行环境的构造方面具有较大优势,这得益于工作流管理系统体系结构和关键技术的长期研究。某些服务组合研究项目所提供的运行环境基本上就是其早期的工作流管理系统的改进。

综上所述,基于业务流程的服务组合方法的特点是:建模时多依赖于开发者对于问题的理解,自动化程度不高;模型与运行系统的映射直观,实现相对简单,实用化程度高。

2. 基于组件协作的服务组合方法

基于组件协作的服务组合方法通过描述组件服务之间的消息编排(消息交换序列)来建模组合服务。这种方法可溯源至电子商务领域中对于商业协议的描述方式,认为通过描述组合服务中各个参与者之间遵循的消息交互规范就可以定义它们的协作行为,在组合时每个参与者引用组合描述并声明自己的角色。该方法着眼于消息交换行为,对于描述多方参与的协作过程是一种较为直观的建模组合服务方法。目前已有体现这一思想的标准化的工作,如 WS-CDL[23]。同时,该方法与 π 演算等描述并发进程间通信的形式化手段能够建立直观的映射,从而支持组合模型行为性质的分析。

但是由于组合服务模型定义了组件服务的行为,修改组合服务模型意味着对于组件服务行为设计的变更,所以它的灵活性相对较差,不太适宜于描述动态的服务组合场景。虽然组件协作的服务组合方法可以看做分布构件组装的一种扩展,但是由于目前基于分布构件的运行系统并不直接支持对构件交互协议的描述和执行,所以该方法的运行系统支持较弱,实用化程度不高。

3. 基于规划的服务组合方法

基于规划的服务组合方法是将经典的人工智能(Artificial Intelligence,AI)规划思想引入服务组合技术。通常意义上的规划问题可以描述为一组可能的世界状态、一组可执行的动作和一组状态变迁规则,规划的目标是寻找从初始状态到目标状态的一组动作序列。对于基于 AI 规划的服务组合,初始状态与目标状态是用组合服务的需求来定义的,动作则是一组可用的组件服务,状态变迁规则定义了每个组件服务功能的前件与后件[34]。因此,服务组合的过程就是从可选的组件服务中寻找一组服务,使得该组合服务的功能能够满足组合服务的需求定义。可以看出,基于 AI 规划的服务组合方法侧重于组合模型建立过程的自动化。目前,这方面的工作主要是借助 AI 领域的经典研究方法,如情景演算、规划域定义语言(planning domain definition language)和定理证明等,并与语义 Web 技术[35]相结合，研究语义 Web 服务[36-37]、组合目标分解、组合推理和组合服务模型的自动构造方法。这一方法具有浓厚的形式化色彩，对于组合正确性的关注贯穿组合的整个过程。比较而言，基于 AI 规划的组合方法对于运行系统的关注比较少，事实上要达到 AI 规划方法的目标，即实现全自动的服务组合，本身是一个十分复杂的过程，因此目前这一方法还处于理论、方法的研究探索阶段。美国斯坦福大学（Stanford University）的 SWORD 项目[38]使用基于规则的专家系统判断现有的服务是否能够实现所需的组合服务，并产生相应的组合方案，该项目是基于 AI 规划的服务组合方法的典型代表。

　　上述 3 种方法的研究重点各有不同，其技术特点和成熟程度也不同。它们之间的比较如表 2.1 所示。

表 2.1　不同服务组合方法的比较

	基于业务流程的服务组合方法	基于组件协作的服务组合方法	基于规划的服务组合方法
核心描述对象	活动	消息编排	动作与状态变迁
建模自动化程度	较低，依赖开发者建立组合服务模型	较低，依赖开发者建立组合服务模型	较高，以自动建模为目标
组合正确性保证	不直接支持，借助 Petri 网等形式化工具进行分析和验证	不直接支持，可借助进程代数等形式化工具进行分析和验证	保证组合的正确性
执行自动化程度	强调执行的自动化	对执行自动化支持较弱	不关注执行自动化
灵活性	较好	较差	好
应用范围	广泛	有限	广泛
实用性	具有实用化的基础	实用化程度不高	处于研究、探索阶段

　　由于基于业务流程的服务组合方法直观地反映了组合服务的执行过程，并且易于实现相应的解释运行系统，所以在当前服务组合研究项目和原型系统中得到了广泛的采用。许多著名的研究项目，如 eFlow[39]、Self-Serv[40]、METEOR-S[41]等采用基于业务流程的服务组合方法，WS-BPEL 等与服务组合建模相关的语言规范，使用流程作为描述组合服务的基本方法。为此，本书着重讨论基于业务流程的组合中 QoS 感知的服务选择问题。

2.2　Web 服务组合系统的特性

　　Web 服务组合作为一种典型的面向服务计算模式，是互联网环境下以服务作为基本元素的应用集成方法。通过服务组合可以实现灵活、高效的业务流程构造，快捷地完成新业务系统的构建和原有业务系统的更新与扩展。作为互联网开放、动态和多变环境下构建软件系统的一种新模式，它既是封闭、静态、可控环境下发展起来的传统软件结构的自然延伸，又具有区别于传统软件形态的若干基本特征。

1. 组件服务的自主性

传统软件系统的内部结构通常由若干静态的软件功能模块被动集成而成，软件功能模块是整个软件系统的核心[42]。而 Web 服务组合通常由若干分布于网络、具有自治特征的组件服务，通过某种特定的协作方式，在开放的网络环境下加以互连、互通，松散地组织在一起，从而形成一个临时的软件计算实体协作联盟[43]。参与组合服务的各组件服务在达成各自目标的同时，共同达成组合服务的用户目标。组件服务是具有松耦合性、自描述性和可互操作性的独立计算实体，其运行情况并不由组合服务开发者和使用者支配。某个实现特定功能的组件服务往往只代表其所有者的利益，但一般而言，参与组合服务的各组件服务的所有者之间，组件服务所有者与组合服务用户之间的利益并不完全一致。因此，组件服务具有一定的代表其所有者决定是否参与到某个组合服务之中的自主能力。组件服务的这种自主性使其区别于传统软件系统中软件实体的依赖性和被动性。

2. 运行环境的动态性

Web 服务组合的动态性一方面是由分布于其上的规模庞大的组件服务自由地进入和离开环境引起的，另一方面则是由互联网本身的物理性质引起的[44-45]。

Web 服务组合的一个重要优势就是用户不需要开发所有的系统功能，也不需要将所有功能都在自身平台上运行。然而，这样的外部服务调用使得系统边界不再明确[43]。在服务组合流程运行期间，新的服务可能出现，而已有的服务则可能消失或者服务质量发生变化，也就是说，组合服务的外部服务调用是不可靠的。例如，Kim 等在文献[46]中研究了 2003—2004 年公共 Web 服务的情况，结果表明虽然服务数目明显地增加，但只有大约 34% 的服务可用，而且每周大约有 16% 已注册的可用 Web 服务失效。

此外，组成组合服务的各组件服务运行于具有分布性的不同位置与设备，不同服务之间通过不可靠的互联网进行消息的传送，网络的带宽变化与非预期的网络失效，都有可能导致某些服务不可用或使已有服务的质量发生变化。

3. 用户需求的多变性

通常在用户原始需求(功能性需求为主)的指导下，依靠特定的软件开发平台，形成开放环境下的基于 Web 服务组合的软件系统。在系统运行过程中，随着用户对系统认识的不断深入或其应用上下文环境的变化，用户需求(非功能性需求为主)

开始发生变化，这种变化可能在组合服务执行过程中发生。这样就使组合服务生存周期表现为随着用户需求的变化，不断从一个由若干计算实体通过协作关系组成的松散的临时联盟演化为另一个临时联盟[43]。用户需求的多变性要求软件系统能够随用户需求的变化而持续演化。

运行环境的动态性和用户需求的多变性使得服务组合技术强调对需求的抽象，将需求与满足需求的具体对象进行分离，通过服务匹配机制将需求动态地绑定到满足需求的组件服务，因此组合服务通常具有动态的系统边界和应用结构。另一方面，由于组合服务开发阶段面临的环境在组合服务运行一段时间后可能完全不同，Web 服务组合在运行过程中需要不断应对用户需求与外部环境的变化，并需要感知变化并及时进行相应调整[44,47]。

2.3　Web 服务组合 QoS 保障问题

如何设计、开发、运行和维护软件系统，使其能够按用户期望的方式工作，一直以来都是计算机软件领域研究的主要内容。早期的研究工作大量集中在如何保障用户的功能性(functionality)需求方面，即程序的正确性(correctness)问题。随着人们对用户需求多样性认识的增加，用户需求保障具有了更广泛的内涵，在关注软件功能性的同时，逐渐开始关注软件的可用性(availability)、可靠性(reliability)和性能(performance)等非功能性质量需求[43]。

作为开放环境下一种以服务作为基本元素的应用集成方法，Web 服务组合应用中组件服务的自主性、运行环境的动态性和需求的多变性等特点引发的多种不确定因素，影响了基于服务组合技术开发的软件的性能、可用性和可靠性等质量属性。另一方面，许多组合服务应用，如在线交易或电子商务等，即使运行在不可预测的开放、动态环境中，也具有很高的可靠性、可用性等质量要求。如果这些要求得不到满足，则会引起客户流失、经济损失等严重的后果。因此，需要一种机制来维护开放环境下组合服务的可信性，保证组合服务的可靠性等质量属性维持在一个相对较高的水平，以持续地、最大限度地满足客户的要求，这就是Web 服务组合的服务质量保障问题。一般认为，Web 服务的服务质量(QoS)是服务的一组非功能属性集合[48]，如性能、可用性和可靠性等[48-49]。服务的 QoS 是面向服务的体系结构中不可缺少的重要组成要素[4-5]，是企业与企业、企业与消费者等各类交易中的一个重要条件。随着 Web 服务技术的推广，特别是在电子商务等领域中的应用，服务的 QoS 保障管理将成为面向服务计算系统的关键需求之一，也将成为一个判定服务提供者能否成功的重要因素。

软件质量保障的本质要求是通过各种技术手段提高软件系统行为的可控性和确定性。传统上，通常采取基于软件测试的动态分析方法和基于形式化证明的静态分析方法来提高开发人员对软件具有某种品质的确信程度(confidence)[43]。然而，前面讨论的开放环境下的组合服务的若干新特征却背离了这一要求：一方面，传统的基于软件测试的动态分析方法通常要求软件系统在正式投入运行之前进行多次"离线式"运行，这一点显然无法满足开放环境下的组合服务在线演化的要求；另一方面，形式化证明的静态分析方法在处理规模较大的问题时存在效率低下的问题，并且该方法要求有明确的用户需求规约，但在用户需求多变的环境下这一要求很难得到满足。为此，需要研究一套适合于互联网开放、动态和多变环境的新型软件理论、方法和技术体系，以满足 Web 服务组合 QoS 保障的要求[50]。

作为互联网上进行 SOA 应用集成的一种手段，Web 服务组合的一系列新特征使得其 QoS 保障成为一个至关重要且意义重大的挑战。从软件工程的角度，实现组合服务 Qos 保障必须在组合服务设计、部署、运行等阶段解决以下几个方面的问题。

1. 组合服务模型的分析与验证

组合服务模型是组合服务实现逻辑的高层描述，基于业务流程建模组合服务是目前主流的建模方法之一。组合服务模型在实施服务组合的过程中处于核心地位，组合服务模型的正确性决定了组合服务是否能够正确运行，而组合服务建模不当是造成组合服务运行时错误的主要原因之一。因此，有必要在组合服务模型建立阶段为其正确性的分析与验证提供有力支持，以辅助发现和纠正复杂模型中存在的错误，比如组合 Web 服务是否满足系统功能需求，是否存在死锁、不可达等[51]。然而，判断组合服务模型是否正确并不是一件轻而易举的事，尤其是对于具有复杂流程逻辑的组合服务，仅依靠建模者的经验找出模型中潜在的错误是不可靠的。为此，对组合服务模型进行形式化的描述和验证是保障组合服务质量的关键问题之一。可以采用不同的方法刻画组合服务行为，组合服务模型的分析与验证的主要方法有基于自动机的方法[51-54]、基于进程代数的方法[55]和基于 Petri 网的方法[56-58]等。

2. 组件服务的按需选择

组合服务的 QoS 依赖于组件服务的 QoS[30]，而网络环境的开放性使得可用的服务构成一个不断成长、动态变化和具有相同功能的同质服务空间，这使得组件服务的选择成为既令人兴奋又面临挑战的问题。动态服务组合在运行时动态发现、选择和绑定组件服务，使得组合服务能够根据运行环境状况与用户需求，从功能等价的候选服务集合中选择适当的组件服务，组成一个合乎总体 QoS 要求的组合服务。因此，如何判断服务提供者 QoS 信息的真实性和如何有效地支持运行时的服务选择是动态服务组合技术的关键问题之一，该问题也是本书讨论的核心问题，将在本书的其余部分进行详细的讨论。

3. 组合服务运行期 QoS 保障

由于 Web 服务组合在运行过程中动态发现并绑定外部服务，且其运行环境又处于高度动态的环境下，不可能在设计与部署阶段预见所有可能的变化，所以就要求 Web 服务组合具备柔性和连续反应式的形态。这使得传统软件的理论、方法、技术和平台面临一系列挑战[50,59]，从而需要一种机制，使得服务组合能够动态地适应运行时环境的持续变化，以满足用户的 QoS 需求。对 Web 服务组合这样的分布式系统，如果完全采取人工的方式适应环境的动态变化，那么将导致系统的运行维护成本大幅上升[60]。更糟糕的是，环境的动态变化极大地增加了系统复杂性[61]。因此，针对 Web 服务组合运行期外部服务动态发现与绑定、运行环境的开放性与动态性所造成的系统复杂性高和维护费用高的问题，可通过建立 Web 服务组合运行期的监控机制[62-67]，实现对运行错误、SLA 冲突等异常事件的检测，并对发生异常的根本原因进行诊断[68-69]。之后，根据对系统异常进行修复的策略[70-73]，实现组合服务在动态环境下的运行期 QoS 保障，从而提高系统的可用性与健壮性，降低系统维护的成本，实现 Web 服务组合的高可信计算。

2.4 Web 服务 QoS 语义描述

为使计算机不仅能代表用户完成服务相关的操作，而且使 QoS 感知的服务选择模型中各有关角色对 Web 服务与 QoS 相关概念具有一致的理解，本书首先建立服务本体(ontology)和 QoS 本体的概念，并对这些概念的语义进行描述。

本体是源自哲学的概念。从哲学范畴讲，本体是对客观存在的解释或说明，是对事物是否存在进行思考的学科。20 世纪 90 年代初，本体的概念首次被引入人工智能领域，最早给出本体定义的是 Neches 等[74]，他们将本体定义为"给出构成相关领域词汇的基本术语和关系，以及利用这些术语和关系定义领域词汇外延的规则"。1993 年，美国斯坦福大学的 Gruber 博士给出本体的一个最为流行的定义，即"本体是概念化的、明确的规范说明"[75]。某个领域的本体就是关于该领域的一个公认的概念集，其中的概念含有公认的语义，这些语义通过概念之间的各种关联体现，本体通过它的概念集及其所处的上下文刻画概念的内涵。总之，本体强调相关领域的本质概念，同时也强调这些本质概念之间的关联。在知识管理和人工智能等领域，主要通过本体技术来解决语义方面的问题。

本体应该是明确的、共享的、计算机可理解的概念模型。本体建模的目标是捕获相应的领域知识，为该领域的知识提供一个一致的理解，从而确定领域内的共享词汇，并且给定这些词汇和词汇间关系的明确定义。Gruber 博士认为，一个本体应该由 4 个基本的要素所组成：类(class)、关系(relation)、实例(instance)和公理(axiom)。

(1) 类：是某个领域中一类实体或事物的集合。

(2) 关系：描述概念之间的交互和概念的属性之间的交互，函数属于一类特殊的关系。

(3) 实例：概念表示的具体事物。

(4) 公理：永真的断言，用来限制类和实例的取值范围，包含若干规则和约束。

2.4.1　服务本体

图 2.1 所示为 Web 服务本体，其中 HasService 表示每个服务提供者可提供若干 Web 服务，这些服务可以是免费的或需要付费的(IsFree)。每一个服务均和一个特定领域相关联(HasDomain)，如商业、娱乐、计算和政府等，多个特定领域形成领域的一系列子类(SubClassof)。服务具有自己的接口(HasInterface)及其实现(HasImplementation)。用户使用的每个服务均有一个代理(HasProxy)，代理具有自治行为与交互行为(HasBehavior)。服务具有一系列的服务质量(HasQoS)，而 QoS 又由不同的 QoS 指标构成(HasItem)。服务提供者、服务和 QoS 均具有相应的信誉(HasReputation)，用于表示服务提供者、服务和 QoS 的可信任程度。

2.4.2　QoS 本体

本书用上下两层本体 Web 服务 QoS 语义描述，其中上层本体定义了 QoS 概念，下层本体描述了层次化的 QoS 指标体系。

图 2.2 所示为 QoS 上层本体。Web 服务的 QoS 是由多个指标(Item)，也称为属性(attribute)构成的树状结构综合指标体系(HasItem)，每个节点为一个服务质量指标，树状结构的根节点(RootQoS)为该服务的综合服务质量指标。关系 SubClassof($Item_1$，$Item_2$) 表明节点 $Item_1$ 是节点 $Item_2$ 的子指标。构成 QoS 指标体系的各指标之间存在一定的影响关系(HasRelationship)，相反的关系表明指标之间的影响方向(ValueDirection)是相反的，一个增长则另一个降低，反之一个降低则另一个增长；并行关系则表明指标之间的影响方向是一致的，一个增长则另一个也增长。

服务指标(Item)具有四个属性：指标名称(name)、指标值(value)、权重(weight)和值信息(valueInfo)。指标值包括公告值和实际值两类，其中公告值为服务提供者宣称能达到的 QoS 值，而实际值为服务用户感知到的实际 QoS 值。权重表示下级指标对其直接上层指标的影响程度，一个 QoS 指标的所有下级指标权重之和为 1。valueInfo 由 ValueType、PreferType 和 MeasureMethod 三个属性描述。

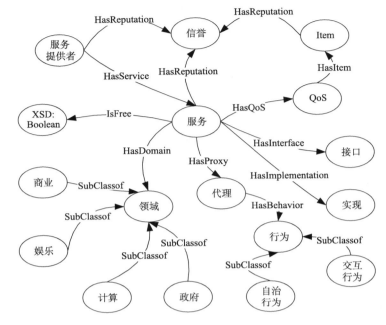

图 2.1　Web 服务本体

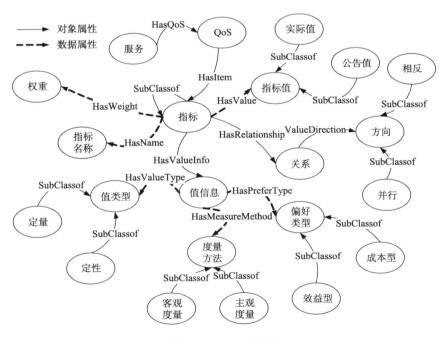

图 2.2　QoS 上层本体

（1）ValueType 表示值类型，取值为定量(quantitative)和定性(qualitative)两种。由于服务提供者、服务消费者对定性 QoS 属性的理解和度量可能不一致，所以有必要对其进行量化处理，也就是将定性 QoS 属性用数值的形式表示出来。当定性指标量化时，可采用序数标度的方法。若采用 5 级标度，则可以是如下语言变量值之一：{很差，差，一般，好，很好}。若采用 7 级标度，则可以是如下语言变量值之一：{很差，较差，差，一般，好，较好，很好}。

（2）PreferType 表示偏好类型，其中效益型(benefit)表明指标值越大越好，而成本型(cost)则表明指标值越小越好。

（3）MeasureMethod 表示度量方式，其中 Objective 表示客观度量，Subjective 表示主观度量，所有主观度量指标的 ValueType 均为定性。

综合文献[48]、[49]、[76]和[77]的 QoS 指标描述，定义图 2.3 所示的 QoS 下层本体，其中描述的 QoS 指标均为上层本体中 Item 的实例，RootQoS 表示最顶层 QoS 指标，而 SubClassof 则表示指标之间的类关系。下层本体所描述的各 QoS 指标的详细含义参见文献[48]、[49]、[76]和[77]等。从图 2.3 可以看到，Web 服务 QoS 由性能、可用性、经济性、可靠性和安全性等构成。

（1）性能。该指标描述从用户视角感知到的服务性能，包括吞吐量(throughput，单位时间内服务请求成功完成的数目)、响应时间(Response Time，RT，从服务请求到得到服务响应之间的延迟)、错误率(ErrorRate)等子指标。

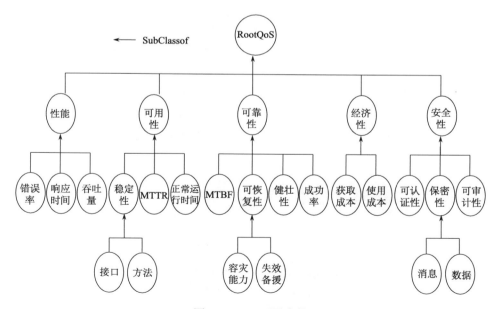

图 2.3　QoS 下层本体

（2）可用性。描述服务能按用户要求进行响应的可能性，包括平均故障修复时间（Mean Time to Repair，MTTR）、正常运行时间（uptime）和稳定性（stability，服务更改其接口等属性的频繁程度）等子指标。一般而言，可用性与可靠性之间存在并行关系，即性能增长则可靠性增长。

（3）可靠性。描述成功使用服务的可能性，包括成功率（SuccessRate，服务在规定的时间内成功完成客户请求的比率）、健壮性（从错误输入或错误调用顺序中恢复的能力）、平均故障间隔时间（Mean Time Between Failures，MTBF）和可恢复性（recoverability）等子指标。

（4）经济性。描述使用服务所产生的支出，其中获取成本和使用成本是最重要的经济指标。

（5）安全性。描述服务的安全级别及其种类，包括可审计性（auditability，服务提供审计日志的能力）、可认证性（authentication，对服务提供者身份鉴别的能力）和保密性（encryption，服务消息和数据加密的方法及其强度）等子指标。

前面定义的 Web 服务本体和 QoS 本体可以采用 Protégé[78]等本体编辑工具生成 OWL（Web Ontology Language）[79]，从而使计算机能够利用这些本体所描述的语义。OWL 是 W3C OWL 推荐用于那些需要由应用程序而不是由人处理文档中的信息的情况，是 DAML+OIL Web 本体语言的修改版。OWL 可被用来明确表示术语的含义与术语间的关系，即本体表达。在表达语义方面，OWL 比 XML、RDF 和 RDF-S 有更多的表达手段，因此在 Web 上表达机器可理解内容的能力也比这些语言强。本体的四元素在 OWL 里都有体现。class 在 OWL 里面对应于 rdf:Class；relation 在 OWL 里对应 datatype property（数据类型属性），object property（对象属性），subClassof（子类），subPropertyof（子属性）；instance 和 axiom 在 OWL 里则分别表达为 instance 和约束（restriction）。Protégé 是由美国斯坦福大学开发的最早支持 OWL 格式的本体编辑工具之一，它采用 Java 开发，是一个开源的项目。Protégé 以插件形式支持 OWL 格式的本体。代码 2.1 为部分 Web 服务 QoS 上层本体 OWL 片段。

代码 2.1　部分 Web 服务 QoS 上层本体 OWL 片段

```
<?xml version="1.0"?>
<rdf:RDF
  ⋮
 <owl:Class rdf:ID="QoS">
   <owl:disjointWith>
    <owl:Class rdf:ID="Item"/>
   </owl:disjointWith>
   <owl:disjointWith>
    <owl:Class rdf:ID="ValueInfo"/>
```

```
    </owl:disjointWith>
  </owl:Class>
  <owl:Class rdf:about="#ValueInfo">
   <owl:disjointWith>
      <owl:Class rdf:about="#Item"/>
   </owl:disjointWith>
   <owl:disjointWith rdf:resource="#QoS"/>
  </owl:Class>
  <owl:Class rdf:about="#Item">
   <owl:disjointWith rdf:resource="#ValueInfo"/>
   <owl:disjointWith rdf:resource="#QoS"/>
  </owl:Class>
  <owl:ObjectProperty rdf:ID="HasItem">
   <rdfs:domain rdf:resource="#QoS"/>
   <rdfs:range rdf:resource="#Item"/>
  </owl:ObjectProperty>
  <owl:ObjectProperty rdf:ID="HasValueInfo">
   <rdfs:range rdf:resource="#ValueInfo"/>
   <rdfs:domain rdf:resource="#Item"/>
  </owl:ObjectProperty>
  <owl:ObjectProperty rdf:ID="SubClassof">
   <rdfs:domain rdf:resource="#Item"/>
   <rdfs:range rdf:resource="#Item"/>
  </owl:ObjectProperty>
    ⋮
  </rdf:RDF>
```

2.4.3　扩展 Web 服务机制支持 QoS 管理

Web 服务的标准协议，比如 UDDI 和 SOAP 本身并不支持 QoS。因此，在 Web 服务使用过程中，如果涉及 QoS 管理，需要对这些协议进行扩充。例如，可以通过对 UDDI 的数据结构进行扩展，使得在对服务利用 UDDI 注册时可以提供服务的 QoS 信息。代码 2.2 为 UDDI 中描述 QoS 信息的元素的示例，其中 QoS 信息被描述为 businessService 的一个子元素。

代码 2.2　扩展 UDDI 描述 QoS 信息示例

```
<tModel ModelKey="uuid:1C620754-09E4-4930-AA19-709C62E52166">
  <name>uudi-org:qosInfo</name>
  <description xml:lang="en">Quality of Service Information
  </description>
```

```
<overviewDoc>
  <description xml:lang="en"></description>
  <overviewURL>http://www.uddi.org/specification.html</overviewURL>
</overviewDoc>
<categoryBag>
  <keyedReference
    keyName="uddi-org:types" keyValue="categorization"
    tModelKey="uddi:1D3FCD00-0DA6-4479-ADFE-B10950C74F62"/>
</categoryBag>
</tModel>
```

　　同样，通过对 SOAP 进行扩展，可以支持满足 QoS 需求的服务选择。具体方法是采用查询 SOAP 消息描述用户 QoS 需求，相应地利用结果消息返回符合需求的服务。代码 2.3 和代码 2.4 分别描述了一个 car reservation 服务的查询消息和结果消息，其中 QoS 需求可用性高于 0.8，而返回的 car reservation 服务可用性为 0.92。

代码 2.3　SOAP 查询消息示例

```
<?xml version="1.0" encoding="UTF-8"?>
  <envelop xmlns= "http://schmas.xmlsoap.org/soap/envelop/">
    <body>
      <find_service businessKey="*" generic="1.0"
        xmlns="urn:uddi-org:api" maxRows="5">
        <name>car reservation</name>
        <qosInfo>
          <availability> 0.8 </availability>
        </qosInfo>
      </find_service>
    </body>
  </enveolop>
```

代码 2.4　SOAP 返回消息示例

```
<?xml version="1.0" encoding="UTF-8"?>
<envelop xmlns="http://schemas.xmlsoap.org/soap/envelop">
  <body>
    <serviceList generic="1.0" xmlns="urn:uddi-org:api"
                 operator="rental.com/car/services/uddi"
                 truncated ="false">
      <serviceInfos>
        <serviceInfo serviceKey="F4D95E5D-F37A-4BDC-8E95-BFD45671A0F"
                businessKey="8CF8C1E3-4C39-43E1-8B6B-0137ED6BE63F">
```

```
    <name>car reservation</name>
    <qosInfo>
      <availability> 0.92 </availability>
    </qosInfo>
   </serviceInfo>
  </serviceInfos>
  </serviceList>
 </body>
</envelop>
```

2.5　Web 服务选择问题

SOA 范型及其基于 Web 服务技术的实现方法为业务应用系统无缝集成以建立新的增值应用提供了一种有效的方案，从而使其在供应链管理、财务管理、金融系统、电子商务、电子政务以及 e-Science 等领域受到高度关注。QoS 感知的 Web 服务选择作为 Web 服务组合 QoS 保障的重要手段之一，在 Web 服务研究领域受到高度关注，本节将对该问题进行详细说明。

图 2.4 所示为一个提供个性化多媒体服务的组合服务的示例[80]。一个智能手机应用向服务提供者发送获取最近新闻的请求。可用的多媒体信息包括新闻文本和 MPEG-2 格式的视频。这样，新闻服务提供者需要组合多种服务以满足用户的服务请求：首先利用格式转换服务将多媒体信息转换为用户智能手机可使用的格式，同时利用翻译服务将新闻文本翻译为用户需要的语言；然后通过合并服务将新闻文本和视频流进行融合；最后利用压缩服务将需要发送的信息进行压缩以利于通过无线网络传送。用户请求可能包含某些端到端(end-to-end)的 QoS 需求，比如用户要求整个组合服务的带宽不低于 2Mbit/s，延迟不高于 1s，价格不高于 3元。这样，服务提供者就需要确保组合服务中所有组件服务的聚合 QoS 值能够满足用户的需求。然而，组合服务运行时可能发生 QoS 需求的动态变化(如用户从高带宽的 Wi-Fi 或 3G 网络转换到低带宽的 GPRS 网络)，或者组件服务的失效(如翻译服务不可用)。因此，对组合服务应用来说，对用户需求进行快速响应至关重要。由于需要根据不同 QoS 需求选择合适的组件服务以完成整个组合服务的功能，

图 2.4　Web 服务组合示例

所以服务选择的性能对于整个服务组合系统的性能具有很大的影响。

图 2.5 描述 QoS 感知的服务组合问题。给定一个通过类似于工作流语言(如 WS-BPEL)描述的抽象组合请求,使用 Web 服务设施(如 UDDI),服务发现引擎通过语法或语义函数对任务(抽象服务)描述与服务描述进行匹配,从而发现组合流程中每个任务的可用 Web 服务。这样,就可以为每个任务得到一个候选服务列表。QoS 感知的服务选择目标就是从每个列表中选择一个组件服务,使得这些组件服务的 QoS 聚合值(即组合服务 QoS)满足用户端到端的 QoS 需求。在开放的面向服务的环境下,组件服务运行时的 QoS 可能与预计的发生偏离,这样就需要在运行时对某些组件服务进行替换,从而使得确保服务选择机制的效率变得至关重要。

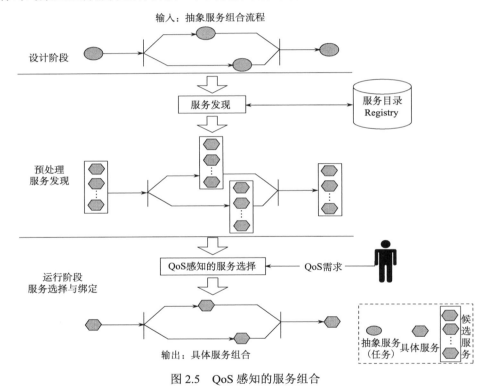

图 2.5　QoS 感知的服务组合

组件服务的选择策略可分为局部策略和全局策略[30]。局部策略是以任务(抽象服务)为粒度选择组件服务,即分别考查各个任务的候选服务集,从一组功能等价的候选服务中选择适当的(或最好的)服务作为执行该活动的组件服务;全局策略旨在使组合服务整体的 QoS 满足给定的目标,因此组件服务的选择需要综合考虑各个组件服务的聚合效果,即选择适当的(或最好的)组合方案。

2.5.1　局部选择策略

局部选择策略的基本思想是：分别考查各个抽象服务的候选服务集，对候选服务的各个 QoS 信息按照某种规则进行排序，并以此为依据分别从每组功能等价的候选服务中为服务组合中的每一个抽象服务选择一个满足局部约束条件且效用最大的服务来构建组合服务。局部选择策略的核心是针对组合服务中的每个抽象服务，对能够完成该服务的所有候选 Web 服务进行选择，找到能够实现单个抽象服务的质量最优的具体服务。

局部选择策略没有考虑端到端的全局 QoS 约束，也没有考虑组合服务中各个抽象服务之间的关系，各个抽象服务选择具体服务的过程是相互独立的。虽然所选的单个服务能满足用户需求，但依此策略生成的组合服务并不一定是全局最优的，也不一定能满足用户对服务组合的端到端 QoS 约束。

另一方面，如果 l 为每个抽象服务的候选服务数目，则该方法的时间复杂度为 $O(l)$。也就是说，这种方法从时间复杂度来看是很高效的。而且，由于局部选择策略在进行服务选择时是在各抽象服务上独立进行的，不考虑各任务之间的相互关系，所以在不存在集中的 QoS 管理的分布式环境下，由各服务代理分别管理不同类别的服务时，采用局部选择策略可以进行分布式的服务选择，从而进一步提高了这种方法的效率。

2.5.2　全局选择策略

全局选择策略的选择方法是将着眼点从单个抽象服务转移到了整个组合服务，从而使得选择出的服务能满足用户对组合服务质量的要求。它旨在使得组合服务整体的 QoS 满足给定的约束或达到预定的优化目标，因此具体服务的选择需要综合考虑各个具体服务的 QoS 的聚合效果。

虽然全局选择策略考虑了全局 QoS 约束，所获得的解是满足端到端 QoS 约束的全局最优解，但其本质是一个多维多选择背包问题（Multi-dimensional Multiple Choice Knapsack Problem，MMKP），而这是一个 NP 难（NP-hard）问题[80-81]。如果抽象服务组合有 m 个任务，而每个任务有 l 个候选服务，则全局优化选择的时间复杂度是 $O(l^m)$。这样，只有在候选服务数目很少的情况下，这种方法才是可行的。即使某个任务只有几百个候选服务，也可能在合理的时间内无法得到一个最优解。这样，在动态 Web 环境和实时需求场景下，就需要高效率、高性能的服务选择算法支持。

2.5.3　混合选择策略

局部选择策略计算量远低于全局选择策略，但是由于没有考虑全局 QoS

约束，往往不能得到满足用户端到端 QoS 需求的选择结果。而全局选择策略可以考虑全局 QoS 约束，但是计算量较大，当组合规模增大时，全局选择策略的计算量也随之增大，甚至不可接受。因此，这两种策略都存在一定的优势和局限性，如何兼顾局部与全局两方面的 QoS 要求，就成为服务选择的一个直观问题。混合选择策略融合局部与全局策略的优点，先采用局部选择策略对每个抽象服务过滤其候选服务，再由全局选择策略从未筛选掉的候选服务集中进行服务选择。

2.6　QoS 感知的服务选择核心问题

QoS 感知的动态 Web 服务选择是 Web 服务 QoS 保障的关键技术之一，也是实现松耦合的 SOA 的必然要求。然而，由于服务组合系统的特殊性，QoS 感知的服务选择仍然面临若干挑战。

（1）QoS 信息的真实性问题。服务提供者为提高其所提供服务被选择的机会，以获取更大的利益，倾向于发布优于实际值的 QoS 信息。同时，由于信息不对称，服务消费者不能获得所选择服务的真实 QoS 信息，以致面临不能获取真正需要的服务的风险。因此，如何判断 QoS 信息的真实性，对选择真正符合用户需求的 Web 服务至关重要，这就是 Web 服务质量的信誉问题。

（2）QoS 信息的不确定性。由于运行环境的开放性和动态性，Web 服务 QoS 具有内在的不确定性。例如，服务响应时间和价格依赖于对服务的请求数目。在计算资源确定的情况下，服务提供者可以确保的响应时间和服务请求数目成反比，同时，服务价格与服务请求数目成正比。另一方面，对服务的请求则随时间不断波动。这样，服务响应时间和价格也将随时间不断波动，这就意味着服务提供者不能为用户提供确定的 QoS 值，而用户也将面临其 QoS 需求不能被满足的风险。因此，在 QoS 信息不确定的情况下，如何对候选服务的性能进行评估，如何选择适合用户需求的服务是一个必须解决的问题。

（3）全局服务选择的效率。全局服务选择问题事实上可以建模为组合优化问题，也就是一个 NP 难问题，其计算代价呈指数级增长。因此，采用穷尽搜索的方法找到能满足特定 QoS 约束的、最好的服务组合并不现实。即使每个任务的候选服务只有数百个，找到最优组合的时间也是不可接受的。在组合服务包含很多任务，且每个任务有很多候选服务时，这种方式显然不具有实用性。随着具有相同功能但 QoS 水平不一样的服务数量的增长，组合服务中的服务选择变得越来越重要，并越来越具有挑战性。因此，在实际商业应用中，组合服务选择机制的效率就成为十分关键的问题。

第 3 章　基于 QoS 相似度的 Web 服务信誉度量

Web 服务信誉对于判别服务选择过程中 QoS 信息的真实性具有十分重要的作用。为了提高 Web 服务信誉度量的灵活性和真实性，本章介绍一种利用 QoS 公告值与实际值的相似度进行信誉度量的模型，设计了层次化的 QoS 相似度计算方法和基于 QoS 相似度的信誉度量算法，并通过实例验证了该方法的有效性。

3.1　引　　言

在 Web 服务领域，QoS 被用于描述服务的非功能属性，包含了可用性、可靠性和费用等指标，以体现服务质量的好坏。通过将 QoS 信息应用于服务发现和组合过程，可以有效地提高服务发现与组合的满意程度。

然而，服务提供者为提高其所提供服务被选择的机会，以获取更大的利益，倾向于发布优于实际值的 QoS 信息。同时，由于信息的不对称性，服务消费者不能获得所选择服务的真实 QoS 信息，以致面临不能获取真正需要的服务的风险。因此，如何根据服务消费者的反馈来判断 QoS 信息的真实性，对选择真正符合用户需求的 Web 服务至关重要，这就是 Web 服务质量的信誉问题[82]。对 Web 服务信誉度量进行研究，可以达到如下目的：

（1）便于用户了解服务的信用状况，帮助用户确定服务是否可以信任，从而提高服务请求的成功率、服务选择的满意程度和组合服务的可靠性[82-83]。

（2）对服务提供者的行为产生约束力，限制欺诈，鼓励诚信行为，降低信用风险。

（3）能够降低用户和服务提供者的交易成本。例如，减少服务提供者为使用户信任其服务所作的宣传、广告等方面的支出，减少用户搜索服务、收集信息的时间和费用等。

（4）对于服务提供者，信誉评价机制能够传递服务质量信息，并作为指导其提高服务质量的一种有效手段。

与传统的商务活动不同，在电子商务环境下，由于允许匿名交互，且可供用户选择的交易伙伴非常多，伙伴之间彼此又不直接接触，使得信誉管理要复杂和困难得多，传统的信誉管理方式已不能完全适应电子商务发展的要求，所以有必要寻找适合电子商务特点的新的信誉管理方式。为此，Resnick 等[84]提出了在线信誉系统这一新型的信任机制，其目的是建立、维护在线信任关系，保障在线市场秩序。Web 服务信誉系统就是一种典型的在线信誉系统。

针对目前在线信誉度量多依赖于用户主观评分的情况，结合 Web 服务自身的特点，本章首先阐述信任与信誉的概念、信誉系统体系结构和常见在线信誉度量模型，然后介绍基于 QoS 相似度的信誉度量系统模型，并设计相应的 QoS 相似度算法和信誉计算模型。基于 QoS 相似度的信誉度量模型利用了部分 QoS 值可由计算机感知的特点，从而避免完全依赖用户主观评分作为信誉度量的基础。此外，相似度计算和信誉度量方法可对任意层次的任意 QoS 指标进行处理，从而提高了信誉度量的灵活性。最后，信誉度量过程有效地融入了服务质量的发展趋势与波动情况，具有良好的实用性。

3.2   信誉度量基础

3.2.1   信任与信誉

在社会活动中，人们在交易之前通常会根据双方直接交易的历史记录或者朋友的推荐信息，对交易活动的可靠性进行评价，依据评价结果决定是否进行交易。在 Web 服务应用环境中，信任与信誉机制需要解决的问题类似于社会活动中的可靠性评价。在决定是否使用某一服务之前，借助信任机制，服务提供者和用户双方可以彼此了解对方的可信程度，从而提高交易的安全系数，避免交易过程中可能出现的安全隐患。信誉是一个与信任紧密相关的概念，但是信誉与信任又有所区别。为了说明二者之间的联系和区别，下面首先给出信任和信誉的描述性定义[85]。

定义 3.1   (信任，trust)信任是一种建立在已有知识上的主观判断，是主体 A 根据所处的环境，对主体 B 能够按照主体 A 的意愿提供特定服务(或者执行特定动作)的度量。

定义 3.2   (信誉，reputation)信誉是对服务已有质量或特性的综合度量，反映服务履行其承诺服务的水平和其他主体对它的总体信任程度。

由此可见，信任是主动的，是一个主体对另一个主体某种能力的评价，建立在对历史交易的评估上。而信誉是被动的，是通过交互或资源共享的历史行为来预测某服务行为是否可信，即信誉是可信信息的集合。信誉是全局的概念，反映的是一种集体信任，具有客观性，是网络中所有主体对某个服务评价的合计。而信任是局部的概念，具有主观性，仅发生在两个主体之间。一般而言，高信誉意味着高信任度，即信任在一定程度上依赖于信誉，但是并不完全由信誉决定。

在传统的网络安全机制中，被保护主体是服务提供者，恶意主体一般来自服务消费者，传统安全机制通常通过只向授权用户提供存取权限来实现对资源的保护，避免服务提供者遭受恶意消费者的攻击和非法存取。这种安全机制在文献[86]中被称为硬安全(hard security)。但是，很多时候，消费者需要保护自己不受服务提供者的欺骗，而传统的安全机制不提供这样的功能。相反，信任机制可以实现该目标，即信任机制中的被保护主体是服务消费者，潜在的恶意用户是服务提供者。由信任机制提供的安全保护措施被称为软安全(soft security)。

传统安全机制与信任安全机制之间也存在着联系。受传统安全机制保护的服务不易受到恶意用户的攻击，内部存在恶意程序(如木马)的可能性也会降低，此类服务的可信度就会高。相反，那些没有安全机制保护的服务的可信度就会低。另外，在传统安全机制中也存在信任机制，但主要依靠可信赖的第三方进行身份鉴别来实现。这两种安全机制从不同的角度保护系统的安全，二者可相互补充。

3.2.2　信誉系统体系结构

信誉系统体系结构主要说明用户评价数据和可信度的存储方式，决定了系统主体之间的交互方式。目前主要有两种体系结构：集中式的体系结构和分布式的体系结构。本节简要介绍这两种不同的体系结构，详细的内容参见文献[85]。

在集中式的体系结构中，采用权威的中央节点(信誉评价中心，Reputation Evaluating Center，REC)收集、汇总并发布用户的历史交易行为信息[87]，如图 3.1 所示。每次交易后，交易双方的相互反馈信息都被送到信誉评价中心。该中心根据收集到的所有反馈信息计算每个主体的可信度，然后在中央节点公布，供其他用户在交易时参考。这种体系结构的优点是实现相对简单，这是因为反馈信息的收集、汇总、发布都由中央节点代理实施，从而减轻了用户的计算负担；其缺点是系统过分依赖信誉评价中心，该中心是系统的性能瓶颈，并容易产生单点失败。eBay①、天猫②中的信誉系统就采用了集中式的体系结构。

在 P2P(Peer to Peer)应用这样的网络环境下，由于没有中央节点，集中式信誉系统就不再有效，这样，分布式信誉系统应运而生。该结构下用户利用自己的社会网络中可信赖用户的推荐，验证、担保其信誉评分[88]，如图 3.2 所示。每次

---

① http://www.ebay.com/
② http://www.tmall.com/

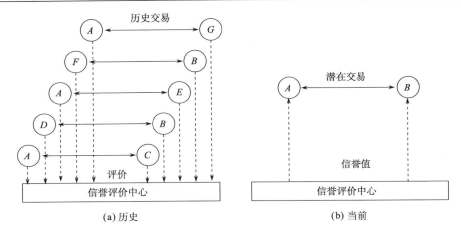

(a) 历史　　　　　　　　　　　　　　　(b) 当前

图 3.1　集中式信誉系统

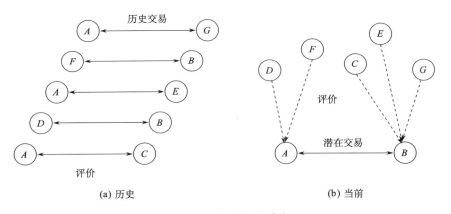

(a) 历史　　　　　　　　　　　　　　　(b) 当前

图 3.2　分布式信誉系统

交易完成后，节点把交易评价存储在本地。当一个节点需要计算另一个节点的可信度时，首先从本地获得直接交易记录，计算对方的直接信任值。如果两个节点之间不存在直接的交易记录或者直接交易的记录较少，就需要依靠邻居节点的推荐，获得对方的推荐信任值。一般来说，节点综合由两种不同方式获取的信任值来确定对方的可信度。分布式体系结构的优点是消除了集中式结构中的瓶颈问题，鲁棒性更好；缺点是信任系统所引发的通信量较大，通信协议也相对复杂。对于新用户，由于没有形成系统的社会网络，其信誉评分无法得以验证，造成了新用户无人可信的局面。如何为新用户构建社会网络，评估新用户信任度已成为困扰分布式信誉系统的一大难题[89]。此外，为网络中的其他用户提供历史交易信息不可避免地带来隐私保护问题。

3.2.3　常见信誉度量模型

目前，信誉的度量方式主要有简单加法/平均模型、贝叶斯模型、信念模型、模糊模型、灰色模型和离散信任模型等[85,89]，这些方法有的已经在商业上得到应用，有的尚处于学术讨论阶段。

1. 简单加法/平均模型

最简单的信誉评价方法是分别计算用户反馈的正面和负面评价数目，然后将信誉设置为正面评价数目与负面评价数目之差。eBay 信誉评价就采用这种方法。该方法的优点是任何人都可以理解信誉评价的原理，缺点是过于原始，只能简单地反映服务的可信程度。对该方法的一种改进是利用用户评价的平均值作为信誉，Epinions①、Amazon②等很多商用网站都采用该方法。更进一步的改进则是根据用户信誉、评价时间等因素对每个评分分配一个权重，然后用评分的加权平均值作为信誉。

2. 贝叶斯模型

贝叶斯模型[90]是一种基于概率的信任推理方法，这种方法利用二元反馈作为信誉度量的基础。在信任的概率分布是已知而概率分布的参数是未知的情况下，该方法根据得到的交易结果推测这些未知的参数，推测出的参数使得出现观察到的评价结果的可能性最大。该方法的核心是研究随机不确定现象的统计规律，目标是考察每种随机不确定现象出现结果的可能性大小，要求原始评价(样本)数据服从典型分布。另外，推理方法一般较为复杂，实现的系统复杂度相对较高。

3. 信念模型

信念模型利用信念理论作为信誉度量的基础[91]。信念理论是一种基于概率理论的框架，但其所有可能出现的结果的概率之和不一定等于1，其残留的概率被解释为不确定。这种模型将评价看做用户根据历史行为对服务可信、不可信的信念，并通过预先设定的阈值来判定可信与不可信。评价所反映的信任程度则利用Dempster 规则进行合并以得到最终的信誉。信念模型具有和贝叶斯模型类似的优缺点。

---

① http://www.epinions.com/
② http://www.amazon.com/

4. 模糊模型

信誉可以被描述为模糊概念，其中隶属函数描述为对实体的信任或不信任程度。利用模糊模型进行信誉度量[92]时，首先通过模糊化过程把评价数据借助隶属函数进行综合评判，并将其归类到模糊集合中；然后根据模糊规则推理主体之间的信任关系或者主体的可信度隶属的模糊集合。模糊模型能够解决推理过程的不精确输入问题，简化推理过程的复杂性，使得推理过程容易理解。但是选择隶属函数时，需要有一定的先验知识。

5. 灰色模型

灰色模型[93]首先利用灰色关联分析评价结果，得到灰色关联度，即评价向量。如果评价涉及多个关键属性（如响应速度），则确定属性之间的权重关系；然后利用白化函数和评价向量计算白化矩阵，由白化矩阵和权重矩阵计算聚类向量，聚类向量反映了主体与灰类集中每个灰类的关系；最后对聚类向量进行聚类分析，就可以得到主体所属的灰类。灰色模型和模糊模型都可以解决含有不确定因素的推理，但灰色模型不需要先验知识，可以解决原始评价数据较少的信任计算问题，对原始评价数据没有过多的要求。

6. 离散信任模型

人们通常比较习惯用离散变量表示信任的程度。为此，离散信任模型[94]将用户反馈表示为离散值（如非常信任、信任、不信任、非常不信任）。由于缺乏理论基础，这种模型通常使用查找表（look-up table）等启发式方法进行信誉更新。离散信任值的优点是符合人们表达信任的习惯，缺点是可计算性较差，需要借助查找表等映射函数把离散值映射成具体数值。

3.3　基于 QoS 相似度的信誉度量系统模型

虽然 Web 服务信誉研究主要以在线服务信誉的研究成果为基础，但是 Web 服务信誉度量有其特殊性：①Web 服务的消费主体是计算机而不是人，部分 QoS 指标可以由计算机感知，因此不应完全依赖人为反馈进行信誉评价；②如 2.4.2 节所述，Web 服务 QoS 指标具有层次化的特征，从而需要层次化的信誉评价方式，对不同层次 QoS 信息的真实性进行判别；③Web 服务的 QoS 具有很强的时效性，在进行信誉度量时需要考虑服务质量的发展趋势与波动情况。

针对 Web 服务的上述特性，本章介绍一种利用 QoS 公告值与实际值的相似度进行信誉度量的系统模型[95]，设计相应的层次化 QoS 相似度度量方法和基于

QoS 相似度的信誉度量算法，并通过实例验证该方法的有效性。

基于 QoS 相似度的 Web 服务信誉度量模型采用集中式的体系结构，在现有的由服务提供者、服务消费者和服务注册中心构成的 SOA 指导框架基础上增加了一个称为信誉评价中心的角色。该角色收集来自服务消费者的 QoS 反馈信息，并进行相似度和服务信誉度量计算。模型通过代理为信誉评价中心提供 QoS 反馈信息。系统模型如图 3.3 所示。

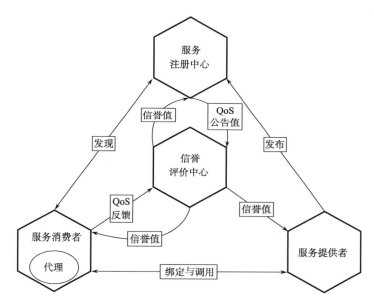

图 3.3　基于 QoS 相似度的信誉度量系统模型

服务提供者在向服务注册中心注册服务时，向服务注册中心发布 QoS 底层指标的公告值，服务注册中心的功能可采用 UDDI 服务发现机制实现，同时利用 UDDI 的 tModel 描述 Web 服务的 QoS。

服务消费者在设计好组合服务应用流程后，创建相应的代理并利用其代理的服务信息对其进行配置。代理是一个协助 Web 服务客户应用运行任务实现自动化的自治软件组件，具有 Web 服务相关标准的一系列知识。所有的客户服务活动，如调用、响应和与服务注册中心的通信，均由代理完成。这样，代理就可以为用户提供监控服务活动和使用方面的信息，以备后用。

在代理绑定并调用服务之前，首先利用服务注册中心发现符合功能要求的服务，同时从信誉评价中心获取这些服务的 QoS 信誉、服务信誉和服务提供者的信誉，之后利用多属性决策模型，从这些符合功能要求的服务中选择符合用户 QoS 要求的服务并进行调用。服务选择决策过程综合考虑用户的 QoS 需求、备选服务

QoS 公告值和服务信誉等信息。

当服务调用时,代理对该服务的客观 QoS 指标进行监控。在调用服务后,代理将获取用户对服务主观 QoS 指标的反馈,并结合自身监控到的客观 QoS 指标,将其反馈至信誉评价中心。信誉评价中心得到用户反馈的服务 QoS 实际值之后,结合从服务注册中心获取的 QoS 公告值,计算 QoS 相似度,并基于该相似度计算服务信誉。

图 3.4 所示为用 UML 时序图(sequence diagram)描述的信誉系统中各角色交互关系。

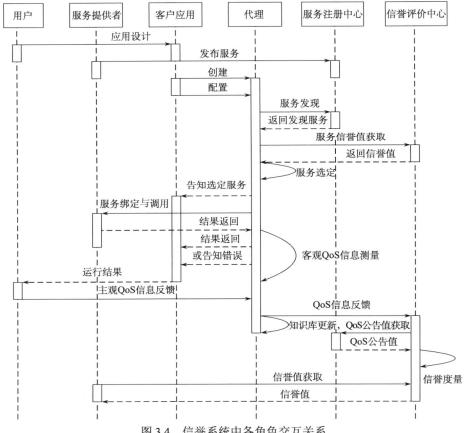

图 3.4　信誉系统中各角色交互关系

信誉评价中心可以针对任意 QoS 指标计算信誉,同时也可以计算服务的整体信誉和服务提供者信誉。服务提供者可获取这些信誉以改善服务质量,服务注册中心和服务消费者则可以通过获取的信誉选择适合的服务。服务信誉计算过程如图 3.5 所示。

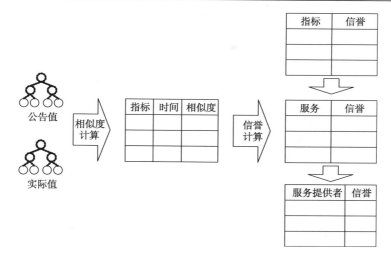

图 3.5　服务信誉计算过程

3.4　质量相似度算法

基于 2.4.2 节建立的 QoS 本体，对任意层次的任意 QoS 指标，其实际值与公告值的相似度按算法 3.1 进行计算。由于服务消费者应用上下文环境的复杂性和服务提供者资源调度的灵活性，服务提供者很难公告其 QoS 属性的精确信息，为此，算法 3.1 中服务提供者的 QoS 公告值被表达为一个区间数 $Adv=[a^{min}, a^{max}]$，$a^{min} \leqslant a^{max}$。对效益型属性，$a^{min}$ 为最差值，a^{max} 为最好值；而对成本型属性，a^{min} 为最好值，a^{max} 为最差值。

算法 3.1　Similarity(Item, Value, Adv)(质量相似度算法)

输入：QoS指标 Item，实际值 Value，公告值 Adv
输出：质量相似度
1: //对非叶子指标，不用提供Value和Adv
2: //Adv包括最小值Adv_{min}和最大值Adv_{max}
3: **if** Item不是叶子指标　**then**
4:　　Sim=0;　　　　　　　　　　　　　//Sim为相似度
5:　　**for each** $SubClass_i$ **of** Item　　　//$SubClass_i$为Item的子指标
6:　　　　Sim=Sim+**Similarity**($SubClass_i$)*$Weight_i$;
7:　　　　//$Weight_i$为指标$SubClass_i$相对于其上级指标的权重
8: **else**
9:　　计算叶子指标的相似度;
10:**end if**
11:**return** Sim.

对效益型指标,用户感受到的实际值越大,则该实际值与公告值之间的相似度越大。此外,考虑到服务提供者可能有意减小效益型指标的公告最大值以获得较好的相似度,为此,效益型叶子指标的相似度 Sim 的计算公式为

$$\text{Sim} = \begin{cases} 0, & \text{Value} \leqslant \text{Adv}_{min} \\ \dfrac{1}{2}\left(\dfrac{\text{Value} - \text{Adv}_{min}}{\text{Adv}_{max} - \text{Adv}_{min}} + \dfrac{\text{Value}}{\text{Adv}_{max}}\right), & \text{Adv}_{min} < \text{Value} < \text{Adv}_{max} \\ 1, & \text{Value} \geqslant \text{Adv}_{max} \end{cases} \quad (3.1)$$

式中,Value 表示该指标的实际值,Adv_{min} 和 Adv_{max} 则分别表示其公告的最小值和最大值。

类似效益型叶子指标的相似度的计算方法,建立成本型叶子指标的相似度的计算方法为

$$\text{Sim} = \begin{cases} 0, & \text{Value} \geqslant \text{Adv}_{max} \\ 1 - \dfrac{1}{2}\left(\dfrac{\text{Value} - \text{Adv}_{min}}{\text{Adv}_{max} - \text{Adv}_{min}} + \dfrac{\text{Value}}{\text{Adv}_{max}}\right), & \text{Adv}_{min} < \text{Value} < \text{Adv}_{max} \\ 1, & \text{Value} \leqslant \text{Adv}_{min} \end{cases} \quad (3.2)$$

效益型叶子指标和成本型叶子指标的相似度计算函数的图形分别如图 3.6(a) 和图 3.6(b) 所示。

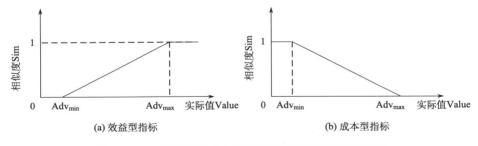

(a) 效益型指标   (b) 成本型指标

图 3.6   QoS 效益型和成本型叶子指标的相似度计算函数

通过式(3.1)和式(3.2)获得的服务质量相似度 $0 \leqslant \text{Sim} \leqslant 1$,Sim 越大,则表明服务质量实际值与公告值之间的差距越小,反之则差距越大。计算相似度时,不需要将实际值与公告值归一化。此外,从算法 3.1 可以看到,对服务提供者,只需要公告 QoS 指标体系中底层指标(叶子指标)的公告值;而对服务用户,只需要向信誉评价中心反馈 QoS 指标体系中底层指标的实际值。如果某叶子 QoS 指标为可客观度量指标,或者为主观度量指标但用户反馈为真实的感受,那么其相似度反映真实的实际值与公告值的吻合程度。对于非叶子指标,其相似度的真实性取决于其下级指标的真实性和各下级指标的权重。

3.5　基于 QoS 相似度的信誉计算

由于基于概率理论的信誉度量方法具有语义明确、健壮性好、实施费用低的优点[85]，本章采用贝叶斯方法进行 Web 服务信誉的计算。首先介绍贝叶斯信誉系统的基本概念，之后给出基于 QoS 相似度的贝叶斯信誉计算模型。

3.5.1　贝叶斯信誉系统

贝叶斯方法是一种基于结果的后验概率估计，该方法首先为待推测的参数指定先验概率分布，然后根据交易结果，利用贝叶斯规则推测参数的后验概率。贝叶斯信誉系统利用二元（正面和负面）评分作为其输入，并通过对贝塔分布的概率密度函数进行统计更新来计算信誉值。贝叶斯信誉系统中，信誉被表示为贝塔分布的概率密度函数的参数元组 (α, β)（α 和 β 分别表示正面评分和负面评分的数目），或表示为贝塔分布的概率密度函数的期望值。后验信誉（更新后的信誉）通过结合先验信誉和新评分进行计算。虽然贝叶斯系统不易理解，但其可以保证信誉值计算过程理论上的正确性。

贝塔分布是一个连续的分布函数族，与两个参数 α 和 β 有关。贝塔分布的概率密度函数 $\mathrm{B}(p|\alpha, \beta)$ 可用伽马函数 Γ 表示为

$$\mathrm{B}(p \mid \alpha, \beta) = \frac{\Gamma(\alpha + \beta)}{\Gamma(\alpha)\Gamma(\beta)} p^{(\alpha-1)}(1-p)^{(\beta-1)}, 0 \leqslant p \leqslant 1, \alpha, \beta > 0 \quad (3.3)$$

式中，如果 $\alpha < 1$，则 $p \neq 0$；如果 $\beta < 1$，则 $p \neq 1$。贝塔分布的期望值 $E(p)$ 为

$$E(p) = \frac{\alpha}{\alpha + \beta} \quad (3.4)$$

在没有任何观察证据时，先验分布是参数 α 和 β 均为 1 的贝塔分布的概率密度函数，如图 3.7(a) 所示。在观察到 r 个正面结果和 s 个负面结果后，后验分布是参数 $\alpha = r+1$ 和 $\beta = s+1$ 的贝塔分布的概率密度函数。例如，在观察到 7 个正面结果和 1 个负面结果后，贝塔分布的概率密度函数如图 3.7(b) 所示。

图 3.7 中的变量 p 表示一个事件发生的可能性，而其概率密度函数是事件未来出现正面结果的概率。例如，利用式(3.4)计算图 3.7(b)得到的期望值 $E(p)=0.8$，该期望值可被解释为事件未来出现正面结果的相对概率是不确定的，但最可能的值是 0.8。为此，一种自然的方法就是将信誉定义为贝塔分布的概率密度函数期望值的函数，从而实现信誉的计算。

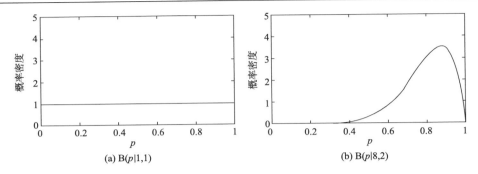

图 3.7　贝塔分布的概率密度函数

3.5.2　信誉计算模型

假设某时间段内对服务的 QoS 属性 M 按时间顺序计算了 n 次相似度 sim_i，$i=1,2,\cdots,n$。记不相似度 $\overline{\mathrm{sim}}_i = 1 - \mathrm{sim}_i$，令

$$\mathrm{sim}^{\lambda} = \sum_{i=1}^{n} \lambda^{\mathrm{Daydiff}(t_i, t_c)} \mathrm{sim}_i \tag{3.5}$$

$$\overline{\mathrm{sim}}^{\lambda} = \sum_{i=1}^{n} \lambda^{\mathrm{Daydiff}(t_i, t_c)} \overline{\mathrm{sim}}_i \tag{3.6}$$

式中，t_c 和 t_i 分别表示当前时间和相似度 sim_i 的计算时间，$\mathrm{Daydiff}(t_i, t_c)$ 表示 t_c 和 t_i 之间的天数。取遗忘因子 $0 < \lambda \leqslant 1$，目的是使得距离当前时间越近的相似度对信誉的计算越重要。$\lambda = 1$ 则所有相似度 sim_i 具有相同的重要性，λ 越小，则距离当前时间越远的 sim_i 对 sim^{λ} 的影响越大，即 sim_i 被遗忘越多。λ 对 $\overline{\mathrm{sim}}^{\lambda}$ 的影响与此类似。

从遗忘因子的含义可知，即使多个服务质量相似度均值一样，通过引入遗忘因子 λ，可使质量相似度持续增长的服务其信誉大于质量相似度持续降低或保持稳定的服务。为此，当信誉度量时，可根据对质量相似度发展趋势的重视程度，选取适当的遗忘因子对信誉进行调整。根据贝叶斯信誉系统的思想，令

$$\mathrm{rep}_M = \frac{\mathrm{sim}^{\lambda} + 1}{\mathrm{sim}^{\lambda} + \overline{\mathrm{sim}}^{\lambda} + 2} \tag{3.7}$$

式中，rep_M 表示 QoS 指标 M 的信誉，rep_M 的取值区间为[0,1]，其中，0 表示最差的信誉，1 表示最好的信誉。考虑到相似度波动大的服务质量其信誉应小于相似度波动小的服务质量信誉，令

$$\mathrm{rep}_M^{\gamma} = (1 - \gamma)^s \mathrm{rep}_M \tag{3.8}$$

式中，rep_M^{γ} 表示采用波动因子 γ 和服务质量相似度 sim_i 的样本标准差 s 对 rep_M 进行调整后的信誉。$0 \leqslant \gamma < 1$，如果 $\gamma = 0$，则表示信誉 rep_M^{γ} 不受 s 的影响，即质量相似度的波动情况对信誉没有任何影响；γ 越大，则 rep_M^{γ} 受 s 影响越大，反之则越小。如果 $\gamma = 1$，则表示相似度的任意波动均会使信誉 rep_M^{γ} 为 0，为此，规定 γ 不能为 1。rep_M^{γ} 受变量 γ 和 s 的影响程度如图 3.8 所示。s 用于表示服务质量相似度的波动程度，即

$$s = \sqrt{\frac{\sum\limits_{i=1}^{n}(\text{sim}_i)^2 - \dfrac{1}{n}(\sum\limits_{i=1}^{n}\text{sim}_i)^2}{n-1}} \tag{3.9}$$

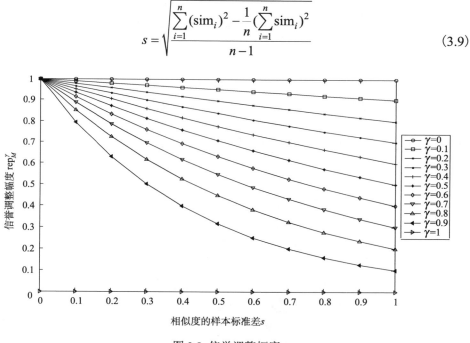

图 3.8　信誉调整幅度

由相似度计算方法可以得到任意层次、任意指标的相似度，所以，通过基于 QoS 相似度的 Web 服务信誉度量方法，可以获得服务任意质量指标的信誉。其中，QoS 指标层次中顶层指标 RootQoS 的信誉为服务的综合质量信誉，即 Web 服务的信誉。

在获得某服务提供者提供的所有服务的信誉后，该服务提供者的信誉可定义为其提供的所有服务信誉的平均值，其计算公式为

$$\text{rep}_{\text{provider}} = \frac{1}{t}\sum_{i=0}^{t}\text{rep}_{\text{service}_i} \tag{3.10}$$

式中，$\mathrm{rep}_{\mathrm{provider}}$ 为服务提供者的信誉，$\mathrm{rep}_{\mathrm{service}_i}$ 为服务提供者所提供的第 i 个服务的信誉，t 为服务提供者提供的服务总数。对服务提供者信誉的计算也可以采取中位数等方法实现。

3.6　实　验　分　析

为验证信誉度量方法的实用性，在以下试验环境进行了仿真模拟：一台 Dell OPTIPLEX GX260 作为服务器，CPU 为 Intel Pentium 2.66GHz，内存为 512MB，操作系统为 Windows Server 2003；一台 IBM Thinkpad T41 作为用户测试机，CPU 为 Intel Centrino 1.4GHz，内存为 512MB，操作系统为 Windows XP 专业版。在服务器上配置了 3 个天气预报服务，这 3 个服务具有相同的功能和相同的 QoS 公告值。此外，将 Web 信誉评价中心也配置在应用服务器上，并将其体现为一个 Web 服务。测试机分别向服务器上的 3 个服务提出调用请求，并记录请求完成的实际完成时间并反馈至信誉评价服务。以上涉及的软件开发环境为 Visual Studio .NET 2003，开发语言为 C#。在此基础上，设计了两个场景来验证服务信誉度量模型的有效性。

（1）不失一般性，设 3 个服务的响应时间公告值均为[0,10]（单位为 s），实验利用.NET 延时功能来调整每个服务实际的响应时间。其中，服务 1 的响应时间开始时为 10s，之后以每次 1s 的速率持续降低，由于响应时间为成本型指标，所以响应时间的持续降低表示其响应时间得到持续改善；服务 2 的响应时间一直保持为 5s；服务 3 的响应时间开始时为 0，之后以每次 1s 的速率持续增长，即其响应时间持续恶化。为验证遗忘因子 λ 导致 QoS 的发展趋势对最终信誉值计算的影响，设波动因子 $\gamma=0$。采用本章基于 QoS 相似度的 Web 服务信誉度量方法计算得到 3 个服务的相似度与信誉值如图 3.9 所示。

从图 3.9 可以看到，虽然 3 个服务其响应时间平均值均为 5s（相似度平均值均为 0.5），但无论遗忘因子 λ 取值为多少，响应时间持续增长的服务 1 的信誉始终不小于响应时间稳定和下降的服务 2 和服务 3。随着 λ 取值的增大，三者之间的信誉差距逐渐缩小。

（2）3 个服务公告值同场景（1），但其实际响应时间设置如下：服务 1 的响应时间始终以 0 和 10s 交替变化，服务 2 的响应时间一直保持为 5s，服务 3 的响应时间始终以 3s 和 7s 交替变化。也就是服务 2 的响应时间没有波动，服务 1 的响应时间波动大于服务 3 的波动。为验证波动因子 γ 使得 QoS 的波动情况对最终信誉计算具有影响，设遗忘因子 $\lambda=1$。采用本章的方法计算得到 3 个服务的相似度与信誉如图 3.10 所示。

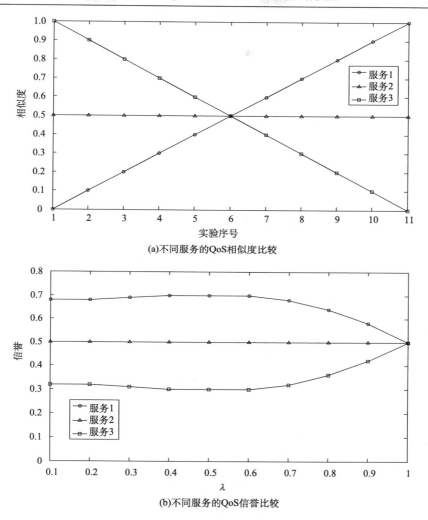

(a)不同服务的QoS相似度比较

(b)不同服务的QoS信誉比较

图 3.9　不同 QoS 发展趋势的服务相似度与信誉比较

从图 3.10 可以看到,虽然 3 个服务 10 次调用其响应时间平均值均为 5s(相似度平均值均为 0.5),但无论波动因子 γ 取值为多少,响应时间具有波动的服务 1 和服务 3 的信誉均低于响应时间稳定的服务 2;而响应时间波动幅度最大的服务 1 的信誉始终低于响应时间波动幅度较小的服务 3。并且随着 γ 的增大,QoS 波动幅度大的服务与 QoS 波动幅度小的服务的信誉差距逐渐增大。

可以看出,本章基于 QoS 相似度的 Web 服务信誉度量的方法在进行信誉度量时能有效地融入 QoS 的发展趋势和波动情况。当计算信誉时,可根据对 QoS 发展趋势和波动情况的重视程度对遗忘因子 λ 和波动因子 γ 进行设定。

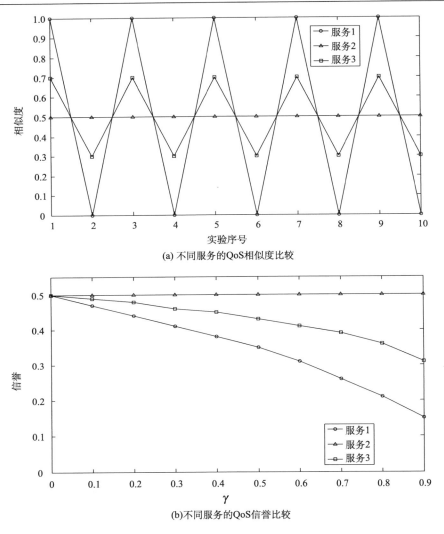

(a) 不同服务的QoS相似度比较

(b)不同服务的QoS信誉比较

图 3.10　不同 QoS 波动的服务相似度与信誉比较

3.7　小　　结

Zeng 等[30,96]将 Web 服务信誉应用于 Web 服务组合过程,以提高组合服务质量。文献[36]和[96]将 Web 服务信誉定义为 Web 服务真实性的量度,并将用户对服务的评分进行平均以获得 Web 服务信誉。杨胜文等[97]将信誉应用于 Web 服务的选择,利用用户反馈进行 Web 服务信誉度量,但对具体如何进行信誉度量该研究没有阐述。以上研究均认为 Web 服务信誉是 Web 服务的一个 QoS 属性，而没有考虑对每一个 QoS 属性均应该对其信誉进行度量，以利于用户对 QoS 公告值真实性的判别。

文献[82]将信誉应用于 Web 服务的选择，并考虑了 QoS 指标的信誉，但对 QoS 指标信誉如何度量未给出具体的方法。文献[83]利用以前的 QoS 实际数据反馈，通过时间序列预测模型对服务 QoS 指标未来的可能值进行预测，并基于预测值进行服务选择。这些方法虽然考虑了 QoS 指标的信誉问题，但未考虑 QoS 指标的层次性，其信誉度量也不是基于 QoS 相似度实现的。

文献[98]提出了一种集中式、采用贝叶斯模型的 Web 服务信誉度量方法，该方法用于度量服务的整体信誉，而不能度量 QoS 指标信誉和服务提供者信誉。其信誉计算的基础是用户对 Web 服务的主观评价，对 Web 服务 QoS 指标的计算机感知性没有进行考虑，主观评价的真实性不能得到保障，因此其信誉评价具有很高的主观性。此外，对于 QoS 指标随时间的波动情况对信誉的影响也未做考虑。

文献[99]认为 Web 服务信誉是由用户评分(user ranking)、依从性(compliance)和真实性(verity)组成的向量，给出了利用用户评分来计算依从性和真实性，并依据依从性和真实性计算服务和服务提供者信誉的方法。其 QoS 依从性计算基于公告值与实际值的标准差，而服务和服务提供者依从性则简单地利用平均方法进行处理；真实性则定义为依从性的均方差。该方法未考虑 QoS 公告值的不确定性和 QoS 指标的层次性，其灵活性较差。此外，其信誉表示为一个向量，不利于在实际应用中使用。

综上所述，本章介绍的基于 QoS 相似度的 Web 服务信誉度量方法具有如下特点。

(1) 以服务提供者 QoS 公告值和用户反馈的真实值之间的相似度为基础计算 QoS 指标信誉、Web 服务信誉和服务提供者信誉。由于部分 QoS 值可由计算机感知，从而避免完全依赖用户主观评分作为信誉度量的基础，提高信誉度量的客观性。

(2) 信誉度量方法可对多层次 QoS 指标体系中任意 QoS 指标以及服务整体和服务提供者信誉进行评价，不再认为信誉是 Web 服务的一个 QoS 指标，从而提高了信誉度量的灵活性。

(3) 信誉计算以概率理论为基础，并考虑了 QoS 的时效性，即 QoS 的发展趋势和波动情况，从而使信誉计算更合理和更科学。

利用本章提出的基于 QoS 相似度的 Web 服务信誉度量方法得到的 Web 服务 QoS 信誉可以应用于本书第 5～11 章的服务选择过程中。

第4章 随机 QoS 感知的 Web 服务信誉度量

本章根据公告 QoS 随机性和实际 QoS 随机性之间的一致性计算服务 QoS 信誉。首先,利用分布函数表示 QoS 随机性,并给出一种 QoS 经验分布函数(Empirical Distribution Function,EDF)的增量式更新方法;然后通过将 QoS 公告值和实际观察值视为随机变量,并以随机优势理论为基础,设计结合随机 QoS 公告与实际观察值的信誉度量模型。该模型考虑了公告 QoS 随机性与实际 QoS 随机性之间不同的优势关系和 QoS 观察值波动对信誉的影响。理论分析与实验验证了该模型的合理性及其在服务选择中应用的有效性。

4.1 引 言

环境的开放性和动态性使得 Web 服务的 QoS 具有内在的随机性[100-101],从而要求服务提供者在 QoS 公告或合约中体现这种随机性,以便于用户判断选择该服务的风险。由于 QoS 公告不再用确定方法表示,而实际观察到的 QoS 值又反映了 QoS 真实的随机性,所以如何判断公告 QoS 和实际 QoS 之间的一致性,并用它计算服务 QoS 信誉,已成为 Web 服务信誉度量的一个新课题。为此,首先需要利用概率分布函数表示 QoS 的随机性,同时研究 QoS 经验分布函数的增量式更新方法,以降低 QoS 经验分布函数计算的复杂性。进一步,考虑到随机优势理论[102]可以用于对两个随机变量优劣进行比较,并且不要求随机变量必须满足特定的分布形式,因此,可以以随机优势理论为基础进行研究,设计结合随机 QoS 公告值与实际观察值的 QoS 信誉度量模型,解决根据公告 QoS 随机性和实际 QoS 随机性之间的一致性对 QoS 信誉进行度量的问题。本章对上述基于随机优势的 Web 服务信誉度量方法的细节进行阐述。

4.2 Web 服务 QoS 随机性表示与获取

4.2.1 QoS 随机性

与具有明确系统边界的传统软件不同,Web 服务运行环境的开放性和动态性导致其 QoS 具有内在的随机性。①Web 服务可以通过调用外部服务完成系统的部分功能,然而由于被调用服务由外部服务提供者拥有并运行,所以服务运行期间这些服务可能消失或服务质量发生变化。②开放环境下，在不同的时间调用一个 Web 服务的请求数目具有随机性，而服务提供者的资源是有限的，这就使得 Web 服务的某些 QoS 依赖于用户需求，从而导致 QoS 的不确定性。例如，用户请求的增多，就可能导致响应时间的增加。③由于服务调用通过不可靠的互联网进行消息的传递，所以网络带宽、吞吐量的不确定，有可能导致某些服务不可用或服务质量发生变化。图 4.1(a) 是一个提供天气预报的 Web 服务"WeatherWS"[①]响应时间的直方图，从中可以清楚地看到该服务响应时间的随机性。这种随机性的存在，就使得服务提供者无法公告确定的 QoS，而用户也不能准确预知其感知到的 QoS。

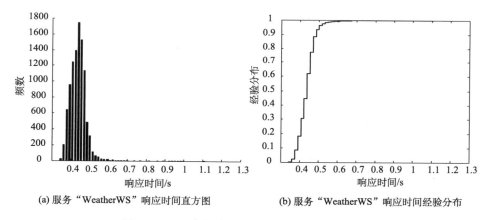

(a) 服务"WeatherWS"响应时间直方图　　　　(b) 服务"WeatherWS"响应时间经验分布

图 4.1　QoS 响应时间的直方图和经验分布函数

4.2.2　随机 QoS 概率分布函数的获取

文献[100]和[101]指出通过将 Web 服务 QoS 视为离散实数随机变量，并利用概率模型对其进行描述，就可以表示 QoS 的随机性。考虑到分布函数可以完整地描述一个随机变量，本章采用分布函数作为描述服务 QoS 随机性的概率模型。随机变量 X 的分布函数定义为 X 小于等于任意可能值 x 的概率，记为 $F(x)=P\{X\leqslant x\}$，显然 $F(x)$ 为单增函数，且 $0\leqslant F(x)\leqslant 1$。

在采用随机变量描述服务质量的情况下，将 QoS 公告值表示为随机变量 X，其分布函数 $F_X(x)=P\{X\leqslant x\}$ 由服务提供者发布，反映服务提供者认可的 QoS 随机性；而 QoS 实际值表示为随机变量 Y，其分布函数 $F_Y(y)=P\{Y\leqslant y\}$ 反映服务 QoS

---

① http://webservice.webxml.com.cn/WebServices/WeatherWS.asmx?WSDL

实际表现的随机性。

对于每个服务的一系列不确定 QoS，可利用经验分布函数描述其不确定性。经验分布函数是累积分布函数的非参数估计，按照大数定理，当 $n = \infty$（n 为样本数目）时经验分布函数一致收敛于累积分布函数。而且，在真实分布函数未知时使用经验分布函数表示分布函数的合理性已经由 Von Neumann-Morgenstern-Savage 公理所证明[103]。因此，利用经验分布函数表示分布函数是合理的。为此，可以用经验分布函数作为实际值 Y 分布函数的近似。经验分布函数由信誉评价中心以用户调用服务后利用代理[83]反馈的 QoS 作为观察样本计算。对于 QoS 实际观察值样本序列 $(y_1, y_2, \cdots, y_n)$，经验分布函数 $F_n(y)$ 定义为 $(y_1, y_2, \cdots, y_n)$ 中不大于 y 的观察值出现的频率，即

$$F_n(y) = \frac{1}{n} S_n(y) \tag{4.1}$$

式中，$S_n(y)$ 表示 $(y_1, y_2, \cdots, y_n)$ 中不大于 y 的观察值的数目。由式(4.1)易知，在观察样本新增观察值 y_{n+1}，即变化为 $(y_1, y_2, \cdots, y_n, y_{n+1})$ 时，对所有 $y < y_{n+1}$，新的经验分布函数 $F_{n+1}(y)$ 为

$$F_{n+1}(y) = \frac{F_n(y) \times n}{n+1} \tag{4.2}$$

对所有 $y \geqslant y_{n+1}$，则有

$$F_{n+1}(y) = \frac{F_n(y) \times n + 1}{n+1} \tag{4.3}$$

式(4.2)和式(4.3)给出了经验分布函数的增量式更新方法，直接由 $F_n(y)$ 即可方便地获得 $F_{n+1}(y)$，这样就不必每次根据新样本重新计算 $S_{n+1}(y)$，从而简化 QoS 实际观察值经验分布函数的获取。

4.3　基于随机优势的 Web 服务信誉度量

4.3.1　随机优势概述

作为评价其可信性和历史表现情况的一个重要指标，Web 服务信誉取决于用户感知到的 QoS 实际值与 QoS 公告值之间的一致性[99]。在采用随机变量描述服务质量的情况下，如何对服务质量实际值与公告值进行比较成为度量 Web 服务信誉的一个关键问题。只有随机变量为正态分布时，利用均值-方差准则对随机变量进行比较才是合理的[104]。但是，由于内在性质的不同，Web 服务各项 QoS 指标概率特性并不相同；同时，由于内部实现和外部环境的不同，不同 Web 服务的 QoS 概率特性也会不同[100,105]。因此，不能将不同 Web 服务的所有 QoS 指标都假

定为服从某一特定分布。根据 Hadar 和 Levy 等的工作，在只知道效用函数特征时，随机优势理论以分布函数之差满足的条件提供了判断随机变量优劣的一致性准则。与利用均值-方差规则对随机变量进行比较不同，随机优势不要求随机变量必须服从某种特定的分布形式（如正态分布）。这种特性使得随机优势理论被广泛应用于不确定决策问题[102]。

对两个随机变量 X 和 Y，如果其分布函数分别为 $F_X(x)$ 和 $F_Y(x)$，并且这两个随机变量值均为效益型，那么随机优势准则定义了 X 比 Y 具有随机优势的条件。

定理 4.1　（一阶随机优势，First-degree Stochastic Dominance，FSD）[102]对于效用函数递增的决策者，X 一阶随机优于 Y(记为 $X>_1Y$)，当且仅当

$$F_X(x) \leqslant F_Y(x), \forall x \in \mathbf{R}, \exists x \in \mathbf{R} \text{使得} F_X(x) < F_Y(x) \tag{4.4}$$

对于那些认为收益越高则越好的决策者，只要满足式(4.4)的条件，则一定有变量 X 优于变量 Y。如果 X、Y 两个随机变量样本及其概率如表 4.1 所示，则这两个随机变量的分布函数如图 4.2 所示。

表 4.1　一阶随机优势示例

项目	样本						均值	方差
X	1	4	1	4	4	4	3	2
Y	3	4	3	1	1	4	8/3	14/9
概率	1/6	1/6	1/6	1/6	1/6	1/6	—	—

显然，由表 4.1 中的数据可知 X 的均值大于 Y 的均值，X 的方差大于 Y 的方差，利用均值-方差准则无法判断 X 和 Y 的优劣。同时，从图 4.2 容易看出，对任意 x，有 $F_X(x) \leqslant F_Y(x)$，而且当 $3<x<4$ 时，有 $F_X(x)<F_Y(x)$，因此 $X>_1Y$ 事实上，若两个随机变量的分布函数曲线有交叉点，则不能利用一阶随机优势判定优劣。

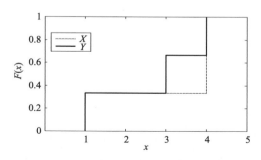

图 4.2　表 4.1 中两个随机变量的分布函数

定理 4.2 （二阶随机优势，Second-degree Stochastic Dominance，SSD）[102]令 $F_X^2(x) = \int_{-\infty}^{x} F_X(t)\mathrm{d}t$，$F_Y^2(x) = \int_{-\infty}^{x} F_Y(t)\mathrm{d}t$，对于风险规避的决策者，$X$ 二阶随机优于 Y（记为 $X \succ_2 Y$），当且仅当

$$F_X^2(x) \leqslant F_Y^2(x), \forall x \in \mathbf{R}, \exists x \in \mathbf{R} \text{使得} F_X^2(x) < F_Y^2(x) \tag{4.5}$$

风险规避的决策者不但认为收益越大越好，而且对于期望收益一样的两个选择，决策者会选择不确定性小的那一个。例如，一个风险规避的用户会选择具有收益为 $(2,2)$ 的方案，而不会选择具有收益为 $(1,3)$ 的方案。需要注意，如果 $X \succ_1 Y$，则一定有 $X \succ_2 Y$[106]。如果 X、Y 两个随机变量样本及其概率如表 4.2 所示，则这两个随机变量的分布函数如图 4.3 所示。

表 4.2　二阶随机优势示例

项目	样本						均值	方差
X	1	1	4	4	4	4	3	2
Y	0	2	3	3	4	4	8/3	14/9
概率	1/6	1/6	1/6	1/6	1/6	1/6	—	—

从表 4.2 中的数据可知，X 的均值大于 Y 的均值，X 的方差大于 Y 的方差，利用均值-方差准则无法判断 X 和 Y 的优劣。同时，从图 4.3 容易看出，$F_X(x)$ 和 $F_Y(y)$ 在 $x=1$ 处有交叉，因此利用一阶随机优势无法判定 X、Y 两个随机变量的优劣。但是，令积分条件 $D(x) = \int_{-\infty}^{x} (F_Y(t) - F_X(t))\mathrm{d}t$，则 $D(x)$ 如图 4.4 所示。

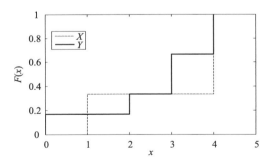

图 4.3　表 4.2 中两个随机变量的分布函数

从图 4.4 容易看出，对于任何一个 x，均有 $D(x) \geqslant 0$，即对于任何一个 x，均有 $F_X^2(x) \leqslant F_Y^2(x)$。而且，当 $0 < x < 2$ 和 $x > 3$ 时，有 $D(x) > 0$，即 $F_X^2(x) < F_Y^2(x)$。

因此可以得出，对于风险规避的决策者，$X \succ_2 Y$。

随机优势理论还定义了更高阶的随机优势准则，但在信誉度量中，采用更高阶的随机优势没有实际的应用意义，并且会使得信誉度量过程变得十分复杂，影响信誉度量方法的易理解性，故在此不介绍更高阶的随机优势。

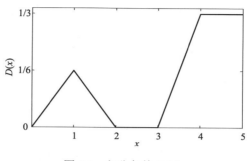

图 4.4　积分条件 $D(x)$

4.3.2　信誉度量模型

根据随机优势理论，对效用函数递增的决策者，如果随机变量 X 一阶随机优于随机变量 Y（记为 $X \succ_1 Y$），则 X 的期望效用不小于 Y 的期望效用，理性的决策者将选择随机变量 X 而不是随机变量 Y。如果决策者的效用函数是递减的，则决策顺序正好相反。对于任意一个理性的 Web 服务用户，对于效益型 QoS 指标（如可用性），其效用函数必然递增，而对成本型 QoS 指标（如响应时间），效用函数必然递减。由此，对于效益型指标，$X \succ_1 Y$ 表示公告值优于实际值，即公告值真实性低，此时该指标的信誉应该低；对于成本型指标，$X \succ_1 Y$ 表示实际值优于公告值，此时该指标的信誉应该高。相反，对于效益型指标，$Y \succ_1 X$ 表示实际值优于公告值，此时该指标的信誉应该高；对于成本型指标，$Y \succ_1 X$ 表示公告值优于实际值，此时该指标的信誉应该低。

另一方面，对效用函数递增且风险厌恶的决策者，随机变量 X 二阶随机优于随机变量 Y（记为 $X \succ_2 Y$）表示 X 的风险不大于 Y 的风险，理性的决策者将选择 X 而不是 Y。对效用函数递减且风险厌恶的决策者，决策顺序正好相反。由此，对于效益型指标，$X \succ_2 Y$ 表示实际值风险高于公告值；对于成本型指标，$X \succ_2 Y$ 表示实际值风险小于公告值。相反，对于效益型指标，$Y \succ_2 X$ 表示实际值风险小于公告值；对于成本型指标，$Y \succ_2 X$ 则表示公告值风险小于实际值。进一步，如果 $X \succ_1 Y$，则必有 $X \succ_2 Y$，反之则不成立，即二阶随机优势弱于一阶随机优势。因此，对于效益型指标，如果 $X \succ_1 Y$，$X \succ_2 Z$，但不存在 $X \succ_1 Z$，那么此时利用实际值 Y 计算的信誉应该小于利用 Z 计算的信誉。成本型指标可以如此类推。

进行信誉度量时不但要考虑公告值与实际值之间的优势关系，还应该考虑优势程度的大小。将分布函数曲线 $F_Y(z)$ 在 $F_X(z)$ 以上部分的面积称为正面积，而 $F_Y(z)$ 在 $F_X(z)$ 以下部分的面积称为负面积。显然，对于成本型 QoS 指标，正面积越大、负面积越小，则随机变量 Y 优于随机变量 X 的程度越大；而对于效益型 QoS 指标，正面积越大、负面积越小，则随机变量 X 优于随机变量 Y 的程度越大。为此，对于随机变量 X 和 Y，定义

$$D_{XY} = \int_{\min(z)}^{\max(z)} \left[F_Y(z) - F_X(z) \right] \mathrm{d}z \tag{4.6}$$

式中，$z \in X \cup Y$，D_{XY} 为 $F_X(x)$ 和 $F_Y(y)$ 之间的正、负面积之和。由于 $0 \leqslant F_X(z) \leqslant 1$，$0 \leqslant F_Y(z) \leqslant 1$，因此 $\min(z) - \max(z) \leqslant D_{XY} \leqslant \max(z) - \min(z)$。如果 $X \succ_1 Y$ 或 $X \succ_2 Y$，则 $0 \leqslant D_{XY} \leqslant \max(z) - \min(z)$；如果 $Y \succ_1 X$ 或 $Y \succ_2 X$，则 $\min(z) - \max(z) \leqslant D_{XY} \leqslant 0$。对于成本型 QoS 指标，$D_{XY}$ 越大，则随机变量 Y 优于随机变量 X 的程度越大；而对于效益型 QoS 指标，D_{XY} 越大，则随机变量 X 优于随机变量 Y 的程度越大。基于以上分析，根据随机变量 X、Y 之间的优势关系，建立成本型 QoS 信誉度量模型为

$$\text{Rep}(X,Y) = \begin{cases} \dfrac{1-\alpha}{\max(z) - \min(z)} \times D_{XY} + \alpha, & X \geqslant_{\text{FSD}} Y & (4.7\text{a}) \\[3mm] \dfrac{1-\alpha}{\max(z) - \min(z)} \times D_{XY} - \alpha, & Y \geqslant_{\text{FSD}} X & (4.7\text{b}) \\[3mm] \dfrac{1-\beta}{\max(z) - \min(z)} \times D_{XY} + \beta, & X \geqslant_{\text{SSD}} Y & (4.7\text{c}) \\[3mm] \dfrac{1-\beta}{\max(z) - \min(z)} \times D_{XY} - \beta, & Y \geqslant_{\text{SSD}} X & (4.7\text{d}) \\[3mm] \dfrac{1}{\max(z) - \min(z)} \times D_{XY}, & \text{其他} & (4.7\text{e}) \end{cases}$$

式中，α 和 β 由信誉评价中心根据用户对随机变量 X、Y 具有一阶和二阶随机优势关系的重视程度进行设定。如果用户认为 QoS 公告值与 QoS 实际值之间的一阶随机优势关系比二阶随机优势重要，则 α 与 β 之间的差距可以设置比较大。如果 α 和 β 均设置为 0，则表示用户不关心 QoS 公告值与 QoS 实际值之间的随机优势关系。如果用户只关心一阶随机优势而不关心二阶随机优势，则可将 β 设置为 0，而 α 大于 0。需要注意的是，无论怎样设置 α 和 β，都要保证 $0 \leqslant \beta \leqslant \alpha \leqslant 1$，也就是随机变量 X、Y 具有一阶随机优势对信誉的影响程度不低于随机变量 X、Y 具有二阶随机优势对信誉影响的程度。式(4.7)所示的 QoS 信誉度量模型可以用图 4.5 表示。

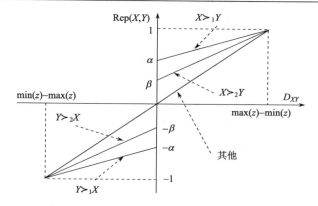

图 4.5　成本型 QoS 指标信誉度量模型

类似地，建立效益型 QoS 信誉度量模型为

$$
\text{Rep}(X,Y) = \begin{cases}
\dfrac{1-\alpha}{\max(z)-\min(z)} \times D_{YX} + \alpha, & Y \geqslant_{\text{FSD}} X & (4.8a) \\[2ex]
\dfrac{1-\alpha}{\max(z)-\min(z)} \times D_{YX} - \alpha, & X \geqslant_{\text{FSD}} Y & (4.8b) \\[2ex]
\dfrac{1-\beta}{\max(z)-\min(z)} \times D_{YX} + \beta, & Y \geqslant_{\text{SSD}} X & (4.8c) \\[2ex]
\dfrac{1-\beta}{\max(z)-\min(z)} \times D_{YX} - \beta, & X \geqslant_{\text{SSD}} Y & (4.8d) \\[2ex]
\dfrac{1}{\max(z)-\min(z)} \times D_{YX}, & \text{其他} & (4.8e)
\end{cases}
$$

由于 $\min(z)-\max(z) \leqslant D_{XY} \leqslant \max(z)-\min(z)$，所以，$-1 \leqslant \text{Rep}(X,Y) \leqslant 1$。对信誉进行规范化以利于理解与使用，并考虑到对具有同样分布的不同观察值，其波动程度越大则信誉越小，进一步，令

$$
\text{Rep}(X,Y) = (1-\gamma)^{\text{sd}} \times \frac{\text{Rep}(X,Y)+1}{2} \tag{4.9}
$$

式 (4.9) 首先对 $\text{Rep}(X,Y)$ 进行规范化，使得 $0 \leqslant \text{Rep}(X,Y) \leqslant 1$，并利用 Y 的标准差 sd 和波动因子 γ 对信誉进行调整。其中，波动因子 $0 \leqslant \gamma \leqslant 1$，$\gamma=0$ 表示 $\text{Rep}(X,Y)$ 不受 sd 的影响，γ 越大，则 $\text{Rep}(X,Y)$ 受 sd 的影响越大，反之则越小；如果 $\gamma=1$ 则表示 Y 的任意波动均会使 $\text{Rep}(X,Y)$ 值为 0。γ 由信誉评价中心根据用户对服务 QoS 实际值波动的重视程度进行设定。

　　下面通过一个简单的例子对信誉计算模型进行说明。若某 Web 服务对其响应时间 X 公告分布函数为 $F_X(0.4)=0.2$，$F_X(0.5)=0.5$，$F_X(0.6)=1$；又有该服务响应时间的三个实际观察值序列 $Y_1=(0.8,0.6,0.6,0.9,0.8,0.9,0.7,0.7,0.4,0.9)$，
$Y_2=(0.6,0.6,0.6,0.6,0.6,0.6,0.5,0.7,0.4,0.7)$，$Y_3=(0.5,0.3,0.4,0.5,0.3,0.4,0.2,0.4,0.2,0.4)$，
则 Y_1、Y_2 和 Y_3 时序图如图 4.6(a) 所示，利用式 (4.1) 可获得的经验分布如图 4.6(b)
所示。显然，$Y_1 \succ_1 X$，$Y_2 \succ_1 X$，$X \succ_1 Y_3$，因此，$\mathrm{Rep}(X,Y_1)$ 和 $\mathrm{Rep}(X,Y_2)$ 利用式 (4.7b)
计算，而 $\mathrm{Rep}(X,Y_3)$ 利用式 (4.7a) 计算。设 $\alpha=0.5,\beta=0.2,\gamma=0$，得到 $\mathrm{Rep}(X,Y_1)=0.19$，
$\mathrm{Rep}(X,Y_2)=0.23$，$\mathrm{Rep}(X,Y_3)=0.82$，即 $\mathrm{Rep}(X,Y_1) \leqslant \mathrm{Rep}(X,Y_2) \leqslant \mathrm{Rep}(X,Y_3)$。

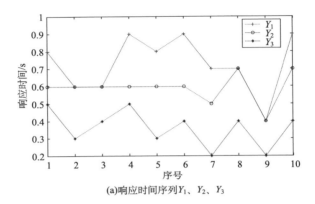

(a)响应时间序列 Y_1、Y_2、Y_3

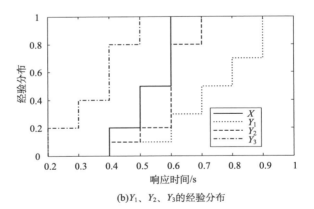

(b)Y_1、Y_2、Y_3的经验分布

图 4.6　响应时间序列 Y_1、Y_2、Y_3 及其经验分布

4.3.3　信誉度量模型理论分析

显然，一种有效的信誉度量方法应该满足如下一些特性：①对 QoS 实际观察
值优化（劣化）后获得的新信誉应高于（低于）用原 QoS 实际观察值获得的信誉，比
如在图 4.6 的中 Y_3 显然优于 Y_2，而 Y_2 优于 Y_1，因此应该有 $\mathrm{Rep}(X,Y_1) \leqslant \mathrm{Rep}(X,Y_2)$

$\leqslant \mathrm{Rep}(X,Y_3)$；②如果 QoS 新增观察值持续优化（劣化），则信誉应该持续优化（劣化）。为此，给出定理 4.3，并以定理 4.3 为基础，通过定理 4.4～定理 4.7 证明本章提出的信誉度量模型的合理性。

定理 4.3　如果 α、β 和 QoS 公告值 X 的概率分布保持不变，$\gamma=0$，$Y'>_1Y$，则：

（1）对于成本型 QoS 指标，$\mathrm{Rep}(X,Y')\leqslant\mathrm{Rep}(X,Y)$；

（2）对于效益型 QoS 指标，$\mathrm{Rep}(X,Y')\geqslant\mathrm{Rep}(X,Y)$。

证明　首先证明结论（1）。

根据随机优势的定义，容易得到 $Y'>_1Y$ 时，X、Y 和 X、Y' 不同优势关系的相容情况如表 4.3 所示。表 4.3 中"×"表示 X、Y 和 X、Y' 之间的优势关系不会同时存在（不相容），而表中的编号则表示具有相容关系时计算 $\mathrm{Rep}(X,Y)$ 和 $\mathrm{Rep}(X,Y')$ 所用的公式序号。

表 4.3　$Y'>_1Y$ 时 X、Y、Y' 优势关系相容情况

	$X>_1Y'$	$Y'>_1X$	$X>_2Y'$	$Y'>_2X$	其他
$X>_1Y$	式(4.7a),式(4.7a)	式(4.7a),式(4.7b)	式(4.7a),式(4.7c)	式(4.7a),式(4.7d)	式(4.7a),式(4.7e)
$Y>_1X$	×	式(4.7b),式(4.7b)	×	×	×
$X>_2Y$	×	式(4.7c),式(4.7b)	式(4.7c),式(4.7c)	式(4.7c),式(4.7d)	式(4.7c),式(4.7e)
$Y>_2X$	×	式(4.7d),式(4.7b)	×	式(4.7d),式(4.7d)	×
其他	×	式(4.7e),式(4.7b)	×	式(4.7e),式(4.7d)	式(4.7e),式(4.7e)

由于 $Y'>_1Y$，有 $D_{Y'Y}\geqslant0$，并且 $D_{XY'}=D_{XY}-D_{Y'Y}$，从而 $D_{XY'}\leqslant D_{XY}$。考虑到 $X>_1Y$ 且 $X>_2Y$ 时 $D_{XY}\geqslant0$，而 $Y>_1X$ 且 $Y>_2X$ 时 $D_{XY}\leqslant0$，$0\leqslant\beta\leqslant\alpha\leqslant1$，容易验证表 4.3 中 X、Y 和 Y' 具有相容关系的任何情况下均有 $\mathrm{Rep}(X,Y')\leqslant\mathrm{Rep}(X,Y)$。例如，当 $X>_1Y$，$X>_1Y'$ 时，由于式(4.7a)是单调递增的，而 $D_{XY'}\leqslant D_{XY}$，所以，$\mathrm{Rep}(X,Y')\leqslant\mathrm{Rep}(X,Y)$；当 $X>_1Y$，$Y'>_1X$ 时，$D_{XY}\geqslant0$，$D_{XY'}\leqslant0$，这样，由式(4.7b)计算得到的 $\mathrm{Rep}(X,Y')$ 显然小于由式(4.7a)计算得到的 $\mathrm{Rep}(X,Y)$。由此类推，可以验证表 4.3 在任何情况下均有 $\mathrm{Rep}(X,Y')\leqslant\mathrm{Rep}(X,Y)$，于是结论（1）得证。

同理可证结论（2）正确。证毕。

定理 4.4　对于成本型 QoS 指标，如果 α、β 和公告值 X 的概率分布保持不变，$\gamma=0$，QoS 实际值 Y 原观察样本序列为 $Y_n=(y_1,y_2,\cdots,y_n)$，W 为一非负随机变量，则：

（1）如果样本序列 Y_n 变化为 $Y'_n=(y'_1,y'_2,\cdots,y'_n)$，$y'_i=y_i+W$，则 $\mathrm{Rep}(X,Y'_n)\leqslant\mathrm{Rep}(X,Y_n)$；

（2）如果 Y_n 变化为 $Y'_n=(y'_1,y'_2,\cdots,y'_n)$，$y'_i=y_i-W$，则 $\mathrm{Rep}(X,Y'_n)\geqslant\mathrm{Rep}(X,Y_n)$。

证明　首先证明结论(1)。

由式(4.1)，有 $F_n(y)=\dfrac{1}{n}S_n(y)$ 和 $F'_n(y)=\dfrac{1}{n}S'_n(y)$。由于 $y'_i=y_i+W$，$W\geqslant 0$，对任意 $i=1,2,\cdots,n$，有 $y_i\leqslant y'_i$，所以，对任意 y，必然有 $S_n(y)\geqslant S'_n(y)$，$F_n(y)\geqslant F'_n(y)$。根据一阶随机优势的定义，有 $Y'_n \succ_1 Y_n$。进一步，根据定理 4.3，必然有 $\mathrm{Rep}(X,Y'_n)\leqslant\mathrm{Rep}(X,Y_n)$。

同理可证结论(2)正确。证毕。

定理 4.4 说明对于成本型 QoS 指标，在其他条件不变的情况下，如果 QoS 实际观察值得到优化，则其信誉会相应提高，反之则其信誉会下降。同理，可以对效益型 QoS 指标得到类似结论，即定理 4.5。

定理 4.5　对于效益型 QoS 指标，如 α、β 和公告值 X 的概率分布保持不变，$\gamma=0$，QoS 实际值 Y 原观察样本序列为 $Y_n=(y_1,y_2,\cdots,y_n)$，W 为一非负随机变量，则：

(1)如果样本序列 Y_n 变化为 $Y'_n=(y'_1,y'_2,\cdots,y'_n)$，$y'_i=y_i+W$，则 $\mathrm{Rep}(X,Y'_n)\geqslant\mathrm{Rep}(X,Y_n)$；

(2)Y_n 变化为 $Y'_n=(y'_1,y'_2,\cdots,y'_n)$，$y'_i=y_i-W$，则 $\mathrm{Rep}(X,Y'_n)\leqslant\mathrm{Rep}(X,Y_n)$。

证明　(略)。

定理 4.6　对于成本型 QoS 指标，如果 α、β 和公告值 X 的概率分布保持不变，$\gamma=0$，QoS 实际值 Y 由原观察样本序列 $Y_n=(y_1,y_2,\cdots,y_n)$ 新增一观察值 y_{n+1} 变化为 $Y_{n+1}=(y_1,y_2,\cdots,y_n,y_{n+1})$，则

(1)如果 $y_{n+1}\leqslant\min(Y_n)$，则 $\mathrm{Rep}(X,Y_{n+1})\geqslant\mathrm{Rep}(X,Y_n)$；

(2)如果 $y_{n+1}\geqslant\max(Y_n)$，则 $\mathrm{Rep}(X,Y_{n+1})\leqslant\mathrm{Rep}(X,Y_n)$。

证明　首先证明结论(1)。由于 $y_{n+1}\leqslant\min(Y_n)$，对所有 $y<y_{n+1}$，有 $F_n(y)=F_{n+1}(y)=0$，而对所有 $y\geqslant y_{n+1}$，由式(4.3)得

$$F_{n+1}(y)=\frac{F_n(y)\times n+1}{n+1} \tag{4.10}$$

由于 $F_n(y)\leqslant 1$，从而 $\dfrac{1}{n+1}\geqslant\dfrac{F_n(y)}{n+1}$，于是

$$F_{n+1}(y)\geqslant\frac{F_n(y)\times n}{n+1}+\frac{F_n(y)}{n+1}=\frac{F_n(y)\times(n+1)}{n+1}=F_n(y) \tag{4.11}$$

即对所有 y，有 $F_n(y)\leqslant F_{n+1}(y)$，于是 $Y_n\succ_1 Y_{n+1}$，根据定理 4.3，有 $\mathrm{Rep}(X,Y_{n+1})\geqslant\mathrm{Rep}(X,Y_n)$。

再证结论(2)。由于 $y_{n+1}\geqslant\max(Y_n)$，对所有 $y\geqslant y_{n+1}$，有 $F_n(y)=F_{n+1}(y)=1$。由

式(4.2)，对所有 $y<y_{n+1}$ 有

$$F_{n+1}(y) = \frac{F_n(y) \times n}{n+1} \leqslant F_n(y) \qquad (4.12)$$

即对所有 y，有 $F_{n+1}(y) \leqslant F_n(y)$，于是 $Y_{n+1} \succ_1 Y_n$，从而 $\text{Rep}(X,Y_{n+1}) \leqslant \text{Rep}(X,Y_n)$。证毕。

定理 4.6 说明对于成本型 QoS 指标，在其他条件不变时，QoS 实际值持续优化(劣化)的服务，其信誉持续增长(降低)。同理，可以对效益型 QoS 指标得到类似结论，即定理 4.7。

定理 4.7　对效益型 QoS 指标，如 α、β 和公告值 X 的概率分布保持不变，$\gamma=0$，QoS 实际值 Y 原观察样本序列 $Y_n=(y_1, y_2, \cdots, y_n)$ 新增一观察值 y_{n+1} 变化为 $Y_{n+1}=(y_1, y_2, \cdots, y_n, y_{n+1})$，则：

(1) 如果 $y_{n+1} \leqslant \min(Y_n)$，则 $\text{Rep}(X,Y_{n+1}) \leqslant \text{Rep}(X,Y_n)$；

(2) 如果 $y_{n+1} \geqslant \max(Y_n)$，则 $\text{Rep}(X,Y_{n+1}) \geqslant \text{Rep}(X,Y_n)$。

证明　(略)。

4.4　实　验　分　析

由于响应时间、可用性和可靠性等 Web 服务 QoS 均可由计算机感知，并可表示为实数离散随机变量[101]。为此，不失一般性，这里以响应时间为例验证信誉度量方法的有效性和实用性。实验首先以 Visual Studio .NET 2003 为开发工具，C#为开发语言开发 Web 服务客户端软件，对部署在互联网上真实地提供天气预报的 Web 服务"WeatherWS"进行 10000 次调用，记录每次调用的响应时间(单位为 s)，并利用这 10000 个响应时间获得的经验分布函数作为"WeatherWS"响应时间服务质量的公告分布，如图 4.1(b)所示。之后，再对该服务进行 2000 次调用，将这 2000 次调用获得的响应时间作为该服务响应时间的实际观察值序列，记为 Y_0。在此基础上设计四个场景，以验证定理 4.4~定理 4.7 的结论，并验证将服务信誉应用于服务选择的有效性。

(1) 以 Y_0 为基础，在其每个观察值基础上减去一个固定的数值 0.02 得到一个新的实际观察值序列 Y_1。由于响应时间为成本型 QoS 指标，所以 Y_1 整体比 Y_0 优。同时。在 Y_0 每个观察值基础上加上一个固定的数值 0.02 得到一个新的实际观察值序列 Y_2，显然 Y_2 整体比 Y_0 劣。以这 3 个数据序列为实际观察值，$\alpha=0.1$，$\beta=0$，$\gamma=0$ 计算信誉。其中，每增加一个观察值，就计算一次信誉，由此得到这 3 个实际观察值序列对应的信誉如图 4.7 所示。

从图 4.7 可以看出，在实际观察值数目较小时，信誉波动较大，原因是观察

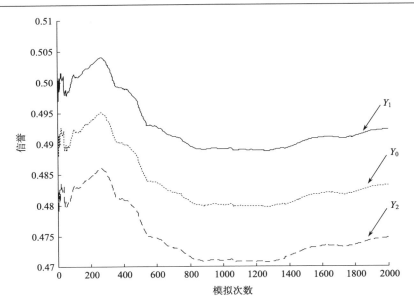

图 4.7　相对优、劣 QoS 观察值序列信誉比较

值数目少时，新增观察值后对实际值的经验分布函数影响较大。此外，由于 Y_1 中每一个观察值均比 Y_0 对应的观察值优，所以其新增每个观察值后得到的信誉均比 Y_0 的信誉要大。而由于 Y_2 中每一个观察值均比 Y_0 对应的观察值劣，所以其新增每个观察值后得到的信誉均比 Y_0 的信誉要小。该实验验证了定理 4.4 的合理性，说明对于 QoS 公告值的概率分布相同的服务，在其他条件相同的情况下，实际观察值优的服务其信誉高于观察值劣的服务。

（2）以 Y_0 的升序构成新的观察值序列 Y_3。由于响应时间为成本型 QoS 指标，所以 Y_3 逐渐劣化。同时以 Y_0 的降序构成新的观察值序列 Y_4，显然 Y_4 逐渐优化。以 Y_0、Y_3 和 Y_4 为实际观察值，$\alpha=0.1$，$\beta=0$，$\gamma=0$ 计算信誉，得到这 3 个实际观察值序列对应的信誉如图 4.8 所示。

从图 4.8 可以看出，由于观察值 Y_3 逐渐劣化，所以其信誉也逐渐劣化。而由于观察值 Y_4 逐渐优化，所以其信誉也逐渐优化。该实验验证了定理 4.6 的合理性，即如果某服务的 QoS 观察值持续优化，则其信誉持续优化；反之，如果其 QoS 观察值持续劣化，则其信誉持续劣化。此外，在第 1053 次计算时，Y_4 由对公告值具有一阶随机优势变化为只具有二阶随机优势，使得利用 Y_4 计算得到的信誉具有一个跃升，这说明了参数 α 和 β 在信誉度量模型中的作用。

（3）以 Y_0 为基础，将其每个观察值加上一个固定数值，并相应地对另一个观察值减去同样的固定数值，这样得到一个新的实际观察值序列 Y_5。显然，Y_0 和 Y_5 均值相同(0.4731)，但 Y_5 的波动比 Y_0 的大，Y_5 的标准差为 0.3230，而 Y_0 的标准

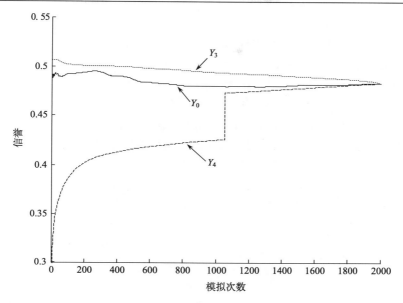

图 4.8 渐增、渐减 QoS 观察值信誉比较

差为 0.0400。以 Y_0、Y_5 为实际观察值，分别以 $\gamma=0$ 和 $\gamma=0.2$ 计算 Y_0 和 Y_5 的信誉，这样得到对应的信誉如图 4.9 所示。

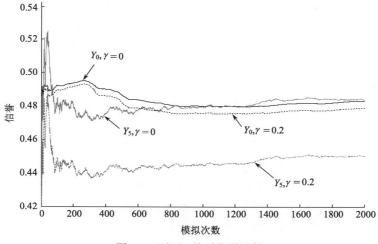

图 4.9 不同 γ 值时信誉比较

从图 4.9 可以看到，在 $\gamma=0$ 时，虽然 Y_0 和 Y_5 的标准差差距较大，但是所对应的信誉差距并不明显。但是 γ 增大后，由于 Y_5 波动比 Y_0 大，Y_5 对应的信誉相应变小。因此，通过对 γ 的使用，可以使得在其他条件相同的情况下，观察值波动越

大的服务其信誉越小。

(4) 为验证信誉度量模型在服务选择中应用的有效性,对服务信誉与调用成功率的关系进行实验,服务调用成功率定义为服务实际 QoS 值优于用户约束值次数与总调用次数之间的比率。实验首先对"WeatherWS"响应时间进行 2000 次观察,并以此为基础,根据定理 4.4 获得 500 个优劣程度各异的观察值序列,其中每个观察值序列均为 1000 个观察值。之后,在相同公告值概率分布,$\alpha=0.1$,$\beta=0$,$\gamma=0$ 设置下计算 500 个观察值序列的信誉。同时,对每个观察值序列进行 4000 次随机抽样,结合抽样结果与用户设定约束计算选择成功率。最终获得的信誉与选择成功率关系如图 4.10 所示。图 4.10 中,C_1、C_2 是设定的响应时间约束,表示用户期望响应时间分别小于等于 C_1 和 C_2,其中 $C_2<C_1$,表示 C_2 约束比 C_1 强。

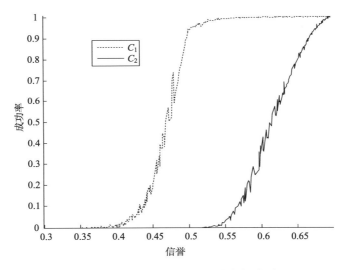

图 4.10 服务信誉与选择成功率的关系

从图 4.10 可以看到,如果用户对 QoS 的约束放宽,则对任意服务进行选择的成功率将增加。C_1、C_2 中信誉与调用成功率的 Spearman 相关系数[107]分别为 0.976 和 0.918,进一步进行假设检验,证实信誉和调用成功率之间正相关(显著性水平 0.01)。因此,在 QoS 公告分布一致的情况下,可以利用信誉判断服务的优劣,并有效地降低随机 QoS 感知的服务选择风险。

4.5 小   结

很多 Web 服务信誉度量的方法均基于用户主观评分[108]。然而,在开放的 Web

服务环境中，由于无法保证用户使用服务后给出的反馈评分是真实可靠的，所以服务的信誉度评估结果与实际值存在较大偏差，进而服务选择失败率较高。为解决服务用户评价质量参差不齐而影响信誉度量的问题，文献[109]首先从评论的充实性、时效性和真实性角度出发，对评论的质量进行综合度量。然后，从服务角度出发，计算其评论的真实概率，并在此基础上借助筛选出来的高质量用户评论评估服务的声誉。为提高对服务评价者可信性评估的质量，文献[110]在文献[108]的基础上，对服务评价者可信性评估机制进行了研究，该方法通过利用"多数评价"模式消除不公正或不一致的服务评价。

通过用户反馈评分计算信誉只考虑了用户对服务的主观感受而缺乏对服务历史表现的客观评价，为此，文献[99]认为 Web 服务信誉应反映服务提供者履行其服务级协议的能力。文献[111]在服务选择中提出一种结合服务提供者承诺 QoS 值、用户反馈 QoS 值、可信代理监控到的 QoS 值以及用户、服务、服务提供者周期性交换的性能统计信息的信誉模型。虽然上述方法在进行信誉度量时考虑了公告 QoS 和实际 QoS 之间的一致性，但是其信誉度量未反映开放、动态环境所造成的服务 QoS 内在的随机性。

考虑到服务提供者很难公告确定的QoS信息，第3章介绍了一种基于QoS实际值与用区间数表示的公告值之间的相似度进行Web服务信誉度量的模型。该模型利用区间数描述服务QoS，其实质是将QoS公告信息描述为均匀分布的随机变量，没有完全反映QoS信息的不确定性。与第3章基于QoS 相似度的信誉度量方法不同，本章介绍的基于随机优势的Web 服务信誉度量方法可以对任意形式的QoS分布进行处理，而不局限于均匀分布。同时，该方法还可以通过对参数α和β的设定，反映信誉评价过程中对QoS 随机性导致的风险的重视程度。因此，本章介绍的方法实际上是对第3章工作的进一步扩展和完善[112]，克服了基于QoS相似度的信誉度量方法没有充分考虑QoS随机性的不足，进一步提高了信誉度量模型的适用性。

第 5 章　QoS 信息为确定值的 Web 服务选择

　　QoS 感知的 Web 服务选择包括两种策略：局部选择策略和全局选择策略。两种策略具有不同特点及其适用范围。本章介绍 QoS 信息为确定值时的 Web 服务局部选择方法，这是一种最基础的服务选择方法，其核心是多属性决策理论[113]，包括问题定义、QoS 信息预处理、QoS 权重获取和服务排序等过程。

5.1　引　　言

　　组合服务的局部选择策略是以任务为粒度选择组件服务，即分别考查各个任务的候选服务集，从一组功能等价的候选服务中选择适当的(或最好的)服务作为执行该任务的组件服务。在该选择过程中，不考虑组合服务中的其他任务。当需要执行一个任务时，系统收集可以用于执行该任务的服务(称为候选服务)QoS 信息，然后，系统根据用户给定的 QoS 约束和各指标权重，从候选服务中选择一个完成任务。

　　假设某任务有 m 个具有相同或相似服务功能的服务集合 $S=\{s_1,s_2,\cdots,s_m\}$，每个服务有 n 个 QoS 属性 $Q=\{q_1,q_2,\cdots,q_n\}$，这些指标可以是定量的，也可以是定性的。根据各服务提供的 QoS 信息，得到服务选择决策矩阵 $A=[a_{ij}]_{m\times n}$，其中 a_{ij} 是服务 $s_i\in S$ 在服务质量属性 $q_i\in Q$ 上的取值，如表 5.1 所示。本章首先介绍 a_{ij} 为确定值时服务选择的问题。

表 5.1　服务选择决策矩阵

	q_1	q_2	$\cdots$	q_n
s_1	a_{11}	a_{12}	$\cdots$	a_{1n}
s_2	a_{21}	a_{22}	$\cdots$	a_{2n}
$\vdots$	$\vdots$	$\vdots$		$\vdots$
s_m	a_{m1}	a_{m2}	$\cdots$	a_{mn}

　　表 5.2 是一个服务选择决策矩阵的示例，该例子中包括 6 个服务，每个服务有响应时间、价格、用户评价和访问成功率 4 个 QoS 属性。其中响应时间和价格是成本型属性，用户评价和访问成功率则为效益型属性。

表 5.2　服务选择决策矩阵示例

	响应时间/s	价格/元	用户评价	成功率/%
s_1	2	15	较好	87
s_2	5	13	一般	91
s_3	4	18	一般	89
s_4	3	40	好	96
s_5	0.3	30	较好	90
s_6	4	15	一般	86

在 QoS 属性指标体系中，有些指标是定性指标，只能作定性描述，例如在一次服务访问结束后，用户给服务的评价就是一个定性描述（如好、较好、一般、较差和差）。虽然语言型数据具有正确合理的描述能力，但是却不易计算，所以为了后续综合服务选择决策的需要将语言数据量化。常用的一种简单量化方法是将这些指标根据问题性质划分若干等级，分别赋以不同的量值，不同等级的量化可参考表 5.3。

表 5.3　定性 QoS 属性量化参考表

	差	较差	一般	较好	好
效益型属性	1	3	5	7	9
成本型属性	9	7	5	3	1

这样，根据给定的 QoS 信息，服务选择的目标就是在 m 个服务中选择最适合用户需求的服务，这是一个典型的多属性决策问题，下面对服务选择的过程进行详细的阐述。

5.2　服　务　筛　选

由于互联网的开放性和广泛性，在网络上提供具有相同功能的 Web 服务数目可能十分巨大。云计算技术的普及和应用加快了这一趋势。这样，就有必要在对服务进行正式评价之前尽可能先删除一些性能较差的候选服务，以降低服务选择的工作量，这个过程被称为服务筛选。服务筛选可以采用如下几个方法进行处理。

5.2.1　优势法

优势法（dominance）是利用非劣解的概念（即优势原则）淘汰候选服务中的一批劣解：若候选服务集中服务 s_i 与 s_j 相比，服务 s_i 所有 QoS 属性值均不劣于服务

s_j 且至少有一个 QoS 属性值严格优于服务 s_j，则称服务 s_i 支配服务 s_j(表示服务 s_i 优于服务 s_j)，或称服务 s_j 被服务 s_i 支配(表示服务 s_j 劣于服务 s_i)。对于效益型 QoS，不劣于是指服务 s_i 的 QoS 属性值不小于服务 s_j 的 QoS 属性值，而优于则是指服务 s_i 的 QoS 属性值大于服务 s_j 的 QoS 属性值。而对于成本型 QoS，不劣于是指服务 s_i 的 QoS 属性值不大于服务 s_j 的 QoS 属性值，而优于则是指服务 s_i 的 QoS 属性值小于服务 s_j 的 QoS 属性值。显然，处于劣势的服务 s_j 可以从候选服务集中删除。在从大批服务中选取少量服务时，可以先用优势法淘汰掉全部劣势服务，这里需要注意的是一个服务只要被其他任何服务支配，就可以被淘汰。

用 $s_i >_k s_j$ 表示根据属性 q_k，服务 s_i 严格优于服务 s_j；$s_i \geqslant_k s_j$ 表示根据属性 q_k，服务 s_i 不劣于服务 s_j。则优势法可以形式化表述为

对 $s_i, s_j \in S$，若 $\forall q_k \in Q$，有 $s_i \geqslant_k s_j$，且 $\exists\, q_k \in Q$ 使得 $s_i >_k s_j$，则可删除服务 s_j。

用优势法淘汰劣解时，不需要在各 QoS 属性之间进行权衡，也没有必要对各服务 QoS 属性值进行预处理，不需要考虑各属性的权重。在优势法中不被任何服务支配的服务称为 Skyline 服务，在第 11 章中还将对 Skyline 服务在组合服务全局选择策略中的应用进行详细的介绍。

在表 5.2 中，对所有的 QoS 属性，有服务 $s_1 \geqslant s_6$，而且对响应时间和用户评价两个 QoS 属性，有 $s_1 > s_6$，因此，可以在候选服务中删除服务 s_6，如表 5.4 所示。以下所有示例将不再考虑服务 s_6。该淘汰过程使用服务 s_1 和 s_6 的原始 QoS 信息而不需要对这些数据进行规范化。

表 5.4　利用优势法淘汰候选服务示例

	响应时间/s	价格/元	用户评价	成功率/%
s_1	2	15	7	87
s_2	5	13	5	91
s_3	4	18	5	89
s_4	3	40	9	96
s_5	0.3	30	7	90

5.2.2　满意值法

满意值法也称为逻辑乘法。满意值法为每个属性定义一个能够被接受的最差值，称为 QoS 约束，记为 $C=[c_1,c_2,\cdots,c_n]$。对效益型属性，最差值表示可接受的最小值，而对成本型属性，最差值则是可接受的最大值。只有当服务 s_i 的所有属性值 a_{ij} 均不劣于相应的约束值，即对于效益型属性，$a_{ij} \geqslant c_j$ 对所有 $j=1,2,\cdots,n$ 均满足；而对于成本型属性，$a_{ij} \leqslant c_j$ 对所有 $j=1,2,\cdots,n$ 均满足时，服务 s_i 才会被保留。对效益型属性，只要有一个属性值 $a_{ij} < c_j$，则服务 s_i 就被淘汰；而对成本型属性，只要有

一个属性值 $a_{ij} > c_j$，则服务 s_i 就被淘汰。例如，当约束设置为 C=[3, 30, 7, 90]时，表 5.4 中的服务 s_1，s_2 和 s_3 就可以从候选服务中删除。

满意值法考虑用户对候选服务的最低 QoS 要求，即只要某服务的一个 QoS 属性达不到约束要求，则被淘汰。因此，采用该方法时，约束值的确定十分关键。若对 QoS 要求太高，则可能被淘汰的服务就多；而约束条件太低，又会保留太多候选服务。这种方法的主要缺点是 QoS 属性之间完全不可补偿，一个服务的某个属性值只要稍微低于约束条件，则即使其他属性值再好，也将被淘汰。

5.2.3　逻辑和法

该方法的思路与满意值法正好相反，它为每一个属性值规定一个阈值 T=[$t_1, t_2, \cdots, t_n$]，服务 s_i 只要有一个属性值 a_{ij} 优于阈值 t_j，即对于效益型属性，只要其中一个 j=1,2,$\cdots$,n 满足 $a_{ij} \geqslant t_j$；对于成本型属性，只要其中一个 j=1,2,$\cdots$,n 满足 $a_{ij} \leqslant c_j$ 时，服务 s_i 就会被保留。例如，当阈值设置为 T=[3, 30, 7, 90]时，表 5.4 中的所有服务均会被保留。可以看到，满意值法中的 QoS 约束之间是一种与的关系，而逻辑和法中各阈值之间是一种或的关系。显然，逻辑和法不利于各 QoS 属性都不错但没有特别突出的属性值的候选服务。因此，逻辑和法可以作为满意值法的补充，两者结合使用。比如可以先用满意值法淘汰一批服务，再用逻辑和法从被淘汰的服务中挑选一些服务参加最后的评价选择过程。

5.3　数据预处理

5.2 节介绍的 3 种服务筛选方法可以用于初始候选服务的预选，但并不能对筛选后得到的候选服务进行排序，因此不能用于对剩余候选服务进行优先程度的判断。为此，需要对服务排序做进一步的探讨。下面首先介绍数据预处理的方法。

5.3.1　数据预处理的原因和必要性

在进行服务选择之前，需要对决策矩阵进行预处理，也称为 QoS 属性值的规范化，该过程的主要作用如下。

(1) QoS 属性值有多种类型。有些指标的属性值越大越好(如成功率)，而有些指标的值越小越好(如响应时间)。这些不同类型的属性若放在同一个决策矩阵中则不便于直接从数据大小判断候选服务的优劣，因此需要对决策矩阵中的 QoS 信息进行预处理，使任意属性下服务质量越优的候选服务预处理后的属性值越大。

(2) 非量纲化。基于 QoS 的服务选择的问题之一是 QoS 属性之间的不可公度性，即在服务选择决策矩阵中的每一列具有不同的单位(量纲)。即使对同一属性，若采用不同的计量单位，则决策矩阵中的数值也会不同。所以在用各种多目标评估方法进行评价时，需要排除量纲的选用对评估结果的影响，这就是非量纲化，即设法消去(而不是简单删去)量纲，仅用数值的大小来反映属性值的优劣。

（3）归一化。决策矩阵 A 中不同指标的属性值的数值大小差别很大，如吞吐量可能以 bit/s 为单位，但其数量级往往很大，如 10^4；而成功率的数量级通常为 0-1 之间。为了直观，更为了便于采用各种多目标评估方法进行比较，需要把属性值表中的数值归一化，即把表中各值全部变换到[0,1]区间上。

因此，数据预处理的本质是要给出某个 QoS 指标的属性值在服务用户评价候选服务优劣时的实际价值。下面介绍几种常用的数据预处理方法，在服务选择中可以根据情况选择一种或几种对 QoS 属性值进行处理。需要特别指出的是，进行数据预处理时，对所有 QoS 属性使用的方法要一致，不能属性 q_i 使用一种方法，而属性 q_j 用另一种方法。

5.3.2 线性比例变换

记原始决策矩阵 $A=[a_{ij}]_{m \times n}$，变换后的决策矩阵为 $B=[b_{ij}]_{m \times n}$，$i=1,2,\cdots,m$，$j=1,2,\cdots,n$。令 $a_j^{\max} = \max\limits_{1 \leqslant i \leqslant m} a_{ij}$，即 $a_j^{\max}$ 是决策矩阵 A 第 j 列中的最大值，$a_j^{\min} = \min\limits_{1 \leqslant i \leqslant m} a_{ij}$，即 $a_j^{\min}$ 是决策矩阵 A 第 j 列中的最小值，则对效益型 QoS 属性，令

$$b_{ij} = \frac{a_{ij}}{a_j^{\max}} \tag{5.1}$$

对于成本型属性，可以令

$$b_{ij} = \frac{a_j^{\min}}{a_{ij}} \tag{5.2}$$

采用式(5.1)和式(5.2)对 QoS 信息进行变换后的最差属性值不一定为 0，而最佳属性值为 1。变换后所有效益型和成本型指标均被转化为效益型，$B=[b_{ij}]_{m \times n}$ 称为线性比例标准化矩阵，$0 \leqslant b_{ij} \leqslant 1$。表 5.4 的 QoS 信息经过线性变换后得到的 QoS 属性值如表 5.5 所示。

表 5.5　表 5.4 经线性比例变换后的属性值

	响应时间	价格	用户评价	成功率
s_1	0.1500	0.8667	0.7778	0.9063
s_2	0.0600	1.0000	0.5556	0.9479
s_3	0.0750	0.7222	0.5556	0.9271
s_4	0.1000	0.3250	1.0000	1.0000
s_5	1.0000	0.4333	0.7778	0.9375

显然，经过线性比例变换后的各 QoS 属性值符合 5.3.1 节中提到的 3 个规范化要求。需要注意的是，规范化后，各 QoS 属性值不再有单位。

5.3.3　标准 0-1 变换

从表 5.5 可以看出，QoS 属性值经过线性比例变换后，若属性 q_j 的最优值是 1，则最差值一般不为 0。为使每个属性值变换后最优值为 1，最差值为 0，可以使用标准 0-1 变换。对于效益型属性 q_j，令

$$b_{ij} = \begin{cases} \dfrac{a_{ij} - a_j^{\min}}{a_j^{\max} - a_j^{\min}}, & a_j^{\max} - a_j^{\min} \neq 0 \\ 1, & a_j^{\max} - a_j^{\min} = 0 \end{cases} \tag{5.3}$$

当 q_j 为成本型属性时

$$b_{ij} = \begin{cases} \dfrac{a_j^{\max} - a_{ij}}{a_j^{\max} - a_j^{\min}}, & a_j^{\max} - a_j^{\min} \neq 0 \\ 1, & a_j^{\max} - a_j^{\min} = 0 \end{cases} \tag{5.4}$$

表 5.4 的决策矩阵 A 经标准 0-1 变换后的决策矩阵 B 为表 5.6。其中每一属性最佳值为 1，最差值为 0，而且这种变换是线性的。

表 5.6　表 5.4 经标准 0-1 变换后的属性值

	响应时间	价格	用户评价	成功率
s_1	0.6383	0.9259	0.5000	0.0000
s_2	0.0000	1.0000	0.0000	0.4444
s_3	0.2128	0.8148	0.0000	0.2222
s_4	0.4255	0.0000	1.0000	1.0000
s_5	1.0000	0.3704	0.5000	0.3333

5.3.4　向量规范化

无论是效益型 QoS 属性还是成本型 QoS 属性，令

$$b_{ij} = \dfrac{a_{ij}}{\sqrt{\sum\limits_{i=1}^{m} a_{ij}^2}} \tag{5.5}$$

则矩阵 $B = [b_{ij}]_{m \times n}$ 称为向量归一化矩阵，显然 $0 \leqslant b_{ij} \leqslant 1$，并且每一列的平方和等于 1。这种规范化方法无论是对成本型还是对效益型 QoS 指标，从属性值的大小上都无法分辨优劣，常用于计算各候选服务与某种虚拟服务(如理想点或负理想点)

的欧氏距离。表 5.4 中各属性值经向量规范化后的值见表 5.7。

表 5.7　表 5.4 经向量规范化后的属性值

	响应时间	价格	用户评价	成功率
s_1	0.2719	0.2644	0.4626	0.4292
s_2	0.6798	0.2292	0.3304	0.4489
s_3	0.5439	0.3173	0.3304	0.4391
s_4	0.4079	0.7051	0.5947	0.4736
s_5	0.0408	0.5288	0.4626	0.4440

5.3.5　原始数据的统计处理

有时候各服务的某 QoS 属性值往往相差极大，或者由于某种特殊原因导致某服务在这个属性上特别突出，如果按照上述介绍的几种方法进行数据规范化，则该属性在服务评价中的作用会被不适当地夸大。例如表 5.4 中，服务 s_5 的响应时间属性值远优于其他服务，如不作适当处理，可能会使整个评估结果发生扭曲。为此可以采用如下方法进行处理。对效益型 QoS 指标，令

$$b_{ij} = \frac{a_{ij} - \bar{a}_j}{a_j^{\max} - \bar{a}_j}(1-M) + M \tag{5.6}$$

式中，$\bar{a}_j = \frac{1}{m}\sum_{i=1}^{m} a_{ij}$ 是各服务 QoS 属性 q_j 的均值，M 则在 0.5~0.75 取值。对于成本型 QoS 指标，令

$$b_{ij} = \frac{\bar{a}_j - a_{ij}}{\bar{a}_j - a_j^{\min}}(1-M) + M \tag{5.7}$$

表 5.8 列出表 5.4 中 QoS 属性响应时间分别利用线性比例变换、标准 0-1 变换和在 M=0.7 时利用式(5.7)进行变换后的结果。

表 5.8　表 5.4 中响应时间用不同方法处理结果比较

	响应时间/s	线性比例变换	标准 0-1 变换	统计处理
s_1	2	0.1500	0.6383	0.8008
s_2	5	0.0600	0.0000	0.4492
s_3	4	0.0750	0.2128	0.5664
s_4	3	0.1000	0.4255	0.6836
s_5	0.3	1.0000	1.0000	1.0000

显然，统计处理后各候选服务响应时间的规范化属性值之间的差距小于线性比例变换和标准 0-1 变换，从而可以避免各服务响应时间对选择结果的影响过大。

5.4　权 重 计 算

利用决策矩阵 $A=[a_{ij}]_{m\times n}$ 进行服务选择的难点在于 QoS 属性间的矛盾性和各属性的不可公度性。不可公度性通过决策矩阵的标准化处理可以得到部分解决，但数据规范化方法并不能反映属性的重要程度。属性间的矛盾性需要通过引入权重（weight）这一概念进行解决。权重是衡量属性重要程度的手段，其包含并反映如下几重因素：①用户对于不同 QoS 属性的重视程度；②各 QoS 属性值之间的差异程度；③各 QoS 属性值的可靠程度。权重应该综合反映这三种因素的作用，并通过权重将多 QoS 属性的服务选择问题转换为单一目标的问题求解。

确定权重的方法有主观赋权法和客观赋权法。主观赋权法是用户根据主观经验和判断，用某种方法测定属性指标的权重；而客观赋权法则是根据决策矩阵提供的 QoS 属性的客观信息，用某种方法测定属性指标的权重。此外，还可以将主观赋权法和客观赋权法结合起来确定权重。下面先介绍几种常用的主观赋权法，在第 6 章和第 7 章，再结合具体服务选择问题阐述客观赋权法与主、客观赋权法结合的方法。

如前所述，权重是 QoS 属性重要性的数量化表示，当属性较多时，用户往往难于直接给出每个属性的权重。因此，采用主观赋权的方法，可以让用户对各 QoS 属性进行成对比较，但这种比较可能不准确，也可能不一致。例如，用户认为响应时间的重要性是价格的 3 倍，而价格的重要性是成功率的 2 倍，但可能并不认为响应时间的重要性是成功率的 6 倍。为此，需要用一定的方法将属性间的成对比较结果聚合起来成为权重。

5.4.1　相对比较法

让用户将所有 QoS 属性 $Q=\{q_1,q_2,\cdots,q_n\}$ 按三级比例标度两两比较评分，令 c_{ij} 表示属性 q_i 和属性 q_j 相比的重要程度，则三级比例标度可表示为

$$c_{ij} = \begin{cases} 1, & \text{当}q_i\text{比}q_j\text{重要时} \\ 0.5, & \text{当}q_i\text{与}q_j\text{同样重要时} \\ 0, & \text{当}q_i\text{比}q_j\text{不重要时} \end{cases} \quad (5.8)$$

显然，$c_{ii}=0.5$，$c_{ij}+c_{ji}=1$。在进行评分时应满足比较的传递性，即若 q_1 比 q_2 重要，q_2 又比 q_3 重要，则 q_1 应该比 q_3 重要。基于以上比较评分的结果，确定属性 q_i 的权重 ω_i 为

$$\omega_i = \frac{\sum\limits_{j=1}^{n} c_{ij}}{\sum\limits_{i=1}^{n}\sum\limits_{j=1}^{n} c_{ij}}, \qquad i = 1, 2, \cdots, n \tag{5.9}$$

用户对表 5.4 的决策矩阵 A 中的 4 个 QoS 属性进行两两比较评分如表 5.9 所示，则利用式(5.9)可得到各属性权重如表 5.9 中最后一列，可知价格对服务选择最重要，响应时间重要性次之，用户评价最不重要。

表 5.9　利用相对比较法计算权重示例

属性名称	响应时间	价格	用户评价	成功率	评分合计	权重
响应时间	0.5	0	1	1	2.5	0.3125
价格	1	0.5	1	1	3.5	0.4375
用户评价	0	0	0.5	0	0.5	0.0625
成功率	0	0	1	0.5	1.5	0.1875

相对比较法简单，但其比较评分较为粗糙，不一定能完全反映用户对 QoS 属性重要性的态度，适合于用户对权重精度要求不高的场合。

5.4.2　连环比率法

将所有 QoS 属性以任意顺序排列，不妨设为：$q_1, q_2, \cdots, q_n$。从前到后，依次赋以相邻两属性相对重要程度的比率值。属性 q_i 与属性 q_{i+1} 比较，赋予属性 q_i 以比率值 r_i $(i=1,2,\cdots,n-1)$，其计算公式为

$$r_i = \begin{cases} 3(\text{或}1/3), & \text{当} q_i \text{比} q_{i+1} \text{重要(或相反)时} \\ 2(\text{或}1/2), & \text{当} q_i \text{比} q_j \text{较为重要(或相反)时} \\ 1, & \text{当} q_i \text{与} q_j \text{同样重要时} \end{cases} \tag{5.10}$$

同时赋予 $r_n = 1$，之后，计算各属性的修正评分值 k_i，其中属性 q_n 的修正评分值设置为 $k_n=1$，并根据比率值 r_i 计算各指标的修正评分值 $k_i=r_i \cdot k_{i+1}(i=1,2,\cdots,n-1)$，然后进行归一化处理，求出各指标的权重系数值，即

$$\omega_i = \frac{k_i}{\sum\limits_{i=1}^{n} k_i} \tag{5.11}$$

将响应时间、价格、用户评价和成功率进行连环比较得到比率值，并利用连环比率法计算后可以得到权重(见表 5.10)。

表 5.10　利用连环比率法计算权重示例

属性名称	比率值	修正评分值	权重
响应时间	1/2	0.7500	0.2000
价格	3	1.5000	0.4000
用户评价	1/2	0.5	0.1333
成功率	1	1	0.2667

连环比率法容易满足传递性，但也容易产生误差的传递。与相对比较法相比，连环比率法对属性重要性相互比较的精度更高，但计算权重时，其对相邻 QoS 属性进行比较而没有考虑任意两个属性相对重要性的比较，因此，该方法得到的权重不一定比相对比较法精确。

5.4.3　特征向量法

应用前两种方法获取 QoS 属性权重时，如果目标属性比较多，则一旦主观赋值一致性不好就无法进行评估。为了能够对一致性可以进行评价，Saaty 引入了一种使用正数的成对比较矩阵的特征向量原理测量权的方法，称为特征向量法。下面对该方法的原理进行说明，对 n 个 QoS 属性 $Q=\{q_1, q_2, \cdots, q_n\}$，用户对其重要性进行两两比较，得到判断矩阵 C 为

$$C = \begin{bmatrix} c_{11} & c_{12} & \cdots & c_{1n} \\ c_{21} & c_{22} & \cdots & c_{2n} \\ \vdots & \vdots & & \vdots \\ c_{n1} & c_{n2} & \cdots & c_{nn} \end{bmatrix} \tag{5.12}$$

为了得到矩阵 C，需要给出 c_{ij} 的值，Saaty 根据人们的认知习惯和判断能力给出了属性间相对重要性等级表，见表 5.11。利用该表取 c_{ij} 的值，该方法虽然粗略，但具有较强的实用性。

表 5.11　属性重要性判断矩阵的取值

相对重要性	定义	说明
1	同等重要	两个属性同样重要
3	略微重要	一个属性比另一个属性略微重要
5	相当重要	一个属性比另一个重要
7	明显重要	深感一个属性比另一个重要，且已得到实践证明
9	绝对重要	强烈感到一个属性比另一个重要得多
2、4、6、8	两个相邻判断的中间值	需要折中时采用

假设各属性的真实权重是 $W = [\omega_1, \omega_2, \cdots, \omega_n]^T$，$\sum_{i=1}^{n} \omega_i = 1$，则如果用户给出的

矩阵 C 的信息完全准确的话，一定有如下关系

$$C = \begin{bmatrix} c_{11} & c_{12} & \cdots & c_{1n} \\ c_{21} & c_{22} & \cdots & c_{2n} \\ \vdots & \vdots & & \vdots \\ c_{n1} & c_{n2} & \cdots & c_{nn} \end{bmatrix} = \begin{bmatrix} \omega_1/\omega_1 & \omega_1/\omega_2 & \cdots & \omega_1/\omega_n \\ \omega_2/\omega_1 & \omega_2/\omega_2 & \cdots & \omega_2/\omega_n \\ \vdots & \vdots & & \vdots \\ \omega_n/\omega_1 & \omega_n/\omega_2 & \cdots & \omega_n/\omega_n \end{bmatrix} \quad (5.13)$$

这就是所谓一致性正互反矩阵，即该矩阵所有元素都是正的，并且对于任意的 i, j，$k = 1, 2, \cdots, n$，都有 $c_{ii} = 1$，$c_{ij} = 1/c_{ji}$，并且 $c_{ij} = c_{ik} \cdot c_{kj}$。这样，将矩阵 C 乘以权重向量 $W = [\omega_1, \omega_2, \cdots, \omega_n]^T$，有

$$CW = \begin{bmatrix} \omega_1/\omega_1 & \omega_1/\omega_2 & \cdots & \omega_1/\omega_n \\ \omega_2/\omega_1 & \omega_2/\omega_2 & \cdots & \omega_2/\omega_n \\ \vdots & \vdots & & \vdots \\ \omega_n/\omega_1 & \omega_n/\omega_2 & \cdots & \omega_n/\omega_n \end{bmatrix} \begin{bmatrix} \omega_1 \\ \omega_2 \\ \vdots \\ \omega_n \end{bmatrix} = n \begin{bmatrix} \omega_1 \\ \omega_2 \\ \vdots \\ \omega_n \end{bmatrix} = nW \quad (5.14)$$

即

$$(C - nI)W = 0 \quad (5.15)$$

式中，I 是单位矩阵，而 W 是最大特征值对应的特征向量。如果 C 完全准确，则式 (5.15) 严格成立。如果 C 的估计不够准确，则 C 中元素的小的变化就意味着特征值的小的变化，从而有

$$CW = \lambda_{\max} W \quad (5.16)$$

式中，$\lambda_{\max}$ 是矩阵 C 的最大特征值。由式 (5.16) 可以求得特征向量，即权向量 $W = [\omega_1, \omega_2, \cdots, \omega_n]^T$。基于以上分析，可用以下方法求得权重 W。

1. 算术平均法

对于一个具有一致性的判断矩阵 C，将它的每一列归一化后，就是相应的权重向量；当判断矩阵 C 不太一致时，则每一列归一化后得到的就是近似的权重向量，可以按行相加后再归一化 (相当于算术平均值)。

(1) 将判断矩阵 C 按列归一化，使列和为 1，即 $d_{ij} = \dfrac{c_{ij}}{\sum c_{ij}}$；

(2) 按行求和得一向量，即 $W_i = \sum_{j} d_{ij}$；

（3）向量归一化，即 $W_i^0 = \dfrac{\omega_i}{\sum\limits_i \omega_i}$，　　$i = 1, 2, \cdots, n$。

所得 W_i^0 即为 $\boldsymbol{C}$ 的特征向量近似值，也就是权重。同时，矩阵 $\boldsymbol{C}$ 的最大特征值 $\lambda_{\max}$ 则用以下方法求取。

由于 $\boldsymbol{CW} = \lambda_{\max}\boldsymbol{W}$ ，而 $\boldsymbol{CW} = (\sum\limits_{j=1}^n c_{1j}\omega_j, \sum\limits_{j=1}^n c_{2j}\omega_j, \cdots, \sum\limits_{j=1}^n c_{nj}\omega_j)^{\mathrm{T}}$ ，故有

$\lambda_{\max}\omega_i = \sum\limits_{j=1}^n c_{ij}\omega_j$ ，记 $(CW)_i = \sum\limits_{j=1}^n c_{ij}\omega_j$ 表示向量 $\boldsymbol{CW}$ 的第 i 个分量，于是

$\lambda_{\max} = \dfrac{(CW)_i}{\omega_i}$ 。由于 $\boldsymbol{C}$ 不一定是完全一致的，得到的 $\lambda_{\max}$ 可能值并不完全相同，

所以 $\lambda_{\max}$ 可以取算术平均值，即 $\lambda_{\max} = \dfrac{1}{n}\sum\limits_{i=1}^n \dfrac{(CW)_i}{\omega_i}$ 。

2．几何平均法

对于一个具有一致性的判断矩阵 $\boldsymbol{C}$，按行求几何平均值得到的向量和权重向量是成固定比例的，所以归一化后得到的就是近似的权重向量。

（1）将判断矩阵 $\boldsymbol{C}$ 按行求几何平均值即 $\alpha_i = \sqrt[n]{\prod\limits_{j=1}^n c_{ij}}$ ；

（2）对向量 $\boldsymbol{\alpha} = [\alpha_1, \alpha_2, \cdots, \alpha_n]^{\mathrm{T}}$ 归一化，令 $\omega_i = \dfrac{\alpha_i}{\sum\limits_i \alpha_i}$，$i = 1, 2, \cdots, n$ ，所得即为

判断矩阵 $\boldsymbol{C}$ 的特征向量的近似值，也就是权重；

（3）按 $\lambda_{\max} = \dfrac{1}{n}\sum\limits_{i=1}^n \dfrac{(CW)_i}{\omega_i}$ 求最大特征值。

用上述方法确定权重时，可以用 $\lambda_{\max} - n$ 来度量判断矩阵 $\boldsymbol{C}$ 中各元素 c_{ij} 估计的一致性，即判断矩阵 $\boldsymbol{C}$ 确实为互反正矩阵，满足 $c_{ij} = c_{ik} \cdot c_{kj}$。对于互反正矩阵，$\lambda_{\max} - n > 0$ 。令一致性指标 CI 为

$$\text{CI} = \frac{\lambda_{\max} - n}{n - 1} \tag{5.17}$$

CI 越大则一致性越差，将 CI 与表 5.12 所给出的随机指标 RI 之比称为一致性比率 CR，即

$$\text{CR} = \frac{\text{CI}}{\text{RI}} \tag{5.18}$$

　　比率 CR 用来确定判断矩阵 $\boldsymbol{C}$ 能否被接受。若 CR＞0.1，则说明判断矩阵 $\boldsymbol{C}$ 中元素 c_{ij} 的估计一致性太差，应重新估计。若 CR＜0.1，则可认可判断矩阵 $\boldsymbol{C}$ 中 c_{ij} 的估计基本一致，这时可以利用特征向量作为权的估计。由 CR=0.1 和表 5.12 中 RI 值，用式(5.17)和式(5.18)可以求得与 n 相应的临界特征值，即

$$\lambda'_{\max} = 0.1 \cdot \text{RI} \cdot (n-1) + n \qquad (5.19)$$

　　由式(5.19)计算出的 $\lambda'_{\max}$ 见表 5.12。如果从判断矩阵 $\boldsymbol{C}$ 求得最大特征值 $\lambda_{\max}$ 大于 $\lambda'_{\max}$，则说明用户给出的判断矩阵 $\boldsymbol{C}$ 中各元素 c_{ij} 一致性太差，不能通过一致性校验，需要进行重新调整，直到 $\lambda_{\max}$ 小于 $\lambda'_{\max}$ 为止。

表 5.12　n 阶判断矩阵的随机指标 RI 和相应的临界特征值 $\lambda'_{\max}$

n	2	3	4	5	6	7	8	9	10
RI	0.00	0.58	0.90	1.12	1.24	1.32	1.41	1.45	1.49
$\lambda'_{\max}$	－	3.116	4.27	5.45	6.62	7.79	8.99	10.16	11.34

　　特征向量法能够比较准确地获得主观权重，但是，其计算过程比较复杂，尤其是用户需要进行 $n(n-1)/2$ 次比较，得到权重的相互重要程度，并保证一致性，这样，对用户的要求就比较高。因此，需要根据实际的服务选择问题的特点，选用以上所介绍的各种权重获取方法。

5.5　服务选择

　　在对候选服务的 QoS 决策矩阵进行预处理，并获得各 QoS 属性的权重后，就可以根据不同方法对候选服务进行排序，从而选择最好的服务。在进行多 QoS 属性 Web 服务选择时，如果 QoS 信息为确定值，则需要利用多属性价值函数对候选服务的价值进行评估；如果 QoS 信息具有不确定性，则利用多属性效用函数量化不确定多属性后果对用户的实际价值。关于多属性价值函数和多属性效用函数的细节可参考文献[113]。需要特别指出的是，无论多属性价值函数还是多属性效用函数都是序数评估方式，因此可以利用这些函数给出的评估值判断服务之间是否存在优劣关系，但不能利用评估值判断服务之间的优劣程度。当然，对多 QoS 属性 Web 服务选择而言这并不存在问题，就像在不知道两个人的身高的情况下，我们也可以把两个人放在一起，比较一下就可以知道谁是最高的。下面先介绍两种简单、常见的利用多属性价值函数进行 Web 服务选择的方法，在后面各章中，结合不同场景下服务选择的特性，进一步介绍其他方法。

5.5.1　加权和法

加权和法是一种最常用的多属性决策方法。该方法根据实际情况，先确定各 QoS 属性的权重，再对决策矩阵进行标准化处理，求出各候选服务的线性加权指标平均值，并以此作为各可行服务排序的判据。在采用加权和法进行服务选择时，数据标准化处理应当使所有的指标 QoS 正向化，即标准化后的值越大越好。利用加权和法进行服务选择的步骤如下。

（1）用适当的方法（见 5.4 节）确定各属性的权重，设权重向量为

$$W = (\omega_1, \omega_2, \cdots, \omega_n)^{\mathrm{T}}, \quad \sum_{j=1}^{n} \omega_j = 1 \tag{5.20}$$

（2）对决策矩阵 $A = [a_{ij}]_{m \times n}$ 进行标准化处理，得到标准化的决策矩阵 $B = [b_{ij}]_{m \times n}$，其中所有 QoS 属性均为正向。

（3）计算各候选服务线性加权值（综合评价指数），即

$$u_i = \sum_{j=1}^{n} \omega_j b_{ij}, \quad i = 1, 2, \cdots, m \tag{5.21}$$

（4）选择线性加权值最大者为最满意的服务，即

$$u(a^*) = \max_{1 \leqslant i \leqslant m} u_i = \max_{1 \leqslant i \leqslant m} \sum_{j=1}^{n} \omega_j b_{ij} \tag{5.22}$$

采用表 5.9 中响应时间、价格、用户评价和成功率的权重，求表 5.5 中各候选服务的线性加权值，结果如表 5.13 所示。

表 5.13　利用简单加权和法进行服务选择示例

	响应时间	价格	用户评价	成功率	u_i
s_1	0.1500	0.8667	0.7778	0.9063	0.6446
s_2	0.0600	1.0000	0.5556	0.9479	0.6687
s_3	0.0750	0.7222	0.5556	0.9271	0.5480
s_4	0.1000	0.3250	1.0000	1.0000	0.4234
s_5	1.0000	0.4333	0.7778	0.9375	0.7265

从表 5.13 可以看到，$u_5 > u_2 > u_1 > u_3 > u_4$，即 $s_5 > s_2 > s_1 > s_3 > s_4$，这里"＞"表示优于，即根据用户给出的权重和候选服务的 QoS 信息，用户应该选择服务 s_5。由加权和法计算得到的综合评价指数实际是对各候选服务的价值进行量化，是一种多属性序数价值函数[113]。因此，虽然表 5.13 中给出了所有候选服务的综合评

价指数值，但从该指数值只能判断服务之间是否存在优劣关系而并不能判断各候选服务的优劣程度。比如，从 $u_4=0.4234$ 和 $u_5=0.7265$ 可以知道服务 s_5 优于服务 s_4，但不能就此推断服务 s_5 比服务 s_4 好 1.72 倍。

加权和法简单、明了、直观，是一种得到广泛应用的方法。采用加权和法的关键在于确定各 QoS 属性的权重，之后的计算过程就十分简单了。正因为如此，服务选择过程的大部分精力应该被集中在确定 QoS 指标体系和设定权重上。

在使用加权和法进行服务选择时，需要注意以下几个方面的问题：

(1) 简单线性加权法潜在的假设是各 QoS 属性的边际价值是线性的，即优劣与属性值大小成比例。但实际上，QoS 属性的边际价值的线性常常是局部的。

(2) 单个 QoS 属性对于服务整体评价的影响与其他属性是相互独立的。但实际上，QoS 属性之间可能存在某种关系，比如服务响应时间越短，可能价格就越高。

(3) 权重设定的不一定是可靠的。如一个 QoS 属性的权重是 0.1，另一个是 0.4，多达 4 倍的关系，就不一定是真正合理的。

(4) 该方法假定各 QoS 属性间是完全可补偿的，即一个候选服务的某 QoS 属性无论多差都可以用其他属性来弥补。

虽然存在以上一些问题，但是理论推导、仿真计算和经验判断都表明，简单的加权和法与复杂的非线性形式产生的结果很相似，而前者有简单、易于理解和使用的特点，因此得到普遍的应用。在使用该方法时，可以适当地对服务选择问题进行调整。例如，可以利用满意值法预先删除一些不可补偿属性的服务，通过数学方法将非线性边际价值 QoS 转换为线性，采用特征向量法获得精确权重等。

5.5.2　加权积法

利用加权和法求解多 QoS 属性服务选择问题时，一个重要的假定是各 QoS 属性之间的可补偿性，并且这种补偿是线性的。然而这样的假定很多时候是不成立的。例如，如果一个服务的成功率太低，则即使它的响应时间再快，对于用户而言也可能是不能接受的。因此，在 QoS 属性之间不具备可补偿性的情况下，可以利用加权积的方法计算各候选服务 $(S=\{s_1,s_2,\cdots,s_m\})$ 的综合评价指数，即

$$u_i = \prod_{j=1}^{n} \omega_i b_{ij} \tag{5.23}$$

从式 (5.23) 可以看到，加权和法和加权积法的最显著区别在于，对某服务而言，只要有一个 QoS 属性值为 0，则加权积法得到的该服务综合评价指数也为 0，这样，属性间的不可补偿性得到充分的体现。由于加权积法的特殊性质，在对决策矩阵进行规范化时应采用线性比例变换方法，而不使用标准 0-1 变换，否则某

服务规范化 QoS 属性值为 0 时,因其综合评价指数一定为 0,该服务将遭到淘汰。

当 QoS 属性较多(n 较大)时,用式(5.23)计算得到的服务综合评价指数普遍偏小,为了便于比较,可以令

$$u_i = \sqrt[n]{\prod_{j=1}^{n} \omega'_i b_{ij}} \tag{5.24}$$

式中,权重 ω'_j 的计算公式为

$$\sum_{j=1}^{n} \omega'_j = n \tag{5.25}$$

式中,　$\omega'_j > 0,\ j = 1,2,\cdots,n$ 。

加权和法的实质是用加权属性的算术平均值的 n 倍作为服务的综合评价指数,用式(5.24)得到的服务综合评价指数恰恰是加权属性的几何平均值的 n 倍,而算术平均值不小于几何平均值,所以加权和法的可补偿性小于加权积法。

如果 QoS 属性中,部分属性之间具有可补偿性,而其他属性之间不具备可补偿性,则可以将加权和法和加权积法结合起来计算服务的综合评价指数。例如,$Q=\{q_1,q_2,q_3,q_4\}$ 的 4 个 QoS 属性中,如果 q_1 和 q_2 具有可补偿性,q_3 和 q_4 也具有可补偿性,而其他情况下不具备可补偿性,则可以用式(5.26)计算各候选服务的综合评价指数

$$u_i = (\omega_1 b_{i1} + \omega_2 b_{i2})(\omega_3 b_{i3} + \omega_4 b_{i4}) \tag{5.26}$$

5.6　小　　结

在考虑多维 QoS 属性的前提下,组件服务选择的局部选择策略通常采用多属性决策方法设计候选服务打分机制,从而为每个活动选择最优的组件服务。

文献[114]提出了一种基于语义描述的 Web 服务评价模型和可定制的评价因子,通过机器学习算法计算评价因子的权重,并结合先验知识优化权重的计算。该方法定制评价因子的机制能够自适应各种领域里 Web 服务评价的需求,采用机器学习与先验知识结合的交互算法来计算评价因子权重分布,使得 Web 服务选择的准确率显著提高。文献[96]提出了一种包括通用属性与领域属性的扩展 QoS 模型,基于这个模型,建立一个 QoS 矩阵,通过两次规范化操作,计算出每个服务对应的综合 QoS 值,并根据综合后的 QoS 属性值对具有相同功能属性的服务进行排序,优选出排名高的服务输出给用户。文献[115]提出一种称为 DQoS 的 Web 服务选择模型,该模型利用主观权重模式、单权重模式、客观权重模式和主客观权重模式求解多属性决策问题,以实现基于 QoS 属性的服务选择。文献[116]提出

一种支持 QoS 的 UDDI 机制。该方法在进行服务选择时，既考虑了服务提供者描述的客观信息，也考虑了服务用户信任评估的主观信息。该方法利用遗传算法进行用户偏好的学习，并利用模糊逻辑进行选择决策。

　　虽然以上各个方法细节上有所不同，但服务局部选择策略的基本思想均为本章介绍的多属性决策方法。根据给定的 QoS 信息，该方法采用成熟的多属性决策完成服务选择。在给定权重时，该方法以 $O(mn)$ 的复杂度从决策矩阵 $A=[a_{ij}]_{m \times n}$ 获得最优解。然而，对于一个服务组合，即使所有任务均选择了最优服务，也不能保证整个组合服务中组合方案的最优选择[30]。例如，对于一个包含两个任务 S_1 和 S_2 的并行组合结构，其响应时间为 S_1 和 S_2 执行时间的长者。如果已知任务 S_2 的任意候选服务的响应时间均高于任务 S_1 的任意候选服务的响应时间，那么，选择服务用于执行任务 S_1 时，就没有必要去优化 S_1 的响应时间，而应去优化 S_1 的价格。另一方面，采用局部选择策略，不能实现施加于整个服务组合的约束，如需要整个组合服务响应时间低于 10s。

　　即便如此，胡建强等[115]通过试验证明局部选择策略对构造服务组合的成功率影响不明显，并表明全局最优构造的组合服务大多数时候由局部策略选择的服务组成。采用全局选择策略构造组合服务时随着候选服务数目的增长时间代价极速递增，而先采用局部选择策略过滤候选服务再由全局选择策略构造组合服务的时间代价增长趋势较缓。全局选择策略对候选服务的空间大小敏感，而局部选择策略的时间代价增长主要来自对候选服务的综合评价指数或效用进行排序。这表明，局部选择策略有助于缩小服务组合的求解空间并提高构造组合服务的效率。

　　此外，Alrifai 等[80]提出一种结合全局选择策略和局部选择策略优势的组合服务选择方法，该方法首先将全局 QoS 约束分解为局部 QoS 约束，然后再利用局部选择策略为组合服务的每个任务选择一个服务，这些服务的组合可以满足端到端的 QoS 约束，并使得组合服务选择的效率大幅提高。因此，局部选择策略依然是一种具有可操作性的服务选择方法，算法本身也可以用于全局服务选择过程中。另一方面，在本章介绍的权重获取方法也可以在全局服务选择中得到应用。为此，以下各章还将进一步对 QoS 信息不为确定值时的其他局部服务选择方法进行讨论。

第6章 QoS 信息不确定情况下的 Web 服务选择

针对采用精确的 QoS 信息进行服务选择并不能反映 QoS 不确定性的问题，本章首先对 Web 服务选择中的 QoS 信息不确定性进行分析，设计了 QoS 公告值、需求值与权重约束的不确定表示方法。然后，利用区间数比较的可能度方法和逼近理想点的多属性决策方法，建立基于不确定 QoS 信息的 Web 服务局部选择模型并进行模拟验证。

6.1 引　　言

第 5 章介绍了 QoS 公告信息和 QoS 需求信息均为确定值时的 Web 服务的局部选择策略，但事实上，服务选择中 QoS 信息具有内在的不确定性（不精确或不完整），这种不确定性主要体现在：①服务消费者 QoS 需求信息的不确定性。一方面由于应用的复杂性和人的思维方法的模糊性，服务消费者对 QoS 值的需求更习惯于表达为一个区间而不是一个精确的数值，另一方面由于 QoS 属性的多样性和每种 QoS 属性的不同特性，消费者很难精确表达对各 QoS 属性的重视程度。②服务提供者 QoS 公告信息的不确定性。由于服务消费者应用上下文环境的复杂性和服务提供者资源调度的灵活性，使得服务提供者很难公告其 QoS 属性的精确信息。例如，随着用户数量的波动，服务的响应时间也会呈现一定程度的波动。

在 QoS 信息存在不确定性时进行 Web 服务选择，首先需要提供一种方法使得服务提供者和服务消费者可以方便、有效地表示不确定 QoS 信息，然后再根据不确定 QoS 信息的特性建立服务选择模型并进行求解。在不确定决策领域，处理不确定信息的方法主要有区间数方法、模糊方法和概率方法等。考虑到区间数不仅能处理不精确 QoS 信息，而且具有计算简单，需要数据量少等优点，因此可以将服务消费者的 QoS 需求值和服务提供者的 QoS 公告值利用区间数表示。基于此，本章介绍的 Web 服务选择方法[117]利用区间数比较的可能度方法和逼近理想解的排序方法(Technique for Order Preference by Similarity to Ideal Solution, TOPSIS)[118]求解 QoS 信息不确定情况下的服务选择问题。

6.2 服务选择的不确定 QoS 信息

Web 服务的 QoS 从多个方面刻画其非功能特性，如响应时间、吞吐量、可靠性、可用性、安全性和信誉等，这些 QoS 属性分别从不同角度反映了 Web 服务的性能。在服务选择时，服务消费者根据自身应用的环境，对需要选择的服务要进行 QoS 方面的需求表达，即需要定义 QoS 策略（QoS policy）。QoS 策略中对需求的每一个 QoS 属性的值约束与权重约束进行说明，本章约定用户给定的不同 QoS 属性的约束之间是"与"的关系，也就是说对所有 QoS 属性所定义的约束应同时得到满足。

（1）值约束。消费者在进行服务选择时，由于应用的复杂性和人的思维方法的模糊性，其对 QoS 属性值的需求通常不能精确描述。为此，可以采取将需求值定义为一个区间数的方法来方便消费者的 QoS 需求定义。对效益型属性，消费者需求的表达式为

$$Req=[r_{min}, r_{prefer}], \quad r_{min} \leqslant r_{prefer}$$

式中，r_{min} 为消费者可接受的最小值，r_{prefer} 为消费者最期望的值，当服务提供者的相应属性值超过 r_{prefer} 后，其边际效用很小，为此，服务选择过程中可以不考虑需求的最大值。

对成本型属性，消费者需求的表达式为

$$Req=[r_{prefer}, r_{max}], \quad r_{prefer} \leqslant r_{max}$$

式中，r_{max} 为可接受的最大值。

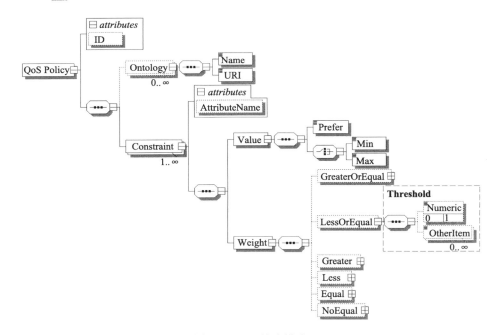

图 6.1　QoS 策略模式

　　(2) 权重约束。权重说明服务消费者对各 QoS 属性的重视程度。由于 QoS 属性的多样性，服务消费者很难给出各 QoS 属性权重的精确描述，在其需求的 QoS 属性众多的时候尤其如此，为此，可以通过权重约束的方法由消费者给出部分或全部主观权重信息。权重约束关系 $R(\text{Weight}_{\text{item}}, \text{Threshold})$ 是一个二元关系，表示客户对 QoS 属性 Item 的权重受到 Threshold 的约束，Threshold 可以是数值，也可以是其他属性。基本约束关系的集合为 $\{\leqslant, \geqslant, <, >, =, \neq\}$。通过权重约束，服务消费者可以表达对各项 QoS 属性的重视程度。

　　基于以上分析，下面首先介绍 QoS 策略的 XML 模式(QoS Policy Schema)设计，从而使服务消费者可以用 XML 的方式表达 QoS 需求，如图 6.1 所示。除了值约束与权重约束，QoS 策略中还包括策略编号和策略中使用的与概念相关的本体来源等信息。QoS 策略的 XML 模式的权重部分程序见代码 6.1。

代码 6.1　QoS 策略模式 weight 部分 XML 程序

```
⋮
<xs:element name="Weight">
    <xs:complexType>
        <xs:sequence>
            <xs:element name="GreaterOrEqual" type="Threshold"
                        minOccurs="0"/>
            <xs:element name="LessOrEqual" type="Threshold"
                        minOccurs="0"/>
            <xs:element name="Greater" type="Threshold"
                        minOccurs="0"/>
            <xs:element name="Less" type="Threshold" minOccurs="0"/>
            <xs:element name="Equal" type="Threshold" minOccurs="0"/>
            <xs:element name="NotEqual" type="Threshold"
                        minOccurs="0"/>
        </xs:sequence>
    </xs:complexType>
</xs:element>
⋮
<xs:complexType name="Threshold">
    <xs:sequence>
        <xs:element name="Numeric" minOccurs="0">
            <xs:simpleType>
                <xs:restriction base="xs:decimal">
                    <xs:minInclusive value="0"/>
                    <xs:maxInclusive value="1"/>
                </xs:restriction>
```

```
        </xs:simpleType>
    </xs:element>
    <xs:element name="OtherItem" type="xs:string" minOccurs="0"
    maxOccurs="unbounded"/>
  </xs:sequence>
</xs:complexType>
  ⋮
```

此外，由于服务消费者应用上下文环境的复杂性和服务提供者资源调度的灵活性，服务提供者很难精确公告其提供服务的 QoS 属性信息，为此可将 QoS 公告值表达为一个区间 Adv=$[a^{min}, a^{max}]$，$a^{min} \leqslant a^{max}$。对效益型属性，$a^{max}$ 为服务提供者承诺的最差值，而 a^{max} 为服务提供者承诺的最好值；而对成本型属性，a^{min} 为服务提供者承诺的最好值，a^{max} 为服务提供者承诺的最差值。

6.3　服务选择策略

6.3.1　区间数和可能度

不确定性现象广泛存在于工程系统的分析与设计过程、管理决策领域等。只有给出不确定性问题正确或合理的描述并建立处理不确定性问题的理论分析框架，才能为工程实际和管理决策提供具有价值的信息。因此，对不确定性问题的理论分析和应用研究一直以来就是科学研究和工程应用领域研究的热点。

在不确定性问题的概率体系下的分析法(随机方法和模糊方法等)一度是工程界和理论界研究不确定性的通用方法，但是它存在如下不足[119]：①对参数很敏感，概率数据的小误差可能导致计算结果的较大误差。②计算概率密度函数需要较多的样本数据。③计算量较大。④在没有足够的数据信息描述随机模型时，只凭主观假设的模糊方法的计算结果往往是不可靠的。⑤实际上在很多情况下，不易得到不确定参量的精确概率数据等。

Moore 在 20 世纪 60 年代提出了区间数的概念，并在区间数概念的基础上建立了区间运算[120]。区间数不仅能处理参与计算的不精确数据，而且能自动跟踪截断和舍入误差，具有计算简单、需要数据量少等优点，可以克服概率体系下不确定性问题描述和处理方法的缺陷。区间数为处理工程技术和管理决策领域中的不确定性问题提供了一个新途径。

对不确定性问题的区间模型，当给定不同的区间输入值时，经区间运算往往得到不同的区间输出值，由此存在区间输出结果的排序(或比较)问题，因此给出有效的区间数排序方法具有非常实际的工程应用价值。为此，本节给出了区间数的定义及其比较的一个可能度公式，并说明这些公式所具有的一些优良性质。基于可能度公式，给出了区间数排序的可能度法，并运用它来解决不确定 QoS 信息情况下的 Web 服务选择问题。

定义 6.1 （区间数）记 $\tilde{x}=[x^-,x^+]=\left\{x\,|\,x^-\leqslant x\leqslant x^+\right\}$，其中 $x^-,x^+\in\mathbf{R}$，$\mathbf{R}$ 为实数集，称 $\tilde{x}$ 为一个区间数，若 $x^-=x^+$，则 $\tilde{x}$ 退化为一个实数。

区间数反映的是变量取值的不确定性或随机性，将区间数的比较赋予一定的概率意义具有实际的意义和更强的适用性，因此产生了基于可能度的区间数排序方法，该方法以一个区间数大于另一个区间数的程度（一般取值在[0,1]）为依据进行区间数的排序。

定义 6.2 （可能度）[121-122]当 $\tilde{x}$，$\tilde{y}$ 同时为区间数或者有一个为区间数时，设 $\tilde{x}=[x^-,x^+]$，$\tilde{y}=[y^-,y^+]$，记 $l_x=x^+-x^-$，$l_y=y^+-y^-$，称

$$p(\tilde{x}\geqslant\tilde{y})=\min\left\{\max\left(\frac{x^+-y^-}{l_x+l_y},0\right),1\right\} \tag{6.1}$$

为 $\tilde{x}\geqslant\tilde{y}$ 的可能度。

定理　如果 $\tilde{x}=[x^-,x^+]$，$\tilde{y}=[y^-,y^+]$，则 $p(\tilde{x}\geqslant\tilde{y})$ 具有如下性质：

(1) $0\leqslant p(\tilde{x}\geqslant\tilde{y})\leqslant 1$；

(2) $p(\tilde{x}\geqslant\tilde{y})=1$ 当且仅当 $y^+\leqslant x^-$；

(3) $p(\tilde{x}\geqslant\tilde{y})=0$ 当且仅当 $x^+\leqslant y^-$；

(4) $p(\tilde{x}\geqslant\tilde{y})+p(\tilde{y}\geqslant\tilde{x})=1$，特别地，$p(\tilde{x}\geqslant\tilde{x})=1/2$，该性质也称为互补性；

(5) $p(\tilde{x}\geqslant\tilde{y})\geqslant 1/2$，当且仅当 $x^-+x^+\geqslant y^-+y^+$，特别地，$p(\tilde{x}\geqslant\tilde{y})=1/2$，当且仅当 $x^-+x^+=y^-+y^+$；

(6) 如果 $p(\tilde{x}\geqslant\tilde{y})\geqslant 1/2$，且 $p(\tilde{y}\geqslant\tilde{z})\geqslant 1/2$，则 $p(\tilde{x}\geqslant\tilde{z})\geqslant 1/2$，该性质称为传递性。

证明　由定义 6.1 可知性质 (1) 显然成立。下面证明性质 (2)。

如果 $p(\tilde{x}\geqslant\tilde{y})=1$，则一定有 $\dfrac{x^+-y^-}{l_x+l_y}\geqslant 1$，即 $x^+-y^-\geqslant x^+-x^-+y^+-y^-$，从而有 $y^+\leqslant x^-$。另一方面，如果 $y^+\leqslant x^-$，则 $x^+-y^-\geqslant x^+-x^-+y^+-y^-$。于是性质 (2) 得证，同理可证性质 (3)。

下面证明性质 (4)。由性质 (2)，如果 $p(\tilde{x}\geqslant\tilde{y})=1$，则有 $y^+\leqslant x^-$，此时根据性质 (3) 一定有 $p(\tilde{y}\geqslant\tilde{x})=0$，于是 $p(\tilde{x}\geqslant\tilde{y})+p(\tilde{y}\geqslant\tilde{x})=1$。反之，如果 $p(\tilde{x}\geqslant\tilde{y})=0$，则由性质 (3)，有 $x^+\leqslant y^-$，又由性质 (2)，有 $p(\tilde{y}\geqslant\tilde{x})=1$，于是 $p(\tilde{x}\geqslant\tilde{y})+p(\tilde{y}\geqslant\tilde{x})=1$。

又如果 $0 < p(\tilde{x} \geqslant \tilde{y}) < 1$，则由定义 6.1，有

$$p(\tilde{x} \geqslant \tilde{y}) + p(\tilde{y} \geqslant \tilde{x}) = \frac{x^+ - y^-}{l_x + l_y} + \frac{y^+ - x^-}{l_x + l_y} = 1 \qquad (6.2)$$

于是，$p(\tilde{x} \geqslant \tilde{y}) + p(\tilde{y} \geqslant \tilde{x}) = 1$。此外，

$$p(\tilde{x} \geqslant \tilde{x}) = \frac{x^+ - x^-}{l_x + l_x} = \frac{1}{2} \qquad (6.3)$$

综上所述，$p(\tilde{x} \geqslant \tilde{y}) + p(\tilde{y} \geqslant \tilde{x}) = 1$，特别地，$p(\tilde{x} \geqslant \tilde{x}) = 1/2$，性质（4）得证。下面证明性质（5）。

如果 $p(\tilde{x} \geqslant \tilde{y}) \geqslant \dfrac{1}{2}$，则 $\dfrac{x^+ - y^-}{l_x + l_y} \geqslant \dfrac{1}{2}$，即 $2x^+ - 2y^- \geqslant x^+ - x^- + y^+ - y^-$，于是

$x^- + x^+ \geqslant y^- + y^+$。如果 $p(\tilde{x} \geqslant \tilde{y}) = \dfrac{1}{2}$，则 $\dfrac{x^+ - y^-}{l_x + l_y} = \dfrac{1}{2}$，于是 $x^- + x^+ = y^- + y^+$。此

外，由 $x^- + x^+ \geqslant y^- + y^+$ 易知 $\dfrac{x^+ - y^-}{l_x + l_y} \geqslant \dfrac{1}{2}$，同理 $x^- + x^+ \geqslant y^- + y^+$ 则有 $\dfrac{x^+ - y^-}{l_x + l_y} = \dfrac{1}{2}$。

综上所述，性质（5）得证。下面证明性质（6）。

根据性质（5），$p(\tilde{x} \geqslant \tilde{y}) \geqslant 1/2$ 则 $x^- + x^+ \geqslant y^- + y^+$，而 $p(\tilde{y} \geqslant \tilde{z}) \geqslant 1/2$，则 $y^- + y^+ \geqslant z^- + z^+$，即 $x^- + x^+ \geqslant z^- + z^+$，从而 $p(\tilde{x} \geqslant \tilde{z}) \geqslant 1/2$。性质（6）得证。证毕。

区间数排序的可能度方法是根据区间数的边界点或中点进行的，计算过程简单，易于实现，适用性比较强，可以对任意两个区间数进行排序。当变量在区间内的分布信息未知时同样可用，且可能度具有传递性、互补性等性质。因此在利用区间数表示 QoS 信息不确定性时，可以利用可能度对 QoS 属性值的大小进行比较，进而实现 QoS 信息不确定情况下的服务选择[123-124]。

6.3.2　决策矩阵计算

第 5 章已对基于精确 QoS 公告值与需求值的服务选择方法进行了较全面的介绍，本章只考虑 QoS 公告值与需求值至少有一个为不确定区间数的情况。同时，与文献[114]～[116]一样，本书也认为各候选服务是公平竞争的，也就是不考虑服务消费者对候选服务的偏好。正如第 5 章所述，在考虑多维 QoS 属性的前提下，组件服务的局部选择策略通常采用多属性决策方法设计候选服务打分机制，从而选择最优的候选服务。由于在服务选择中需要同时考虑区间数表示的 QoS 公告值与需求值，并且用户给定的权重不完整，所以，不能直接利用传统的多属性决策方法进行求解。为此，在 6.3.1 节给出的区间数和可能度的定义上，利用区间数和可能度对候选服务的 QoS 公告值与用户 QoS 需求值进行比较，然后，采用 TOPSIS

多属性决策的思想，结合服务消费者指定的权重约束和可能度信息，利用多目标规划模型求解精确权重，最终利用加权和法对候选服务进行排序和选择。下面介绍 QoS 信息不确定情况下的决策矩阵计算方法。

令 $R = [\tilde{r}_1, \tilde{r}_2, \cdots, \tilde{r}_n]$ 表示消费者对各项 QoS 属性的需求，n 为消费者需求的 QoS 属性个数，$\tilde{r}_j$ 为区间数，当 QoS 属性 q_j 为效益型时 $\tilde{r}_j = [r_j^{\min}, r_j^{\text{prefer}}]$；当 QoS 属性 q_j 为成本型时 $\tilde{r}_j = [r_j^{\text{prefer}}, r_j^{\max}]$。$A = [\tilde{a}_{ij}]_{m \times n}$ 为候选服务公告值矩阵，其中 $i = 1, 2, \cdots, m$，$j = 1, 2, \cdots, n$，m 为候选服务(提供服务消费者请求的 QoS 属性的服务)个数；$\tilde{a}_{ij} = [a_{ij}^{\min}, a_{ij}^{\max}]$ 表示服务提供者 i 对 QoS 属性 q_j 的公告值。结合区间数可能度和第 3~4 章介绍的服务 QoS 属性信誉概念，计算 QoS 信息不确定情况下的决策矩阵 $U = [u_{ij}]_{m \times n}$，其中 u_{ij} 为

$$u_{ij} = \begin{cases} p(\tilde{a}_{ij} \geqslant \tilde{r}_j) \times \text{Rep}_{ij}, & \text{属性} j \text{为效益型} \\ p(\tilde{r}_j \geqslant \tilde{a}_{ij}) \times \text{Rep}_{ij}, & \text{属性} j \text{为成本型} \end{cases} \tag{6.4}$$

式中，Rep_{ij} 为利用第 3～4 章的信誉度量方法计算获得的服务提供者 i 的 QoS 属性 q_j 的信誉，使用 Rep_{ij} 的目的是利用 Rep_{ij} 对 QoS 信息进行修正，以提高服务选择的准确性。根据区间数可能度和信誉的性质可知，$0 \leqslant u_{ij} \leqslant 1$。经过式(6.4)的计算，就不再需要对服务公告值矩阵 $A = [\tilde{a}_{ij}]_{m \times n}$ 进行传统意义上的规范化。由 u_{ij} 的定义易知，对消费者而言，u_{ij} 越大则越符合用户要求。

6.3.3　逼近理想解的排序方法

TOPSIS 是由 Yoon 和 Hwang 提出的一种利用理想解和负理想解对多属性决策中的方案进行排序和选择的方法[118]。这种方法通过构造多属性问题的理想解和负理想解，以方案靠近理想解和远离负理想解两个基准作为方案排序的准则，选择最满意的方案。

理想解是候选方案中并不存在的虚拟的最佳方案，它的每个属性都是决策矩阵中该属性的最好值；而负理想解则是虚拟的最差方案，它的每个属性都是决策矩阵中该属性的最差值。对于具有 n 个属性的多属性决策问题，将每个候选方案在 n 维空间中与理想解、负理想解的距离进行比较，则既靠近理想解又远离负理想解的方案就是方案集中的最佳方案，同时，可以根据与理想解、负理想解的距离对候选方案进行排序。

用 TOPSIS 方法求解多属性决策问题概念简单，只要在属性空间定义适当的距离测度就能选择合适的候选方案。而仅使用理想解时可能会出现两个候选方案与理想解距离相同的情况，为了区分这两个方案的优劣，引入负理想解并计算这两个方案与负理想解的距离，与理想解距离相同但离负理想解距离远的方案更优。

假如决策问题有 m 个候选方案，每个方案有 n 个评价属性，已经规范化后的决策矩阵 $\boldsymbol{M}=[m_{ij}]_{m \times n}$，各属性权重 $\boldsymbol{W}=[\omega_1, \omega_2, \cdots, \omega_n]^{\mathrm{T}}$，则加权规范决策矩阵 $\boldsymbol{X}=[x_{ij}]_{m \times n}$ 定义为

$$x_{ij} = \omega_j \cdot m_{ij} \tag{6.5}$$

设理想解为 x^+，负理想解为 x^-，x^+ 的第 $j (j=1, \cdots, n)$ 个属性为 x_j^+，x^- 的第 j 个属性为 x_j^-，则 x_j^+ 和 x_j^- 可以定义为

$$x_j^+ = \begin{cases} \max_i x_{ij}, & j \text{为效益型属性} \\ \min_i x_{ij}, & j \text{为成本型属性} \end{cases} \tag{6.6}$$

$$x_j^- = \begin{cases} \max_i x_{ij}, & j \text{为成本型属性} \\ \min_i x_{ij}, & j \text{为效益型属性} \end{cases} \tag{6.7}$$

然后，就可以计算各候选方案与理想解、负理想解的距离。如果采用欧氏距离，则候选方案 $i (i=1, \cdots, m)$ 与理想解的距离为

$$d_i^+ = \sqrt{\sum_{j=1}^{n} (x_{ij} - x_j^+)^2} \tag{6.8}$$

而候选方案 i 与负理想解的距离为

$$d_i^- = \sqrt{\sum_{j=1}^{n} (x_{ij} - x_j^-)^2} \tag{6.9}$$

计算候选方案 i 的综合评价指数为

$$C_i^* = d_i^- / (d_i^- + d_i^+) \tag{6.10}$$

利用得到的综合评价指数就可以对各方案进行排序和选择。

TOPSIS 的思路可以用图 6.2 说明，其中 f_1 和 f_2 为加权规范化属性，假定均为效益型，候选方案为 $x_1 \sim x_5$。根据候选方案的属性值，可以确定理想解 x^+ 和负理想解 x^-。图中 x_4 和 x_5 与理想解的距离相同，引入与负理想解的距离后，由于 x_4 比 x_5 离负理想解远，所以 x_4 优于 x_5。

假如某多属性决策问题有加权规范化矩阵（见表 6.1），则理想解 x^+ 为 (0.1939, 0.2000, 0.2782, 0.01655)，而负理想解 x^- 为 (0.00692, 0.0000, 0.01592, 0.06482)。各候选方案到理想解的距离和负理想解的距离以及综合评价指数如表 6.2 所示。于是根据综合评价指数可知 $x_1 > x_2 > x_3 > x_4 > x_5$，即 x_1 为最优方案，而 x_5 为最劣方案。

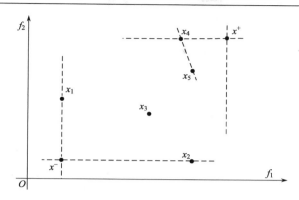

图 6.2　理想解与负理想解示意图

表 6.1　候选方案加权规范化矩阵

i　\　j	1	2	3	4
1	0.00692	0.20000	0.27824	0.06482
2	0.01386	0.16667	0.22260	0.03034
3	0.04156	0.66667	0.07012	0.04137
4	0.02079	0.13333	0.16696	0.05378
5	0.19390	0.00000	0.15920	0.01655

表 6.2　候选方案到理想解和负理想解的距离

i	d_i^+	d_i^-	C_i^*
1	0.1931	0.6543	0.7721
2	0.1918	0.4354	0.6577
3	0.2194	0.2528	0.5297
4	0.2197	0.2022	0.4793
5	0.6543	0.1931	0.2254

6.3.4　服务选择模型

根据 TOPSIS 决策理论，以决策矩阵 $U = [u_{ij}]_{m \times n}$ 为基础，考虑到所有 u_{ij} 均为效益型，且 $0 \leqslant u_{ij} \leqslant 1$，因此，可令正理想点（理想方案）对应于 $u^+ = (1, 1, \cdots, 1)$，显然，供选择的服务越接近正理想点就越优；负理想点（负理想方案）对应于

$u^- = (0,0,\cdots,0)$，显然，供选择的服务距离负理想点越远就越优。对于给定的权

重向量 $\boldsymbol{W} = [\omega_1, \omega_2, \cdots, \omega_n]^T$，$\omega_j \in [0,1]$，$\sum\limits_{j=1}^{n} \omega_j = 1$，考虑到 u_{ij} 是区间数可能度而

不是利用向量规范化得到的结果，各 QoS 属性的 u_{ij} 越大越优，各候选服务同一

属性平方和不为 1，因此候选服务与正理想点之间的距离不适合利用式 (6.8) 的欧

氏距离计算，而将候选服务 i 与正理想点之间的加权距离之和定义为

$$d_i^+(\boldsymbol{W}) = \sum_{j=1}^{n}(1 - u_{ij})\omega_j = 1 - \sum_{j=1}^{n} u_{ij}\omega_j \qquad (6.11)$$

将候选服务 i 与负理想点之间的加权距离之和定义为

$$d_i^-(\boldsymbol{W}) = \sum_{j=1}^{n}(u_{ij} - 0)\omega_j = \sum_{j=1}^{n} u_{ij}\omega_j \qquad (6.12)$$

综合考虑候选服务与正理想点、负理想点之间的加权距离，令候选服务 i 的

综合评价指数为

$$c_i^*(\boldsymbol{W}) = d_i^-(\boldsymbol{W}) / (d_i^-(\boldsymbol{W}) + d_i^+(\boldsymbol{W})) = d_i^-(\boldsymbol{W}) \qquad (6.13)$$

注意，由于用户给出的权重可能是不精确的区间数信息，所以，事实上并不

能直接利用式 (6.13) 计算候选服务的综合评价指数。第 5 章介绍的几种主观权重

获取方法并不适合这样的应用。为此，可以将主观赋权法和客观赋权法结合起来

确定权重，即将各候选服务的 u_{ij} 隐含的客观权重和用户给出的主观权重结合得到

精确权重，然后再计算服务综合评价指数。所谓客观权重是指各 QoS 属性数据所

体现出来的属性的重要性。考虑到 $c_i^*(\boldsymbol{W})$ 越大则候选服务 i 越优，而某 QoS 属性

对于服务综合评价指数的贡献越大，则该属性在服务选择决策中的重要性就应该

越高，为此，建立多目标决策模型

$$\max c^*(\boldsymbol{W}) = (c_1^*(\boldsymbol{W}), c_2^*(\boldsymbol{W}), \cdots, c_m^*(\boldsymbol{W}))$$

$$\text{s.t.} \begin{cases} \boldsymbol{W} \in C \\ 0 \leqslant \omega_j \leqslant 1 \\ \sum\limits_{j=1}^{n} \omega_j = 1 \end{cases} \qquad j = 1, 2, \cdots, n \qquad (6.14)$$

式中，C 为服务消费者给定的权重约束，表达了用户给定的部分或全部 QoS 属性

主观权重信息。

对式 (6.14) 给出的多目标规划模型直接进行求解是很困难的。但是考虑到每

个候选服务是公平竞争的，不存在任何偏好关系，因此，模型可集结为如下单目

标最优化模型

$$\max c^*(\boldsymbol{W}) = \sum_{i=1}^{m} c_i^*(\boldsymbol{W})$$

$$\text{s.t.} \begin{cases} \boldsymbol{W} \in C \\ 0 \leqslant \omega_j \leqslant 1 \\ \sum_{j=1}^{n} \omega_j = 1 \end{cases} \quad j = 1, 2, \cdots, n \qquad (6.15)$$

求式 (6.15)，得到最优解 $\boldsymbol{W}^* = [\omega_1^*, \omega_2^*, \cdots, \omega_n^*]$，代入式 (6.13) 计算 $c_i^*(\boldsymbol{W})$，再选择出 $c_i^*(\boldsymbol{W})$ 中的最大值，其对应的候选服务即为最理想选择。

6.4　实　验　分　析

鉴于尚没有相关的 Web 服务选择标准平台和标准不确定 QoS 信息测试数据集，本节采用与文献[125]类似的思想设计实验，以验证服务选择模型的有效性。设某旅行社用户需要对酒店预订服务进行选择[114]，并考虑响应时间 RT(s)、健壮性 RBT(1-9 标度)、价格 P(元)和成功率 SR(百分比)四项属性，其中健壮性和成功率为效益型属性，响应时间和价格为成本型属性。假设候选服务有 5 个($s_1 \sim s_5$)，消费者需求值与公告值如表 6.3 所示，消费者对各属性给定的权重约束为{$0.2 \leqslant \omega_{RT} \leqslant 0.4$, $0.25 \leqslant \omega_{RBT} \leqslant 0.5$, $0.05 \leqslant \omega_P \leqslant 0.1$, $0.15 \leqslant \omega_{SR} \leqslant 0.2$}。为提高实验过程阐述的清晰性，首先令 5 个候选服务所有 QoS 属性的信誉均为 1。

表 6.3　QoS 需求与公告值

	响应时间		健壮性		价格		成功率	
QoS 需求								
	prefer	max	min	prefer	prefer	max	min	prefer
	3	10	6	8	300	400	40	80
QoS 公告								
	min	max	min	max	min	max	min	max
s_1	6	8	5	8	150	350	30	60
s_2	2	4	7	9	200	350	70	90
s_3	4	6	7	8	250	350	60	80
s_4	5	12	6	8	300	350	50	65
s_5	5	7	6	9	300	450	50	70

此时，利用本章介绍的服务选择方法可求得 $\boldsymbol{W}^*$=[0.25, 0.50, 0.10, 0.15]，各候选服务综合评价指数 $c_i^*(\boldsymbol{W}^*)$=[0.4373, 0.8022, 0.6750, 0.4741, 0.5539]，服务排序为 $s_2 \succ s_3 \succ s_5 \succ s_4 \succ s_1$，即 s_2 为最优选择，s_1 为最差选择。

在此基础上，设计如下 3 个场景来验证服务选择模型的有效性。

（1）在消费者 QoS 需求、权重约束和 QoS 属性信誉保持不变的情况下，对候选服务 i 的各项 QoS 属性公告值 $\tilde{a}_{ij}$ 逐渐进行优化，即对效益型属性其公告值逐渐增大（$a_{ij}^{\min}$、$a_{ij}^{\max}$ 单独或同时增大），对成本型属性其公告值逐渐减小（$a_{ij}^{\min}$、$a_{ij}^{\max}$ 单独或同时减小），其他服务的公告值保持不变。此时，候选服务 i 的综合评价指数应逐渐增加。为验证上述假设，将服务 s_1（最差选择）的各 QoS 属性公告值以随机的方式逐渐优化，此时，综合评价指数 $c_i^*(\boldsymbol{W}^*)$ 变化情况如图 6.3 所示。

从图 6.3 可以看到，随着服务 s_1 的各项 QoS 属性的优化，其综合评价指数逐渐上升，从而使得其排序逐渐上升，并最终从最差选择变为最优选择。由于 s_1 公告值的变化，可能引起 $\boldsymbol{W}^*$ 的变化，所以，其他服务的综合评价指数在模拟过程中也会变化。

（2）设消费者对 QoS 属性值的需求、所有候选服务的 QoS 公告值和 QoS 属性信誉保持不变，而消费者对某 QoS 属性 q_j 的重视程度逐渐增加，相应地对其他 QoS 属性的重视程度保持不变或逐渐降低。此时，对属性 q_j 具有较大优势的候选服务其综合评价指数会逐渐增大；相反，对属性 q_j 不具有优势的服务，其综合评价指数会逐渐减小。为验证上述假设，实验以随机的方式通过改变权重约束增大对价格属性的重视程度，相应地降低其他 QoS 属性的重视程度，此时，综合评价

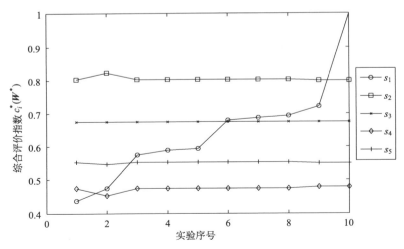

图 6.3　QoS 公告值变化时综合评价指数 $c_i^*(\boldsymbol{W}^*)$ 变化情况

指数 $c_i^*(W^*)$ 变化情况如图 6.4 所示。

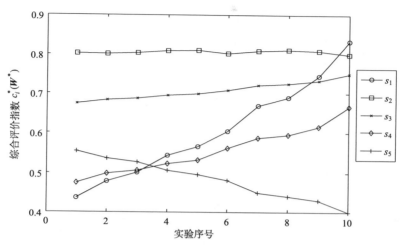

图 6.4　QoS 权重约束变化时综合评价指数 $c_i^*(W^*)$ 变化情况

　　从图 6.4 可以看出，由于服务 s_1 在价格属性上其公告值与消费者需求值相比具有优势，所以，随着消费者对属性重视程度的逐渐增加，服务 s_1 的综合评价指数也逐渐增大，相反，服务 s_5 的综合评价指数逐渐减小。

　　(3) 在上述两个实验中，将所有候选服务的所有 QoS 属性的信誉均设置为 1。设消费者对 QoS 属性值的需求、所有候选服务的 QoS 公告值和用户对各 QoS 属性的权重约束保持不变，如候选服务 i 的各项 QoS 属性信誉 Rep_{ij} 逐渐降低，其他服务的各 QoS 属性信誉保持不变。此时，候选服务 i 的综合评价指数应逐渐降低。为验证上述假设，将服务 s_2（最优选择）的各 QoS 属性信誉以随机的方式逐渐降低，综合评价指数 $c_i^*(W^*)$ 变化情况如图 6.5 所示。

　　从图 6.5 可以看到，随着服务 s_2 的各项 QoS 属性信誉的逐渐降低，其综合评价指数也逐渐下降，从而使得其排序逐渐下降，并最终从最优选择变为最差选择。

　　由上述 3 个实验可以看出，本章介绍的服务选择方法既考虑了消费者的 QoS 需求值和候选服务的 QoS 公告值的不确定性，又可根据消费者自身情况，通过权重约束给定部分权重信息，将这些权重信息和 QoS 公告值结合起来，得到最优的精确权重。该方法可以有效地选择符合消费者需求的服务。

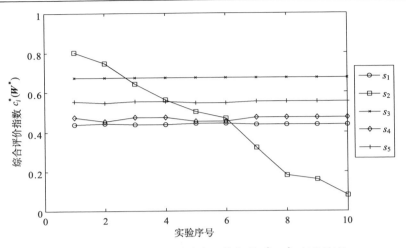

图 6.5　QoS 信誉变化时综合评价指数 $c_i^*(\boldsymbol{W}^*)$ 变化情况

6.5　小　　结

　　针对采用精确的 QoS 信息进行服务选择不能处理 QoS 信息不确定性的问题,本章首先对服务选择中的 QoS 信息不确定性问题进行分析,然后设计了服务选择中需求信息与公告信息的不确定表达模式。在用区间数排序的可能度方法对 QoS 公告值和需求值进行比较的基础上,利用逼近理想点的多属性决策方法(TOPSIS),建立多目标规划模型求解精确权重信息,并最终利用加权和法实现对候选服务的排序和选择。服务选择过程同时考虑了主观 QoS 信息和客观 QoS 信息。

　　与第 5 章介绍的基于精确 QoS 信息的 Web 服务选择方法不同,本章提出的服务局部选择策略考虑了服务选择过程中 QoS 公告值、需求值与权重约束的不确定性,而不是基于精确 QoS 信息进行服务选择;其次,本章利用逼近理想点的多属性决策方法求解服务选择问题,使得选择的服务离理想点近而离负理想解远,从其解决问题的过程与第 5 章介绍的加权和与加权积方法也不一样。

第7章 风险驱动的随机 QoS 感知的 Web 服务选择

开放与动态环境下 Web 服务的 QoS 具有内在的随机性，这就要求服务提供者应该在其 QoS 公告中体现这种随机性，使用户可以根据服务的 QoS 风险选择合适的服务，最小化服务 QoS 实际劣于 QoS 约束的概率。本章将服务选择问题形式化为随机多属性决策问题，其中每一个候选服务的 QoS 属性值为已知分布的随机变量。利用半方差 (semi-variance) 理论[126]把用户需求和 QoS 概率分布结合起来，将随机多属性决策问题转换为普通多属性决策问题，并利用 TOPSIS 方法求解。为精确反映服务 QoS 各属性在服务选择中的相对重要性，利用主观权重和客观权重结合的方法确定 QoS 属性权重。此外，还介绍一种基于最大熵原理在小样本情况下获得准确的 QoS 概率分布的方法，实例和实验验证了上述方法的有效性。

7.1 引　　言

Web 服务是运行于互联网的软件构件，由于运行环境的开放性和动态性，Web 服务的 QoS 具有内在的随机性。例如，服务响应时间和价格依赖于对服务的请求数目。在计算资源确定的情况下，服务提供者可以确保的响应时间和服务请求数目成反比，同时，服务价格与服务请求数目成正比。另一方面，对服务的请求则随时间不断波动。这样，服务响应时间和价格也将随时间不断波动，即这些 QoS 属性值是随机的。这就意味着事实上服务提供者不能为用户提供确定的 QoS 值，而用户也将面临其 QoS 需求不能被满足的风险。因此，服务提供者应该在其公告中反映 QoS 的随机性，这样，用户就可以将公告的 QoS 随机信息和自身的 QoS 需求结合起来，对服务 QoS 风险进行评估，选择 QoS 实际值劣于期望值可能性最小的那些服务。

在 QoS 信息具有随机性时，直观的思想就是将服务 QoS 视为具有特定概率分布的随机变量。在这种情况下，就需要一种有效的方法对服务实际 QoS 劣于 QoS 约束的风险进行量化，从而建立风险驱动的 Web 服务选择模型。由于服务 QoS 概率分布通常不具有对称性，同时在服务选择过程中需要考虑用户对 QoS 的约束需求，因此常见的利用方差度量风险的方法并不适合随机 QoS 感知的服务选择。为此，本章介绍一种利用半方差理论对 QoS 风险进行度量的方法以及相应的服务选择模型[127]。另一方面，基于 QoS 样本有效地获取 QoS 信息的概率分布是风险驱动的 Web 服务选择的基础。考虑到利用最大熵原理可以在只有少量 QoS

样本时设立具有最少主观性的概率分布，本章还对基于最大熵原理的 QoS 概率分布获取方法[128]进行了介绍。

7.2   风险驱动的服务选择决策模型

在需要执行服务组合中某任务时，用户收集可以执行该任务的所有候选服务的 QoS 信息，并根据这些信息选择一个合适的服务。服务选择的过程依赖于 QoS 权重和给定的 QoS 约束。也就是随机 QoS 感知的服务选择问题包括候选服务、QoS 属性、QoS 属性值、约束和权重几个要素，可用一个五元组<S, Q, A, C, W>描述该服务选择模型，其中：

（1） $S=\{s_1, s_2, \cdots, s_m\}$ 表示所有的候选服务。

（2） $Q=\{q_1, q_2, \cdots, q_n\}$ 为一系列的 QoS 属性，如响应时间、价格、吞吐量等。QoS 属性可以是效益型，也可以是成本型。

（3） $A=[a_{ij}]_{m \times n}$ 为决策矩阵，其中 a_{ij} 是一系列具有概率函数 $f_{ij}: \Omega_{ij} \rightarrow P_{ij}$ 的随机变量，Ω_{ij} 表示随机变量 a_{ij} 的样本空间，f_{ij} 表示 a_{ij} 的概率密度函数，P_{ij} 则是 f_{ij} 的概率。Ω_{ij} 可以是离散的，此时 a_{ij} 为离散随机变量，f_{ij} 为概率质量函数；Ω_{ij} 也可以是连续的，此时 a_{ij} 为连续随机变量，f_{ij} 为概率密度函数。通过收集服务历史 QoS 的表现数据可以获得 QoS 概率分布[100,128]。表 7.1 描述了一个包括 4 个候选服务，每个候选服务有响应时间、可靠性和价格 3 个随机 QoS 属性的服务选择决策矩阵。注意，与 QoS 值为确定值的情况不同，这里每个 QoS 属性值 a_{ij} 均为随机变量。例如，对服务 s_1，其响应时间为 2s 的概率为 100%，成功率为 80%的概率为 50%，价格为 200 的概率为 20%。

表 7.1   不同候选服务的 QoS 概率分布示例

	响应时间/s			成功率/%			价格/元		
	2	5	10	60	80	100	200	300	500
s_1	1	0	0	0	0.5	0.5	0.2	0.4	0.4
s_2	0.5	0.5	0	0.3	0.3	0.4	0	0.5	0.5
s_3	0	0	1	0.3	0.7	0	0.5	0	0.5
s_4	0	0.7	0.3	0.5	0.5	0	0	0.5	0.5

（4） $C= [c_1, c_2, \cdots, c_n]$是用户对每一个 QoS 属性的约束。对于效益型属性，c_j 表示用户可接受的 a_{ij} 最小值；而对成本型属性，c_j 则是可接受的 a_{ij} 最大值。如果考虑响应时间、成功率和价格 3 个属性，$C=[6, 70, 300]$意味着用户期望响应时间

不大于 6s，成功率不小于 70%，而价格不大于 300。显然，由于 a_{ij} 此时为随机变量，所以，不能利用 5.2.2 节的方法对候选服务进行筛选。

（5）$W = [\omega_1, \omega_2, \cdots, \omega_n]$ 是所有 QoS 属性的权重，其中，$0 \leqslant \omega_j \leqslant 1$，$\sum_{j=1}^{n} \omega_j = 1$。

权重表示 QoS 属性在服务选择中的相对重要性。例如，W=[0.2, 0.5, 0.3]意味着成功率在服务选择中的重要性最高，而服务价格的重要性高于响应时间的重要性。

在上述服务选择模型中，候选服务的 QoS 值为给定分布函数的随机变量。因此，该问题不能直接利用传统的简单加权和(积)法、逼近理想解的排序方法等多属性决策方法进行求解。另外，由于 QoS 内在的随机性，服务实际的 QoS 表现可能背离用户的期望。为此，用户就需要对服务实际的 QoS 劣于其设置的约束的概率进行评估，以最小化服务选择的风险。在 7.3 节中将结合用户给定的约束信息和 QoS 概率分布，将随机多属性服务选择问题转换为确定性多属性决策问题进行求解。

7.3　风险驱动的服务选择

7.3.1　基于半方差的风险度量

在 QoS 信息为随机变量时，服务选择的目标是最小化服务 QoS 风险。因此，风险度量就成为服务选择中的一个关键步骤。一种最常见的风险度量方法就是使用随机变量的方差或标准差。这种方法十分简单，其本质是同时考虑随机变量值相对于均值的正偏离和负偏离。然而，事实上，用户通常并不关心正偏离，因为只有负偏离意味着可能的损失[102]。例如，在用户对服务响应时间的约束为 3s 时，用户会关心高于 3s 的服务响应时间的波动，而没必要关心低于 3s 的响应时间的波动。另一方面，由于服务 QoS 的概率分布形式不一定是对称的，所以利用方差度量风险显然也是不合理的。为避免采用方差或标准差进行风险度量的问题，可以采用 Markowitz 提出的半方差方法[129]进行风险度量。对于效益型 QoS 指标 a_{ij}，其半方差风险 r_{ij} 定义为

$$r_{ij} = \begin{cases} \sum_{a_{ij} \leqslant c_j} f(a_{ij})(a_{ij} - c_j)^2, & a_{ij} \text{ 为离散随机变量} \\ \int_{a_{ij} \leqslant c_j} f(a_{ij})(a_{ij} - c_j)^2, & a_{ij} \text{ 为连续随机变量} \end{cases} \quad (7.1)$$

式中，当 a_{ij} 为离散随机变量时，$f(a_{ij})$ 为服务 s_i 的 QoS 属性 q_j 的概率质量函数，当 a_{ij} 为连续随机变量时，$f(a_{ij})$ 为服务 s_i 的 QoS 属性 q_j 的概率密度函数。c_j 表示用户对 QoS 属性 q_j 的约束。

对于成本型 QoS 指标 a_{ij}, 其半方差风险 r_{ij} 定义为

$$r_{ij} = \begin{cases} \sum_{a_{ij} \geqslant c_j} f(a_{ij})(a_{ij} - c_j)^2, & a_{ij} \text{为离散随机变量} \\ \int_{a_{ij} \geqslant c_j} f(a_{ij})(a_{ij} - c_j)^2, & a_{ij} \text{为连续随机变量} \end{cases} \qquad (7.2)$$

显然，与利用方差或标准差度量服务风险不同，半方差风险只考虑 QoS 值相对于约束的负偏离而忽略对约束的正偏离。这样，凡是劣于约束 c_j 的 QoS 值均被认为是一种风险。该特性使得半方差方法非常切合 QoS 信息为随机变量，且用户已给定 QoS 约束时服务 QoS 风险的度量[102]。通过半方差风险度量，就可以将随机 QoS 感知的服务选择问题转换为一个确定的多属性决策问题，其决策矩阵为 $\boldsymbol{R}=[r_{ij}]_{m \times n}$。例如，给定表 7.1 的概率密度函数和约束 $\boldsymbol{C}=[6, 70, 300]$，可以通过式(7.1)和式(7.2)计算得到所有 QoS 信息 a_{ij} 的风险如表 7.2 所示。注意，表 7.2 中由于各 QoS 属性的量纲不同，所以，计算得到的风险差别很大。

表 7.2   从表 7.1 利用半方差计算得到的风险决策矩阵

	响应时间	成功率	价格
s_1	0	0	16000
s_2	0	30	20000
s_3	16	30	20000
s_4	4.8	50	20000

7.3.2 服务选择的 TOPSIS 解决方案

对于利用半方差方法得到的决策矩阵 $\boldsymbol{R}=[r_{ij}]_{m \times n}$，可以用任意的多属性决策方法进行服务选择，如第 5 章介绍的加权和法、加权积法等。在这里，考虑到 TOPSIS 方法[118]易于理解，且可以用简单的数学方法降低服务选择的风险，这一章利用 TOPSIS 方法求解由决策矩阵 $\boldsymbol{R}=[r_{ij}]_{m \times n}$ 确定的服务选择问题，其基本思想是选择离理想解最近而离负理想解最远的服务，其中理想解风险最小，负理想解风险最大。下面介绍利用 TOPSIS 方法进行风险驱动的服务选择的步骤。

（1）计算规范化风险矩阵，其中标准化值 z_{ij} 利用 5.3.4 节介绍的向量规范化方法进行计算，该规范化方法可以很好地处理 TOPSIS 的权重敏感性[130]，即

$$z_{ij} = \frac{r_{ij}}{\sqrt{\sum_{i=1}^{m} r_{ij}^2}} \qquad (7.3)$$

式中，$i=1,\cdots,m$; $j=1,\cdots,n$。表 7.3 是表 7.2 经过向量规范化后得到的规范化矩阵。

表 7.3　表 7.2 的规范化决策矩阵

	响应时间	成功率	价格
s_1	0.0000	0.0000	0.4193
s_2	0.0000	0.4575	0.5241
s_3	0.9578	0.4575	0.5241
s_4	0.2873	0.7625	0.5241

（2）计算加权规范化矩阵，其中加权规范化值 v_{ij} 计算公式为

$$v_{ij} = \omega_j z_{ij} \tag{7.4}$$

式中，ω_j 是 QoS 属性 q_j 的权重，$\sum_{j=1}\omega_j=1$。假如权重向量 $\boldsymbol{W}=[0.2,\ 0.5,\ 0.3]$，则可得到表 7.3 的加权矩阵如表 7.4 所示。

表 7.4　表 7.3 的加权规范化矩阵

	响应时间	成功率	价格
s_1	0.0000	0.0000	0.1258
s_2	0.0000	0.2287	0.1572
s_3	0.1916	0.2287	0.1572
s_4	0.0575	0.3812	0.1572

（3）确定理想解 A^+ 和负理想解 A^-。

$$A^+ = \{v_1^+,\cdots,v_n^+\} = \{\min_i v_{ij}\} \tag{7.5}$$

$$A^- = \{v_1^-,\cdots,v_n^-\} = \{\max_i v_{ij}\} \tag{7.6}$$

基于表 7.4 给出的信息，利用式（7.5）和式（7.6），可得理想解 $A^*=\{0,0,0.1258\}$，负理想解 $A^-=\{0.1916,0.3812,0.1572\}$。

（4）计算各候选服务到理想解的 n 维欧氏距离为

$$D_i^+ = \sqrt{\sum_{j=1}^{n}(v_{ij}-v_j^+)^2} \tag{7.7}$$

同时，计算候选服务 i 到负理想解的 n 维欧氏距离为

$$D_i^- = \sqrt{\sum_{j=1}^{n}(v_{ij} - v_j^-)^2} \tag{7.8}$$

（5）计算各候选服务的综合评价指数。候选服务 s_i 的综合评价指数 C_i^* 定义为

$$C_i^* = D_i^- / (D_i^- + D_i^+) \tag{7.9}$$

利用式(7.9)，可计算得到表 7.4 中各候选服务的综合评价指数为 $C^*=\{1.0000,$ 0.5147, 0.3370, 0.2574\}。

（6）按照服务综合评价指数 C_i^* 对各候选服务按降序排列，排列越靠前的服务越优，因为其距离理想解更近，而离负理想解更远。

7.4　主客观权重的结合

在 7.3 节利用 TOPSIS 对服务选择多属性决策问题求解的过程中一个重要的步骤是获得各 QoS 属性的权重。本书 5.4 节介绍了一系列获取主观权重的方法，如相对比较法、连环比率法和特征向量法等。这些主观赋权法获得的权重只反映了用户的判断和直觉，如果用户缺乏对服务 QoS 重要性判断的知识或经验，那么服务选择的结果会受到很大的影响。另一方面，由于不同 QoS 属性的不可公度性，利用主观赋权法获得用户的精确权重事实上也是很困难的。与主观赋权法不同，客观赋权法利用已知的 QoS 信息，通过一系列数学模型进行权重的确定而不考虑用户的主观判断[131]。为此，将主观权重和客观权重结合，可以更准确地反映各 QoS 属性在服务选择中的作用。

本节着重介绍利用熵权法[118]获得客观权重的方法。熵权法根据决策矩阵所具有的信息量来赋权。当某一个 QoS 属性的值对所有的候选服务区别不大时，即便用户认为这个属性很重要，则该属性对于服务选择来讲作用也不大。例如，如果 3 个候选服务的成功率均为 90%，这样，成功率在服务选择时的作用就不大。熵权法利用信息熵(entropy)判断不同候选服务在同一个 QoS 指标上的区别程度。在信息学中，熵是度量信息不确定性的一个量度指标，用概率分布来表示，它认为一个广泛的分布比具有明显峰值的分布表示更不确定。熵的概念源自热力学，后由 Shannon 引入信息论。根据 Shannon 的定义，如果 x 是一个定义在实数集 $\mathbf{R}$ 上的离散随机变量并且其概率质量函数为

$$P\{x = x_k\} = p_k \tag{7.10}$$

式中，$k = 1, 2, 3, \cdots$，则 x 的熵为

$$H = -\sum_k p_k \ln(p_k) \tag{7.11}$$

当 $p(x)$ 为 0 时，定义 $p(x)\ln[p(x)]$ 为 0。随机变量的熵越大，则它的不确定性越大。事实上，当所有的 p_k 都相等时，熵值最大。当随机变量取值为 0 和 1 时，根据熵的定义，有

$$H = -p\ln p - (1-p)\ln(1-p) \tag{7.12}$$

式(7.12)所示的函数如图 7.1 所示。当 $p=0$ 或 $p=1$ 时，x 的取值不确定性最小，$H=0$。当 $p=0.5$ 时，x 的取值不确定性达到最大，$H=0.6931$。

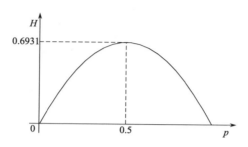

图 7.1 二值随机变量的熵

根据熵的定义，各候选服务某 QoS 属性值的差异越小，则该 QoS 属性的熵越大，其对方案的评价作用越低，权重应该减小。

与上述离散变量定义相类似，如果 x 是一个定义在 $\mathbf{R}$ 上的连续随机变量，并具有概率密度函数 $f(x)$，则 x 的熵为

$$H = -\int_{\mathbf{R}} f(x)\ln[f(x)]\mathrm{d}x \tag{7.13}$$

当 $f(x)$ 为 0 时，定义 $f(x)\ln[f(x)]$ 等于 0。基于以上定义，利用熵权法获取 QoS 属性权重的步骤如下。

（1）对决策矩阵 $\mathbf{R}=[r_{ij}]_{m\times n}$ 进行规范化，即

$$p_{ij} = \frac{r_{ij}}{\sum\limits_{i}^{m} r_{ij}} \tag{7.14}$$

显然，规范后得到的矩阵 $\mathbf{P}=[p_{ij}]_{m\times n}$ 各列之和为 1，而且 $0 \leqslant p_{ij} \leqslant 1$。

（2）定义 QoS 属性 q_j 的信息熵 E_j 为

$$E_j = -\sum_{i=1}^{m} p_{ij}\ln p_{ij} \tag{7.15}$$

计算各属性 q_j 的差异系数 $d_j=1-E_j$。差异系数与熵相反，值越大表明各 QoS 属性值之间的差异越大，对服务选择的作用越大，属性权重相对就要大。

（3）属性 q_j 的客观权重 ω_j^{o} 为

$$\omega_j^{\mathrm{o}} = \frac{d_j}{\displaystyle\sum_{j=1}^{n} d_j} \qquad\qquad (7.16)$$

显然 $0 \leqslant \omega_j^{\mathrm{o}} \leqslant 1$，并且 $\displaystyle\sum_{j=1}^{n} \omega_j^{\mathrm{o}} = 1$。利用这种方法，可从表 7.2 计算得到各 QoS 属性的客观权重为 $\omega^{\mathrm{o}} = [0.7234, 0.2729, 0.0037]$。

（4）假定用户已经利用 5.4 节介绍的方法获得了主观 QoS 权重 ω_j^{s}，通过客观权重 ω_j^{o} 对主观权重 ω_j^{s} 进行修正，即

$$\omega_j = \frac{\omega_j^{\mathrm{s}} \omega_j^{\mathrm{o}}}{\displaystyle\sum_{j=1}^{n} \omega_j^{\mathrm{s}} \omega_j^{\mathrm{o}}} \qquad\qquad (7.17)$$

如果用户给出的主观权重不准确，则利用客观权重修正后得到的最终权重应该更有效。也可以将主观权重 ω_j^{s} 和 ω_j^{o} 结合起来形成综合权重 ω_j，其公式为

$$\omega_j = \alpha \omega_j^{\mathrm{s}} + (1-\alpha) \omega_j^{\mathrm{o}} \qquad\qquad (7.18)$$

式中，$0 \leqslant \alpha \leqslant 1$，被用于反映主观权重在最终权重计算中的重要性，$\alpha$ 越大，则主观权重在最终权重中的作用越显著。

7.5　基于最大熵原理的 QoS 概率分布获取

7.3 节介绍的服务选择方法中，所有服务的 QoS 信息均为给定分布的随机变量，因此，在服务选择前获得准确的 QoS 概率分布对于服务选择至关重要。由于 Web 服务各项 QoS 属性内在性质的不同，其概率特性随 QoS 属性不同而不同；同时，由于内部实现和外部环境的不同，不同服务提供者提供的 Web 服务的同一 QoS 属性概率特性也会不同。为此，不能假定 Web 服务的所有 QoS 属性属于某一特定的分布形式（如正态分布），并通过参数估计获得 QoS 概率分布。这样，就需要在进行风险驱动的服务选择之前解决如何有效地获取 QoS 概率分布的问题。

如果拥有足够数目的 QoS 测试样本，则可直接采取直方图、经验分布函数等传统方法构造 QoS 概率分布。然而，服务用户不一定能获得足够数目的 QoS 样本。因此，如果能在 QoS 样本数目很少的情况下设定准确、客观的 QoS 概率分布，就可以为用户提供一种简单、有效评估 Web 服务 QoS 风险的手段。

为此，本节介绍一种采用最大熵原理（Jaynes 原理）[132]在小样本情况下获取任意 Web 服务 QoS 概率分布的方法，该方法不需要对 Web 服务 QoS 分布形式做任

何假定。而且，虽然该方法是针对连续 QoS 随机变量的，但很容易对其修改应用于离散 QoS 随机变量。

7.5.1　基于最大熵原理的 Web 服务 QoS 概率分布获取

Web 服务的 QoS 概率分布的获取问题可以定义为：设 Web 服务的某一 QoS 属性为随机变量 X，随机样本观测值 $x = (x_1, x_2, \cdots, x_l)$ 来自未知的总体分布，要求根据 $x = (x_1, x_2, \cdots, x_l)$ 对 x 的概率密度函数 $f(x)$ 进行估计。当 l 很大（即大样本数据）时，可以采用经验分布函数法、直方图法等来求得总体的概率分布；但当 l 较小（如 $m=100$）时，如何减少主观判断，获得准确的概率分布，是需要解决的关键问题。

为确保 Web 服务 QoS 概率分布设定的客观性，在此采用最大熵原理设定小样本 QoS 概率分布[132]："最少人为偏见的概率分布是这样一种分布，它使熵在根据已知的信息附加的约束条件下最大化"基于此，将小样本情况下的概率分布获取建模为一个由先验信息确定约束条件的最优化问题，可以获得与这些样本完全吻合但熵值最大的概率分布，即最少主观性的概率分布。

用最大熵准则设立概率分布的理论已经从数学上得到了证明。应用最大熵准则构造的概率分布有如下优点：①最大熵的解是最超然的，即在数据不充分的情况下求解，解必须和已知的数据相吻合，而又必须对未知的部分作最少的假定。②根据熵集中原理，绝大部分可能状态都集中在最大熵状态附近。因此，用最大熵法所作的预测是相当准确的。③用最大熵法求得的解满足一致性要求，即不确定性的测度（熵）与试验步骤无关。④对任何一组不自相矛盾的信息，最大熵模型不仅存在，而且是唯一的。这样利用最大熵方法获得 Web 服务的 QoS 概率分布具有理论上的合理性和可行性。

如 7.4 节所描述，信息熵是信息不确定性的量度。基于对信息熵本质的理解，Jaynes 提出，如果一种分布能在附加的约束条件下使熵最大，则它是最小偏见的，这就是所谓的最大熵原理。基于最大熵原理，推断定义在 $\mathbf{R}$ 上的随机变量 x（x 具有概率密度函数 $f(x)$）的最小偏见的分布优化模型为

$$\begin{cases} \max H = -\int_{\mathbf{R}} f(x)\ln[f(x)]\mathrm{d}x \\ \mathrm{s.t.} \int \varphi_k(x)f(x)\mathrm{d}x = \mu_n, \quad k = 0,1,2,\cdots,N \end{cases} \tag{7.19}$$

式中，N 为样本矩的最高阶数。为满足一致性条件，通常 N 取值不大于 $6^{[133]}$；$\varphi_n(x)$（$0 \leqslant k \leqslant N$）为给定的 N 个函数，要求 $\varphi_0(x)=1$，通常设定 $\varphi_k(x)=x^{k\ [134]}$；而 μ_n 为 k 阶样本矩（原点矩或中心矩），即

$$\mu_k = \frac{1}{l} \sum_{i=1}^{l} x_i^k \tag{7.20}$$

或者

$$\mu_k = \frac{1}{l} \sum_{i=1}^{l} (x_i - \mu)^k \tag{7.21}$$

式中，l 为样本数目，x_i 为第 i 个样本值，μ 为样本均值。对于上述优化模型，引入拉格朗日乘子，采用经典的变分法可得最大熵概率密度函数解析式为

$$f(x, \lambda_0, \lambda_1, \cdots, \lambda_N) = \exp\left[-\sum_{k=0}^{N} \lambda_k \varphi_k(x) \right] \tag{7.22}$$

式中，向量 $\boldsymbol{\lambda} = [\lambda_0, \lambda_1, \cdots, \lambda_N]$ 中 λ_k 为与第 k 阶样本矩约束对应的拉格朗日乘子。根据式(7.22)，只要确定参数向量 $\boldsymbol{\lambda} = [\lambda_0, \lambda_1, \cdots, \lambda_N]$，就可以完全确定概率密度函数 $f(x)$。基于上述分析，可得到基于最大熵原理的小样本 Web 服务 QoS 概率分布步骤如下。

(1) 对已知 QoS 样本观察值 $x = (x_1, x_2, \cdots, x_l)$，根据事先设定值 N，利用式(7.20)和式(7.21)计算 N 阶样本矩；

(2) 根据式(7.19)建立基于最大熵的优化模型，得到 QoS 概率密度函数的解析式(7.22)；

(3) 对获得的 QoS 概率密度函数解析式中的参数向量 $\boldsymbol{\lambda} = [\lambda_0, \lambda_1, \cdots, \lambda_N]$ 进行估计，最终确定完整的 Web 服务 QoS 概率分布。

7.5.2 节将对式(7.22)中未知参数的估计方法进行详细的介绍。

7.5.2　Web 服务 QoS 概率密度函数参数获取

获得式(7.22)中参数 $\boldsymbol{\lambda}$ 的基本思想是以初始参数向量 $\boldsymbol{\lambda}^0$ 为基础，利用泰勒级数变化省略高阶项，并对得到的线性方程组进行求解。

首先，式(7.22)中 $N+1$ 个拉格朗日乘子 $\boldsymbol{\lambda} = [\lambda_0, \lambda_1, \cdots, \lambda_N]$ 可由式(7.23)计算得到，即

$$G_k(\lambda) = \int \varphi_k(x) \exp\left[-\sum_{k=0}^{N} \lambda_k \varphi_k(x) \right] \mathrm{d}x = \mu_k, \quad k = 0, \cdots, N \tag{7.23}$$

任意设定初始值 $\boldsymbol{\lambda} = \boldsymbol{\lambda}^0$，将式(7.23)按照一阶泰勒级数变换得到如下线性方程组

$$G_k(\lambda) \approx G_k(\lambda^0) + (\lambda - \lambda^0)^t [\mathrm{grad} G_k(\lambda)]_{(\lambda = \lambda^0)} = \mu_k, \qquad k = 0, \cdots, N \tag{7.24}$$

用向量 $\boldsymbol{\delta}$ 和 $\boldsymbol{v}$ 分别表示

$$\boldsymbol{\delta} = \boldsymbol{\lambda} - \boldsymbol{\lambda}^0 \tag{7.25}$$

$$\boldsymbol{\nu} = [\mu_0 - G_0(\boldsymbol{\lambda}^0), \cdots, \mu_N - G_N(\boldsymbol{\lambda}^0)]^{\mathrm{T}} \tag{7.26}$$

用矩阵 $\boldsymbol{G}$ 表示

$$\boldsymbol{G} = \left[g_{kj} \right] = \left[\frac{\partial G_k(\boldsymbol{\lambda})}{\partial \lambda_j} \right]_{\boldsymbol{\lambda} = \boldsymbol{\lambda}^0}, \qquad k, j = 0, \cdots, N \tag{7.27}$$

则式 (7.24) 可表示为

$$\boldsymbol{G\delta} = \boldsymbol{\nu} \tag{7.28}$$

此时，求解式 (7.28) 所描述的方程可以得到 $\boldsymbol{\delta}$，将 $\boldsymbol{\lambda} = \boldsymbol{\lambda}^0 + \boldsymbol{\delta}$ 作为下一次迭代的初始值 $\boldsymbol{\lambda}^0$ 进行计算，直到 $\boldsymbol{\delta}$ 足够小为止。算法收敛的 $\boldsymbol{\delta}$ 阈值根据对 $\boldsymbol{\lambda}$ 计算精度要求进行设定（如 0.001）。

由于矩阵 $\boldsymbol{G}$ 是对称的，所以

$$g_{kj} = g_{jk} = -\int \varphi_k(x) \varphi_j(x) \exp\left[-\sum_{k=0}^{N} \lambda_k \varphi_j(x) \right] \mathrm{d}x, \quad k, j = 0, \cdots, N \tag{7.29}$$

这样，每次迭代只需要用式 (7.29) 计算 $N(N\text{-}1)/2$ 个积分。

基于上述分析，得到 Web 服务 QoS 概率密度函数参数获取的算法如下：

(1) 计算 QoS 样本 x 的最大、最小值，并确定其离散化步长；

(2) 确定样本 x 的 N 阶样本矩（N 最大取 6）；

(3) 确定函数 $\varphi_k(x)$（$0 \leqslant k \leqslant N$）的形式，如 $\varphi_k(x) = x^k$；

(4) 利用初始估计参数 $\boldsymbol{\lambda} = \boldsymbol{\lambda}^0$ 开始迭代；

(5) 计算式 (7.23) 中的 $N+1$ 个积分，并通过式 (7.29) 计算 $N(N\text{-}1)/2$ 个矩阵 $\boldsymbol{G}$ 中的 g_{kj}；

(6) 求解式 (7.28)，得到 $\boldsymbol{\delta}$；

(7) 如果 $\boldsymbol{\delta}$ 小于设定的算法收敛阈值，则输出 $\boldsymbol{\lambda}$，结束算法，否则转到第 (8) 步；

(8) 计算 $\boldsymbol{\lambda} = \boldsymbol{\lambda}^0 + \boldsymbol{\delta}$，转到第 (4) 步。

7.6　实　验　分　析

这一节通过示例和模拟对 7.5 节的 QoS 概率分布获取方法与 7.4 节介绍的服务选择方法进行验证。实验平台为 AMD Athlon 64X2 双核 CPU，2GB 内存，操作系统为 Windows XP，编程工具为 MATLAB 7.0。

7.6.1　QoS 概率分布获取方法

由于响应时间、可用性和可靠性等 Web 服务 QoS 均可由计算机感知，并可表示为实数随机变量。为此，不失一般性，首先以响应时间为例验证最大熵获取

Web 服务 QoS 概率分布的有效性和实用性。

　　实验首先对部署在互联网上真实地提供天气预报的 Web 服务 "WeatherWS"
（见 4.2.1 节）进行 10000 次调用，记录每次调用的响应时间（单位为 s）。该服务响
应时间直方图见图 4.1(a)，利用经验分布法得到其总体分布曲线如图 7.2 所示。
之后，对该 10000 个响应时间数据进行放回，抽样获得一个小样本（如样本数为
100），并用 7.5 节提出的最大熵模型获取抽样所得小样本的概率分布。如果小样
本抽样得到的概率密度函数曲线与 10000 个大样本得到的概率密度函数曲线吻合，
则可验证基于最大熵原理的 QoS 概率分布获取方法的有效性。

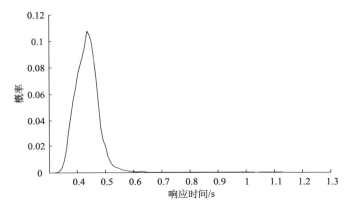

图 7.2　服务 "WeatherWS" 响应总体分布曲线

　　首先，对总体数据进行放回抽样，分别抽取小样本数据为 100 个、500 个，
利用最大熵模型获取该小样本概率分布。而后，通过最大熵分布与总体分布的比
较来验证方法的可行性与有效性，验证结果如图 7.3 所示。

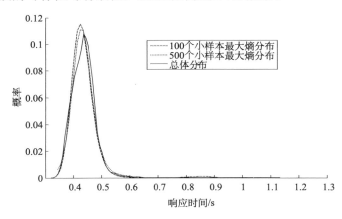

图 7.3　小样本最大熵分布、总体分布比较图

从图 7.3 可以看出，只用 100 个小样本就能得出与 10000 个大样本十分相近的分布曲线，这说明采用最大熵模型获取 QoS 概率分布的方法是可行的，而且是有效的。作为一种求先验分布的方法，最大熵法的优势在于它不需要做分布假设就可以得到连续的概率密度分布函数，便于进行理论分析。

从图 7.3 同时可以看到，抽样数目为 500 时得到的概率分布曲线比抽样数目为 100 时得到的分布曲线更加接近总体分布。也就是随着样本数据的增加，利用最大熵原理获得的概率分布越来越准确。但是，样本数目的增加，对概率分布准确性的影响并不显著。因此，在实际应用中，只需要选取较小样本获得 QoS 概率分布，降低分布获取的数据收集成本和计算时间。

为验证算法的效率与终止性，实验对不同样本数目情况下算法的迭代时间及其迭代次数进行了记录，如图 7.4 所示。

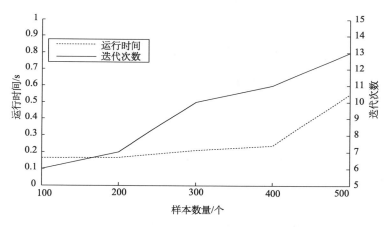

图 7.4　不同样本数目的运行时间和迭代次数

从图 7.4 可以看出，随着样本数目的增加，程序的运行时间和迭代次数都会相应增加，即算法的效率会降低。但算法效率的降低基本是线性的，且总能在可接受的时间内终止。

7.6.2　风险驱动的服务选择方法

实验基于表 7.1 给定的服务 QoS 概率分布信息。开始时，QoS 约束向量设置为[6, 70, 300]，主观权重向量设置为[0.2, 0.5, 0.3]，α 设为 0。利用 7.4 节介绍的方法，得到各候选服务的综合评价指数为 $C_1^* = 1$，$C_2^* = 0.8482$，$C_3^* = 0.1057$，$C_4^* = 0.6225$，各服务排序为 $s_1 \succ s_2 \succ s_4 \succ s_3$，最优服务为 s_1。为验证该服务选择结果的合理性，以表 7.1 中给定的各服务 QoS 概率分布为基础进行 10000 次模拟抽样，并基于样本信息，比较不同服务的抽样结果满足给定 QoS 约束的次数，结果见图 7.5。

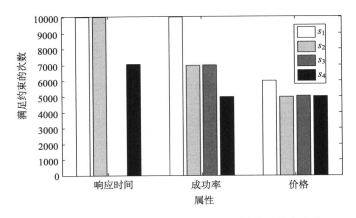

图 7.5   所有候选服务不同 QoS 属性抽样满足约束次数

从图 7.5 可以看出，服务 s_1 的 10000 次抽样满足 QoS 约束的次数远大于其他候选服务。对于用户来讲，选择服务 s_1 满足其给定约束的可能性最大，即风险最小。图 7.5 同时显示服务 s_2 优于 s_3 和 s_4。模拟表明，服务 s_3 没有一次抽样结果可满足响应时间约束，这是服务 s_3 劣于 s_4 的重要原因。以上模拟表明，利用半方差方法对 QoS 属性值为随机变量时的服务选择结果是有效的。

在利用 TOPSIS 进行服务排序时，QoS 属性权重变化时排序结果的变化程度是必须考察的重要性能。如果权重的微小变化就导致排序结果大的变动，则服务排序结果是不可靠的。为此，利用 QoS 权重确定中的 α 值对 QoS 权重进行调整，考察服务排序的变动情况。实验将 α 值从 0 开始，每一次增加 0.05，直到 α 为 1，也就是一开始不考虑主观权重，逐步增加主观权重的重要性，直到只使用主观权重而忽略客观权重。α 值变化后各服务综合评价指数如图 7.6 所示。

从图 7.6 可以看到，随着 α 值的增加，服务 s_1 和 s_2 始终优于其他两个服务，但服务 s_3 的综合评价指数逐渐上升，服务 s_4 的综合评价指数逐渐下降，这是因为随着主观权重的重要性增加，响应时间在服务排序时的贡献逐渐下降（响应时间主观权重为 0.2，而客观权重为 0.7234），这就使得服务 s_3 在响应时间上的劣势逐渐变得不显著，而其在可靠性上的优势逐渐凸显出来。以上实验结果体现出服务排序结果对 QoS 权重变化并不敏感，服务排序是相对稳定的，服务选择方法对权重变化具有良好的适应性。为此，以下实验中将 α 设置为 1，也就是只考虑主观权重。

作为一个有效的服务选择方法，如果某服务的 QoS 概率分布信息逐渐劣化，

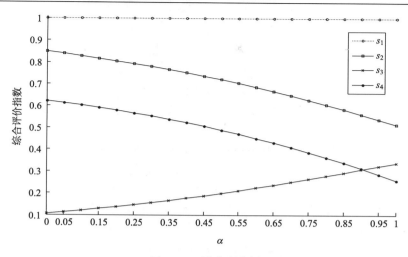

图 7.6　α 敏感度分析

则其综合评价指数应该逐渐降低。同时，如果某服务的 QoS 概率分布信息逐渐优化，则其综合评价指数应该逐渐增加。为验证 7.3 节中提出的服务选择方法满足这一需求，实验利用随机优势理论，逐步、随机地将服务 s_1 的各 QoS 属性分布进行劣化，得到新的各服务综合评价指数如图 7.7 所示。

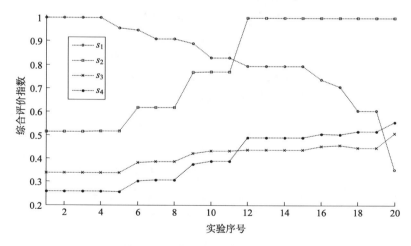

图 7.7　服务 s_1 的 QoS 概率分布逐渐劣化后的服务综合评价指数

从图 7.7 可以看到，随着服务 s_1 的各 QoS 属性分布的劣化，其综合评价指数逐渐降低，而其他候选服务的综合评价指数则逐渐增加，最终服务 s_1 从最优服务变化为最差服务。该结果进一步验证了基于半方差理论的服务选择方法的合理性。

7.7　小　　结

文献[100]、[101]和[105]讨论了 Web 服务 QoS 的随机性,并提出利用组件服务随机 QoS 评估组合服务 QoS 随机性的方法。但是,这些文献并没有考虑 QoS 信息具有随机性时的服务选择方法。

利用一些先验信息(如已知的 QoS 采样数据)估计服务的 QoS 概率特性,并将概率分布作为 QoS 随机性的表示,是对服务 QoS 风险进行评估的重要手段。文献[105]研究了利用非参数估计获取 QoS 概率分布的方法。但该研究建立在拥有大样本 QoS 采样数据的基础上。如果能在 QoS 样本数目很少的情况下设定准确、客观的 QoS 概率分布,就可以为用户提供一种简单、有效评估 Web 服务 QoS 风险的手段。本章介绍的基于最大熵原理的方法就旨在解决这一问题。

文献[117]利用区间数比较的可能度方法和逼近理想点的多属性决策方法求解 QoS 信息不确定情况下的 Web 服务选择问题。该研究利用区间数表达 QoS 信息的不确定性,其实质是将 QoS 的随机性建模为均匀分布的随机变量,具有简单、易理解的特点,但不适用于 QoS 信息具有复杂分布的情况。第 6 章对该研究进行了详细的介绍。Wiesemann 等[135]将组合服务选择问题建模为多目标随机规划模型,同时对响应时间、成本、可用性和可靠性等 QoS 进行优化,所有 QoS 属性被视为独立随机变量。与本章介绍的方法不同,该研究利用平均风险价值(value-at-risk)进行不确定情况下的风险度量。文献[136]将条件合约、用户模式与概率分布结合,以处理 QoS 信息的变化性。Schuller 等[137]等利用一种集成方法处理随机 QoS 情况下的服务选择问题。通过考虑服务 QoS 变化导致的惩罚成本,该方法明显降低了随机 QoS 行为对整体成本的影响。值得注意的是,上述这些方法并没有将用户的 QoS 约束与 QoS 随机性结合起来,同时也没有解决随机 QoS 概率分布获取的问题。

综上所述,本章既解决了小样本情况下 QoS 概率分布的获取问题,同时还基于服务 QoS 概率分布,利用半方差理论和 TOPSIS 方法,解决了 QoS 具有随机性时服务风险量化和最小化问题,在随机 QoS 感知的服务选择方面具有很好的实用价值。

第8章 基于部分用户偏好的可行 Web 服务选择

开放和动态的环境使 Web 服务 QoS 具有内在的随机性。这样，就使得 QoS 感知的服务选择可以被视为不确定决策问题。本章，首先利用经验分布函数对利用历史服务事务 QoS 获得的事物分值的不确定性进行描述，然后介绍一种基于不确定分值和部分用户偏好的可行 Web 服务选择方法。通过随机优势对具有不确定 QoS 的服务进行比较，不但确保可行服务集中的服务优于其他服务，而且确保比较过程与 QoS 概率分布类型无关。利用随机优势的特性，减少服务间相互比较的次数，且可以渐进地输出可行服务。此外，本章还证明了减少随机优势测试计算和比较的理论基础。

8.1 引　　言

很多基于优化的 QoS 感知服务选择方法将 Web 服务 QoS 视为确定值。然而，正如第 4 章和第 6 章所分析的，开放和动态的环境使得 Web 服务 QoS 具有内在的随机性[101,138]。例如，给定一定量的计算资源，服务提供者能保证的响应时间和用户请求数目成反比，而对服务的请求数目又会随时间而波动。这样，就使得服务响应时间是随机的，会随着时间的变化而不断波动。这种情况下，用一个确定值(如均值)描述服务 QoS，并不能准确地反映服务的实际性能，这就要求在服务选择中必须考虑 QoS 的随机性。在本书第 7 章的风险驱动的服务选择方法中考虑了 QoS 随机性的问题，在用户没有给定 QoS 约束和 QoS 概率分布函数未知时，该方法不能有效地进行处理，为此，本章着重探讨解决上述问题的服务选择方法。

8.1.1 示例

下面首先通过一个简单的示例，对本章基于部分用户偏好的可行 Web 服务选择方法的动机进行说明。假定 3 个候选服务 A、B 和 C 均提供同样的功能，并且这 3 个服务的实际 QoS 值可以从 QoS 监控机制[139-140]的历史事务记录中获得。每一个事务是一个多维数据点，其中的每一维表示一个 QoS 属性。服务性能的不确定性体现在不同事务 QoS 值的波动中。表 8.1 给出 3 个候选服务的一些事务情况，每个事务包括两个 QoS 属性：响应时间(s)和用户评分(1~5)。其中，响应时间为成本型属性，而用户评分为效益型属性。表中 TID 为每个服务的事务序号。

利用第 5 章介绍的方法，首先对 QoS 信息利用标准 0-1 变换进行预处理，然后利用简单加权和法，为每一个事务给出一个分值，且对事务而言，分值越高事物越优。假定用户评分和响应时间具有相同的权重 0.5，则各事务的分值如表 8.1 分值列所示。注意，利用标准 0-1 变换进行 QoS 信息预处理时应使用所有服务所有事务的最大 QoS 值和最小 QoS 值，否则不同服务之间的分值不具有可比性。经过上述过程，每一个候选服务有一系列不确定分值，这样，就需要在服务选择过程中考虑用户对风险的态度和分值的不确定性。

表 8.1　服务事务示例

	TID	评分(1~5)	响应时间/s	分值	均值	方差
服务 A	a_1	2	25	0.46		
	a_2	1	30	0.29	0.50	0.05
	a_3	4	21	0.75		
服务 B	b_1	5	19	0.89		
	b_2	1	35	0.24	0.50	0.12
	b_3	3	49	0.36		
服务 C	c_1	5	8	1.00	0.56	0.38
	c_2	2	60	0.13		

8.1.2　挑战

如果每一个服务只有一个事务，那就很容易利用该事务的分值对服务进行排序和选择。然而，QoS 的不确定性使得每个服务拥有一系列不确定的分值。按照在不确定决策中被广泛应用的期望效用理论，如果要拥有用户对分值偏好的完整信息，则只需要基于不确定分值计算每个服务的期望效用并选择具有最大期望效用的服务。然而，由于用户认识偏差和量化误差，要获得不确定收益下用户的精确效用函数十分困难且成本高昂[141-142]。因此，通常在不确定决策过程中只能利用部分偏好信息获得候选服务的偏序结果。

一种广泛使用的偏序决策方法是均值-方差准则，该准则假定效用函数只与均值和方差有关。但是，该准则只在效用函数是二次的并且收益为正态分布[141]才是合理的。然而，Arrow[143]就指出二次效用意味着增长的绝对风险规避，也就是随着收益的增加，用户越来越注意风险规避，这在实际应用中是极为不合理的。另外，正态分布的假设意味着决策过程中不考虑分布的不对称和歉斜，这不符合 Web 服务 QoS 概率分布的实际情况。比如 Rosario[138]和 Zheng[105]等就指出，服务响应时间更可能是 T location-scale 分布或者是其他更加复杂的分布，而这些分布都不是对称的。

　　正如 8.1 节所述，服务选择时通常并不拥有 QoS 的概率密度函数，而是一系列历史事务数据[144-145]。同时，在互联网上提供相同功能的服务数目可能十分巨大。这就使得服务选择需要处理大量服务及其事务。为此，设计有效、实用的方法用于不确定 QoS 信息情况下的服务选择就成为一个具有挑战性的问题。

　　为克服上述问题，本章介绍一种基于随机优势理论[102,146]进行服务选择的方法：

　　(1) 利用随机优势理论对具有不确定分值的服务进行比较，从而可获得一个符合用户部分偏好的可行服务集，并且可适应服务分值的任意分布情况。

　　(2) 在可行 Web 服务选择算法中，利用随机优势的特性降低随机优势测试的数目，并且使得用户可渐进地获得可行服务集而不必等所有候选服务均处理完毕。此外，从理论上证明了可行 Web 服务选择算法可以分治，从而可以进一步提高服务选择过程对用户的响应速度。

　　(3) 证明了可减少随机优势测试过程计算和比较次数的理论基础，从而可以提高每一次随机优势测试的效率。

　　(4) 对基于随机优势的可行 Web 服务选择方法的有效性、合理性进行实验验证。

8.2　问　题　定　义

　　本节对可行 Web 服务选择问题和随机优势理论处理该问题的合理性进行分析。为更清晰地进行阐述，表 8.2 首先给出本章用到的符号及其定义。

表 8.2　符号及其定义

符号	定义
S	候选服务集合
s	S 中的一个服务
$|S|$	候选服务数目
n_s	服务 s 中的事务数目
SC_s	事务的分值集
$|SC_s|$	SC_s 中不重复的分值数目
$F(x), F^1(x)$	事物分值的经验分布函数
$F^2(x)$	$\int_{-\infty}^{x} F^1(t)\mathrm{d}t$
$F^3(x)$	$\int_{-\infty}^{x} F^2(t)\mathrm{d}t$
d	随机优势的阶
U_d	d 阶效用

续表

符号	定义
SD_d	d 阶随机优势
$\succ_d$	d 阶随机优势关系
AS_d	d 阶可行服务集

8.2.1 问题描述

有一个具有相同功能的候选 Web 服务集合 S,其中每一个服务 $s \in S$ 有一系列历史事务 QoS 表现数据,候选服务数目为 $|S|$。通过第 5 章的方法可以对服务的 QoS 值进行规范化。从概率角度看,服务 s 可被视为一个抽样空间,而事务则被视为 s 的一系列事件,两个事件不会同时发生。此外,本书假定所有候选服务是相互独立的,它们的运行互不干扰。对每个事务,可以根据用户给出的权重利用简单加权和法等给出一个分值。不失一般性,假定所有分值不小于 0,而且分值越大,则事务表现越优。

与第 4 章介绍的 QoS 信息不确定性一样,对于每个服务的一系列不确定事物分值,可利用经验分布函数(EDF)描述其不确定性。服务事物分值的 EDF 可以利用 4.2 节中所阐述的增量式方法获得,由于不需要计算新的分值向量中所有分值的频率,所以有新事务分值时,利用该方法,可简化 EDF 的计算过程。

Porter[141]指出随机优势决策方法考虑整个分布,而不是只考虑某些选定的矩,因此,在进行不确定决策时,随机优势从理论上优于所有基于矩的方法(如均值-方差准则),具有更好的鲁棒性。此外,Kuosmanen[148]认为随机优势准则既不需要给出精确的效用函数,也不要求决策数据具有某种特定的分布形式,从而在不确定决策时十分有效。这些性质使得随机优势理论适合于 QoS 分值具有不确定性,而且用户不能给出其精确效用函数时的服务选择。如果用户只能给出其对于分值的部分偏好而不是完整的效用函数,则可以利用随机优势决策方法确定一个可行服务集。按照期望效用准则,该集合中的服务一定优于不在这个集合中的服务。

基于以上分析,QoS 分值不确定时的可行 Web 服务选择问题就可定义为:给定一系列服务以及这些服务的不确定事务分值和用户的效用函数类型,基于不确定分值的 EDF,利用随机优势理论计算那些按照期望效用准则不被任何其他服务占优的服务集合。

8.2.2 随机优势

在进行不确定决策时,随机优势逐渐增加对效用函数的限制,并在这些限制

的基础上对具有不确定分值的候选服务进行一致性决策。对效用函数的限制建立
在普遍存在的决策人行为模式基础之上[149-152]。随机优势准则渐进地对随机变量 x
定义了三种效用函数类型

$$\begin{cases} U_1 = \{u(x)\,|\,u'(x) > 0, x \in \mathbf{R}\} \\ U_2 = \{u(x)\,|\,u(x) \in U_1 \wedge u''(x) < 0, x \in \mathbf{R}\} \\ U_3 = \{u(x)\,|\,u(x) \in U_2 \wedge u'''(x) > 0, x \in \mathbf{R}\} \end{cases} \tag{8.1}$$

式中，$\mathbf{R}$ 为实数集合，$u(x)$ 为定义在 x 上的效用函数。而 $u'(x)$、$u''(x)$ 和 $u'''(x)$
分别为 $u(x)$ 的 1 阶、2 阶和 3 阶导数。容易看出，效用函数 $U \in U_1$ 表示已知的用
户偏好信息只是效用的非减性，即用户总是喜欢更高的分值。而 $U \in U_2$ 则表示用
户是风险规避的，对于期望收益一样的两个选择，用户会选择不确定性小的那一
个。比如，一个风险规避的用户会选择具有分值 $(2, 2)$ 的服务，而不会选择具有分
值 $(1, 3)$ 的服务。此外，$U \in U_3$ 表示用户喜欢正欹斜而不喜欢负欹斜。随着用户收
益的增加，其厌恶风险的程度会降低。

　　基于著名的 Neumann-Morgenstern 最大期望效用准则，随机优势理论[102,113]
在三种效用类别 $U_d(d=1, 2, 3)$ 上定义了优势关系和可行集概念。

　　定义 8.1　（d 阶随机优势 SD_d，$d=1, 2, 3$）如果对所有效用函数 $U \in U_d$，有
$E_A U(x) \geqslant E_B U(x)$，并且存在至少一个效用函数 $U_0 \in U_d$，使得 $E_A U(x) > E_B U(x)$，
则服务 A 比服务 B 具有 d 阶随机优势（记为 $A \succ_d B$），其中 $E_A U(x)$ 和 $E_B U(x)$ 是服
务 A 和 B 的期望效用。d 阶随机优势也称为 d 阶随机占优。

　　定义 8.2　（d 阶可行集 AS_d，$d=1, 2, 3$）如果一个服务不被其他任何服务 d 阶
随机优势，则该服务为可行服务，可行服务被包含在 d 阶可行集 AS_d 中，即 AS_d
中包括所有不被其他服务 d 阶随机优势的服务。

　　对两个服务 A 和 B，如果其 EDF 分别为 $F_A^1(x)$ 和 $F_B^1(x)$，其均值为 μ_A 和 μ_B，
d 阶（$d=1, 2, 3$）随机优势准则定义了服务 A 比服务 B 具有 d 阶随机优势的条件，
如以下定理所示。

　　定理 8.1　（一阶随机优势）$A \succ_1 B$ 当且仅当

$$F_A^1(x) \leqslant F_B^1(x), \forall x \in \mathbf{R}, \exists x \in \mathbf{R} 使得 F_A^1(x) < F_B^1(x) \tag{8.2}$$

　　定理 8.2　（二阶随机优势）令 $F_A^2(x) = \int_{-\infty}^x F_A^1(t)\mathrm{d}t$，$F_B^2(x) = \int_{-\infty}^x F_B^1(t)\mathrm{d}t$，$A \succ_2 B$
当且仅当

$$F_A^2(x) \leqslant F_B^2(x), \forall x \in \mathbf{R}, \exists x \in \mathbf{R} 使得 F_A^2(x) < F_B^2(x) \tag{8.3}$$

　　定理 8.3　（三阶随机优势）令 $F_A^3(x) = \int_{-\infty}^x F_A^2(t)\mathrm{d}t$，$F_B^3(x) = \int_{-\infty}^x F_B^2(t)\mathrm{d}t$，$A \succ_3 B$

当且仅当 $\mu_A \geqslant \mu_B$ 并且

$$F_A^3(x) \leqslant F_B^3(x), \forall x \in \mathbf{R}, \exists x \in \mathbf{R} \text{使得} F_A^3(x) < F_B^3(x) \tag{8.4}$$

4.3.1 节已经对一阶和二阶随机优势进行了说明。在此，再通过一个例子阐述三阶随机优势的概念及其判别方法。如果 X、Y 两个随机变量样本及其概率如表 8.3 所示，则这两个随机变量的分布函数如图 8.1(a)，而积分条件 $D(x) = \int_{-\infty}^{x} (F_Y(t) - F_X(t)) \mathrm{d}t$ 如图 8.1(b) 所示。

表 8.3   三阶随机优势示例

项目	样本				均值	方差
X	1	1	1	3	1.5	0.75
Y	0	2	2	2	1.5	0.75
概率	1/4	1/4	1/4	1/4	—	—

根据表 8.3 给出的数据，由于 X 和 Y 的均值和方差相等，因此，无法利用均值-方差准则对 X 和 Y 的优劣进行判别。同时，图 8.1(a) 显示 $F_X(x)$ 和 $F_Y(x)$ 在 $x=1$ 和 $x=2$ 处有交叉，因此 X 和 Y 之间不具有一阶随机优势。另一方面，从图 8.1(b) 可以看到，当 $1.5 < x < 3$ 时 $D(x) < 0$，因此也不能利用二阶随机优势判定 X、Y 两个随机变量的优劣。但是，令积分条件 $D_1(x) = \int_{-\infty}^{x} D(t) \mathrm{d}t$，则 $D_1(x)$ 如图 8.1(c) 所示。

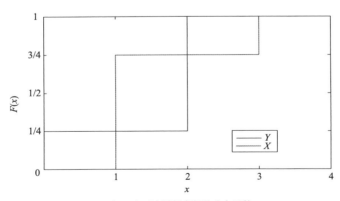

(a) 表8.3中两个随机变量的分布函数

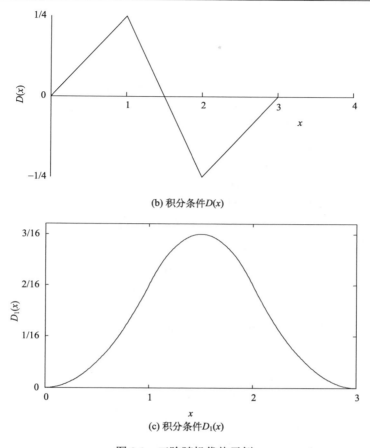

(b) 积分条件 $D(x)$

(c) 积分条件 $D_1(x)$

图 8.1　三阶随机优势示例

从图 8.1(c)容易看出，对于任何一个 x，均有 $D_1(x) \geqslant 0$，即对于任何一个 x，均有 $F_X^3(x) \leqslant F_Y^3(x)$。而且，当 $0 < x < 3$ 时，有 $D_1(x) > 0$，即 $F_X^3(x) < F_Y^3(x)$。因此，可以得出，对于效用函数 $U \in U_3$ 的决策者，$X \succ_3 Y$。

对 8.1.1 节给出的示例中的 3 个服务,利用定理 8.1~定理 8.3 可以得到 $A \succ_2 B$，$A \succ_3 B$，$A \succ_3 C$ 以及 $B \succ_3 C$，即服务 A 比服务 B 具有 2、3 阶随机优势，服务 A 比服务 C 具有 3 阶随机优势，服务 B 比服务 C 具有 3 阶随机优势。对于 $U \in U_1$ 的用户，服务 A、B、C 没有区别。对于 $U \in U_2$ 的用户，服务 A 优于服务 B。对于 $U \in U_3$ 的用户，服务 A 优于服务 B 和服务 C，同时服务 B 优于服务 C。

8.3   可行 Web 服务选择

利用随机优势准则计算可行服务集是一个相当耗费时间的过程。对两个服务 A 和 B，即使确定了服务 A 不优势于服务 B，还需要测试服务 B 是否优势于服务 A。因此，如果有$|S|$个候选服务，原则上就需要做 $P(|S|,2)=|S|(|S|-1)$ 次随机优势测试才能确定可行服务集，其中 P 表示排列。此外，假定每次随机优势测试需要 k 次比较才能判定，则获得可行服务集需要至少$|S|(|S|-1)k$ 次计算和比较。对于有很多候选服务，每一个服务有很多事务记录的可行 Web 服务选择问题，此方法计算量是很大的。为此，就需要设计一种高效的可行 Web 服务选择算法。下面首先介绍随机优势的几个重要性质，然后利用这些性质减少随机优势测试的次数。在 8.3.2 节通过证明随机优势测试的几个结论，进一步减少每次随机优势测试的计算量。

8.3.1   可行 Web 服务选择的基础算法

定理 8.4   （SD_d 的必要条件, $d=1, 2, 3$）[146]假定 $A>_dB$，则必须满足如下条件。

（1）均值条件。如果 $A>_dB$，则 A 的均值必定大于 B 的均值，即 $A>_dB\Rightarrow\mu_A\geqslant\mu_B$。

（2）左尾条件。如果 $A>_dB$，则 A 的最小分值必定不小于 B 的最小分值，即 $\min_A\geqslant\min_B$。

（3）几何均值条件。如果 $A>_dB$，则 A 的几何均值必定大于 B 的几何均值，即 $A>_dB$ 则 $g_A\geqslant g_B$。其中，g_A 和 g_B 表示 A 和 B 的几何均值。

在每次随机优势测试之前应首先对上述必要条件进行检查。比如，可以先计算候选服务分值的均值并按降序对服务进行排列。如果两个服务有相同均值，那么因为 Porter[141]指出方差小的服务才可能占优，所以将方差小的服务排在前面。由于排在后面的服务不可能优势于其前面的服务，所以就没有必要进行这样的测试。这样，可以使得计算可行服务集的随机优势测试次数从 $P(|S|,2)=|S|(|S|-1)$减少为 $C(|S|,2)=|S|(|S|-1)/2$，其中 C 表示组合。通过类似的方法，可以利用其他必要条件进一步降低随机优势测试次数。

定理 8.5   低阶可行服务集包含高阶可行服务集[146]。如果 $A>_1B$，则 $A>_2B$ 并且 $A>_3B$，如果 $A>_2B$，则 $A>_3B$，即 $AS_1\supseteq AS_2\supseteq AS_3$。

定理 8.5 意味着应该先进行 SD_1 测试，然后在 AS_1 基础上进行 SD_2 测试，最后在 AS_2 基础上进行 SD_3 测试。假如一共有 100 个候选服务，其中 AS_2 中有 20 个二阶可行服务。由于 AS_3 是 AS_2 的子集，SD_3 的测试次数就可以从 $C(100,2)=4950$ 降低为 $C(20,2)=190$。

定理 8.6   （传递性）[146]如果 $A>_dB$，$B>_dC$，则 $A>_dC$。

定理 8.6 使得那些已经被占优的服务在之后的随机优势测试中不必再被考虑。如果 $A>_dB$，则没有必要测试是否 $B>_dC$（C 为 A 和 B 之外的其他服务）。因为根据传递性，如果 $B>_dC$，则一定有 $A>_dC$。这样 B 就可以通过一次测试安全地从可行服务集中剔除，从而进一步减少随机优势测试的次数。

基于上述分析，设计用于获得可行服务的算法 8.1。

算法 8.1　　AdmissibleSet(S, d)（可行 Web 服务选择）

输入：候选服务集 S 和服务分值，效用函数类型 d
输出：d 阶可行服务集 AS(S)

```
1:   //初始阶段
2:   for each s∈S do
3:       计算μ_s(均值)，v_s(方差)，min_s(最小分值)和g_s(几何均值);
4:       计算经验分布函数 F_s^1(x) ;
5:       s.admissible=true;
6:   end for
7:   将S按μ_s(降序)和v_s(升序)排列;
8:   //主过程
9:   AS=∅ ;
10:  for i=1 to |S|-1 do
11:      for j=i+1 to |S| do
12:          if s_i.admissible=true and s_j.admissible=true and min_i ⩾ min_j and g_i ⩾ g_j then
13:              if SDTest( F_i^d(x) , F_j^d(x) , d )=true then
14:                  s_j.admissible=false;
15:                  输出s_i为一个可行服务;
16:                  AS=AS∪{s_i};
17:              end if
18:          end if
19:      end for
20:  end for
21:  return AS.
```

算法 8.1 中的函数 SDTest 用于测试服务 s_i 是否 d 阶优于 s_j，该函数将在 8.3.2 节中详细介绍。利用算法 8.1，可以得到 8.1.1 节中的示例的可行服务集为：$AS_1=\{A,B,C\}$，$AS_2=\{A,C\}$，$AS_3=\{A\}$。该结果意味着对于风险规避的用户（U_2），应该选择服务 A 或者服务 C。而如果用户效用类别为 U_3，则其应该选择服务 A。

如果服务 s 的事务数目为 n，则显然计算均值、方差、最小分值和几何均值的时间复杂度为 $O(n)$。按照式 (4.1) 和式 (4.2) 计算 EDF 的时间复杂度为 $O(n^2)$。用快速排序法对服务按均值和方差排序的时间复杂度为 $O(n\log n)$ [153]。因此，算法 8.1 初始化阶段的时间复杂度为 $O(|S|\times n^2+n\log n)$。而主过程的时间复杂度为

$O(|S|^2 \times C(\text{SDTest}))$，其中 $O(\text{SDTest})$ 为函数 SDTest 的时间复杂度。这样，算法 8.1 的时间复杂度为 $O(|S| \times n^2 + n\log n + |S|^2 \times O(\text{SDTest}))$。

根据定理 8.4~定理 8.6，算法 8.1 的第 15 行输出的服务不会被其他任何服务占优。这就意味着算法 8.1 可以渐进地输出可行服务，用户不需要等到整个可行服务集计算完毕就可以得到部分解，这对在线服务选择就十分重要。此外，算法 8.1 还具有其他一些重要的属性。

定理 8.7　假如 $S = S_1 \cup S_2$ 并且 $S_1 \cap S_2 = \varnothing$，则 $\text{AS}(S) = \text{AS}(\text{AS}(S_1) \cup \text{AS}(S_2))$，其中 $\text{AS}(S)$ 表示 S 的可行服务集。

证明　根据可行服务的定义，如果 $s \in \text{AS}(S)$，则 S 中的所有服务均不会对 s 占优。如果 $s \notin \text{AS}(\text{AS}(S_1) \cup \text{AS}(S_2))$，则 $\text{AS}(\text{AS}(S_1) \cup \text{AS}(S_2))$ 中至少有一个服务对 s 占优。然而，$\text{AS}(\text{AS}(S_1) \cup \text{AS}(S_2)) \subseteq S$。这样，$s \in \text{AS}(S)$ 就意味着 $s \in \text{AS}(\text{AS}(S_1) \cup \text{AS}(S_2))$，即 $\text{AS}(S) \subseteq \text{AS}(\text{AS}(S_1) \cup \text{AS}(S_2))$。另一方面，根据 $\text{AS}(\text{AS}(S_1) \cup \text{AS}(S_2))$ 的语义和条件 $S = S_1 \cup S_2$，$s \in \text{AS}(\text{AS}(S_1) \cup \text{AS}(S_2))$ 意味着 s 不会被 S 中的任意服务占优。即 $\text{AS}(\text{AS}(S_1) \cup \text{AS}(S_2)) \subseteq \text{AS}(S)$。综上所述，$\text{AS}(S) = \text{AS}(\text{AS}(S_1) \cup \text{AS}(S_2))$。证毕。

在使用均值必要条件后，确定 $\text{AS}(S)$ 的最大测试次数为 $C(|S|,2)$。如果将候选服务集 S 划分为两个子集 S_1 和 S_2，考虑到每个子集的可行服务集中的服务之间不会存在任何的优势关系，则确定 $\text{AS}(S)$ 的最大测试次数为 $C(|S_1|,2) + C(|S_2|,2) + |\text{AS}(S_1)| \times |\text{AS}(S_2)|$。这样，通过划分的方法计算可行服务集，可以使随机优势测试次数减少 $|S_1| \times |S_2| - |\text{AS}(S_1)| \times |\text{AS}(S_2)|$ 次。这就意味着利用划分的策略计算可行服务集的最大测试次数不高于不使用划分的方法。进一步，如果 $|S_1| = |S_2|$，利用划分的策略降低的测试次数最多。

基于上述分析，定理 8.7 给出了算法 8.1 在以下场景中应用的理论基础。首先，可以将候选服务数目很大的可行 Web 服务选择问题划分为多个子问题并行地求解，再计算子问题可行服务集的并集的可行服务，得到整个问题的可行服务集，这样可以使得用户更快速地得到可行服务；其次，在得到某候选服务集的可行集之后，如果有新的候选服务加入，此时只需要将新的候选服务的可行集和原来得到的可行服务合并，再计算合并后的可行服务，就得到包含新候选服务的全部候选服务的可行集。这意味着算法 8.1 具有增量运行的特性，有新服务加入时，可以利用原来可行服务计算的结果而不是完全重新计算可行服务集。

8.3.2　随机优势测试算法

算法 8.1 中的函数 SDTest 被用于测试服务 A 是否 d 阶优势于服务 B。由于不可能对所有 $x \in \mathbf{R}$ 测试是否 $F_A^d(x) \leqslant F_B^d(x)$，所以，不能将定理 8.1~定理 8.3 直接

用于函数 SDTest。假定服务 A 和服务 B 的分值集合分别为 SC_A 和 SC_B,则一共有 $SC=SC_A \cup SC_B$ 个分值。将这些分值按升序排列,使得 x_i 和 x_j 为第 i 个和第 j 个分值,则当且仅当 $i<j$ 时 $x_i \leqslant x_j$。基于这样的定义,有以下一些结论。

定理 8.8 当且仅当对所有 $x \in SC$,有 $F_A^1(x) \leqslant F_B^1(x)$,且存在 $x \in SC$ 使得 $F_A^1(x) < F_B^1(x)$ 时 $A >_1 B$。

证明 首先证明如果有 $x \in \mathbf{R}$ 使得 $F_A^1(x) \leqslant F_B^1(x)$,则一定存在 $x \in SC$ 使得 $F_A^1(x) \leqslant F_B^1(x)$。

对所有 $x < x_1$ 有 $F_A^1(x) = F_B^1(x) = 0$,并且 $F_A^1(x)$ 和 $F_B^1(x)$ 为在每个 x_i 跳跃的阶梯函数。这就意味着对任意 $x \in [x_i, x_{i+1}]$,有 $F_A^1(x) = F_A^1(x_i)$、$F_B^1(x) = F_B^1(x_i)$。即如果有 $x \in (x_i, x_{i+1})$ 使得 $F_A^1(x) \leqslant F_B^1(x)$,则必然有 $F_A^1(x_i) \leqslant F_B^1(x_i)$。类似地,可以得到如果有 $x \in \mathbf{R}$ 使得 $F_A^1(x) < F_B^1(x)$,则一定存在 $x \in SC$ 使得 $F_A^1(x) < F_B^1(x)$。

同理可知如果存在 $x \in SC$ 使得 $F_A^1(x) \leqslant F_B^1(x)$ 或者 $F_A^1(x) < F_B^1(x)$,则必然存在 $x \in \mathbf{R}$ 使得 $F_A^1(x) \leqslant F_B^1(x)$ 或者 $F_A^1(x) < F_B^1(x)$。证毕。

对于二阶随机优势,也可以得到类似的结论。为简化描述,首先介绍以下引理。

引理 如果 $F_A(x) = a_1 x + b_1$,$F_B(x) = a_2 x + b_2$,并且 $x = x_i$ 时 $F_A(x) > F_B(x)$,$x = x_{i+1}$ 时 $F_A(x) > F_B(x)$,则对所有 $x \in [x_i, x_{i+1}]$ 有 $F_A(x) > F_B(x)$。

证明 如果 $a_1 = a_2$,一定有 $b_1 > b_2$,显然对所有 $x \in (x_i, x_{i+1})$ 有 $F_A(x) > F_B(x)$。

如果 $a_1 > a_2$,则对所有 $x \in (x_i, x_{i+1})$ 一定有 $(a_1 - a_2)x > (a_1 - a_2)x_i$。由于 $F_A(x_i) > F_B(x_i)$,所以 $(a_1 - a_2)x_i > (b_2 - b_1)$,于是 $(a_1 - a_2)x > (b_2 - b_1)$。因此对所有 $x \in (x_i, x_{i+1})$ 有 $F_A(x) > F_B(x)$。

如果 $a_1 < a_2$,则对所有 $x \in (x_i, x_{i+1})$ 一定有 $(a_1 - a_2)x > (a_1 - a_2)x_{i+1}$。由于 $F_A(x_{i+1}) > F_B(x_{i+1})$,所以 $(a_1 - a_2)x_{i+1} > (b_2 - b_1)$,于是 $(a_1 - a_2)x > (b_2 - b_1)$。因此对所有 $x \in (x_i, x_{i+1})$ 有 $F_A(x) > F_B(x)$。证毕。

定理 8.9 当且仅当对所有 $x \in SC$,有 $F_A^2(x) \leqslant F_B^2(x)$,且存在 $x \in SC$ 使得 $F_A^2(x) < F_B^2(x)$ 时 $A >_2 B$。

证明 首先证明如果有 $x \in \mathbf{R}$ 使得 $F_A^2(x) \leqslant F_B^2(x)$,则一定存在 $x \in SC$ 使得 $F_A^2(x) \leqslant F_B^2(x)$。

显然,对任意 $x \in [x_i, x_{i+1}]$ 有

$$F^2(x) = \int_{-\infty}^{x} F^1(t) dt = \int_{-\infty}^{x_i} F^1(t) dt + \int_{x_i}^{x} F^1(t) dt \tag{8.5}$$

注意到 $x \in [x_i, x_{i+1}]$ 时 $F^1(x) = F^1(x_i)$,因此

$$F^2(x) = F^2(x_i) + F^1(x_i)(x - x_i) \tag{8.6}$$

假如有 $x \in \mathbf{R}$ 并且 $F_A^2(x) \leqslant F_B^2(x)$，而 $F_A^2(x_i) > F_B^2(x_i)$，$F_A^2(x_{i+1}) > F_B^2(x_{i+1})$。根据引理，一定有 $F_A^2(x) > F_B^2(x)$，这就与假设相冲突。因此，$x \in \mathbf{R}$ 使得 $F_A^2(x) \leqslant F_B^2(x)$ 意味着 $F_A^2(x_i) \leqslant F_B^2(x_i)$ 和 $F_A^2(x_{i+1}) \leqslant F_B^2(x_{i+1})$。

同理可证如果有 $x \in \mathrm{SC}$ 使得 $F_A^2(x) \leqslant F_B^2(x)$，则一定有 $x \in \mathbf{R}$ 使得 $F_A^2(x) \leqslant F_B^2(x)$。证毕。

与一阶、二阶随机优势不同，不能只通过比较 $x \in \mathrm{SC}$ 的 $F^3(x)$ 来确定三阶随机优势，原因在于对任意 $x \in (x_i, x_{i+1})$

$$F^3(x) = \int_{-\infty}^x F^2(t)\mathrm{d}t = \int_{-\infty}^{x_i} F^2(t)\mathrm{d}t + \int_{x_i}^x F^2(t)\mathrm{d}t$$
$$= F^3(x_i) + \frac{1}{2}\left[2F^2(x_i) + F^1(x_i)(x - x_i)\right](x - x_i) \tag{8.7}$$

该结果显示 $x \in [x_i, x_{i+1}]$ 时 $F^3(x)$ 不是线性的，而 $F^1(x)$ 和 $F^2(x)$ 是线性的。因此一个可能违反三阶随机优势准则的点 x 不一定属于 SC。为得到判断三阶随机优势的可行方法，定义 $D(x) = F_A^2(x) - F_B^2(x)$ 以及

$$T = \{x \mid D(x) = 0, D(x - \varepsilon) > 0 \wedge D(x + \varepsilon) < 0\} \tag{8.8}$$

显然，T 表示 $D(x)$ 从正变为负的那些点，于是有如下结论。

定理 8.10　当且仅当所有 $x \in T$ 有 $F_A^3(x) \leqslant F_B^3(x)$ 时 $A \succ_3 B$。

证明　$F_A^3(x) - F_B^3(x)$ 的导数为 $D(x)$。按照 T 的定义，$F_A^3(x) - F_B^3(x)$ 为 $x \in T$ 时的局部最小。因此，如果对所有 $x \in T$ 有 $F_A^3(x) \leqslant F_B^3(x)$，则对所有 $x \in \mathbf{R}$ 也有 $F_A^3(x) \leqslant F_B^3(x)$。同样，如果对所有 $x \in \mathbf{R}$ 有 $F_A^3(x) \leqslant F_B^3(x)$，则对所有 $x \in T$ 也有 $F_A^3(x) \leqslant F_B^3(x)$。证毕。

定理 8.8~定理 8.9 表示只需要对 $x \in \mathrm{SC}$ 测试是否 $F_A^d(x) \leqslant F_B^d(x)$　($d=1, 2$)即可确定是否 $A \succ_d B$。如果有 $x \in \mathrm{SC}$ 使得 $F_A^d(x) > F_B^d(x)$，则随机优势测试过程可以马上结束。而定理 8.10 则确保只需要对 $x \in T$ 测试是否 $F_A^3(x) \leqslant F_B^3(x)$ 就可判定是否 $A \succ_3 B$。基于上述分析，函数 SDTest 可用算法 8.2 描述。

算法 8.2　(SDTest($F_A'(x), F_B'(x), d$)) (随机优势测试)

输入：服务 A 和 B 的 EDF，效用函数类型 d
输出：是否 $A \succ_d B$
1:　　**if** isequal(A, B) **then**
2:　　　**return false;**
3:　　**end if**
4:　　**if** $d == 1$ **then**

```
5:        for each x∈SC do
6:            if  F_A^1(x)>F_B^1(x)    then
7:                return false;
8:            end if
9:        end for
10:   end if
11:   if d==1 then
12:       return true;
13:   end if
14:   for each x∈SC do
15:       计算 F_A^2(x) 和 F_B^2(x) ;
16:       if d==2 and  F_A^2(x)>F_B^2(x)    then
17:           return false;
18:       end if
19:   end for
20:   if d==2 then
21:       return true;
22:   end if
23:   利用式(8.8)确定T;
24:   for each x∈T do
25:           计算 F_A^3(x) 和 F_B^3(x)
26:       if  F_A^3(x)>F_B^3(x)    then
27:           return false;
28:       end if
29:   end for
30:   return true.
```

显然函数 SDTest 的时间复杂度为 $O(|SC|)$ （$d=1, 2$）或者为 $O(|SC|+|T|)$ （$d=3$）。与算法 8.1 的时间复杂度结合，可行 Web 服务选择的整体时间复杂度为 $O(|S|\times n^2+ n\log n+ |S|^2\times|SC|)$ （$d=1, 2$）或者 $O(|S|\times n^2+n^2\log n+|S|^2\times(|SC|+|T|))$ （$d=3$）。

8.4　实　验　分　析

本节介绍可行 Web 服务选择方法有效性和效率方面的实验结果。实验平台为 IntelCore i3 2.27 GHz CPU，2 GB 内存。算法采用 MATLAB R2010b 实现。

8.4.1　实验设置

实验使用 WS-DREAM 数据集[144]对本章介绍的可行 Web 服务选择算法的有效性和效率进行验证。该数据集包括 5825 个分布在 73 个国家的实际 Web 服务的 1974675 个事务记录,这些记录由分布在 30 个国家的 339 个服务用户调用后记录。每个事务包括响应时间和吞吐量两个 QoS 属性,响应时间为成本型属性,而吞吐量为效益型属性。

首先将 WS-DREAM 中的所有 QoS 值都利用标准 0-1 变换进行规范化,然后,利用简单的加权和法计算每一个事务的分值,其中响应时间和吞吐量的权重设置相同。显然,每个候选服务均有一系列不确定的分值,并且这些分值的分布不一定相同。

8.4.2　算法有效性

定理 8.1~定理 8.3 确保按照期望效用准则,对任何可行服务,至少优于一个非可行服务,因此,用户不可能不选择可行服务而选择非可行服务。然而,如果可行服务集 AS 中有太多的服务,则这样的可行 Web 服务集对用户进行服务选择的作用就不大。因此,AS 的大小|AS|就成为影响可行服务选择算法有效性的关键因素。

图 8.2(a)和图 8.2(b)分别显示了|AS|随候选服务数目|S|和候选服务事务数目 n 变化的情况。可以看到,任意阶可行服务的数目均低于候选服务数目。由于 $AS_1 \supseteq AS_2 \supseteq AS_3$,因此|$AS_1$|≥|$AS_2$|≥|$AS_3$|,并且各阶可行服务集数目同时增减。可以看到,|$AS_2$|显著小于|$AS_1$|,但|$AS_2$|和|$AS_3$|区别不大。这就意味着 AS_2 对用户十分有效,因为确定 $U \in U_2$ 比确定 $U \in U_3$ 容易得多。从图 8.2(a)还可以看到,|S|和 |AS|之间没有直接的关联,随着候选服务的增加,|AS|并没有相应地增加。同样,

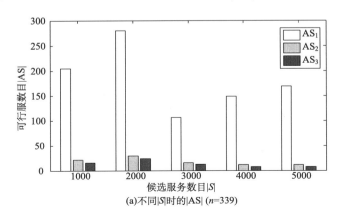

(a)不同|S|时的|AS| (n=339)

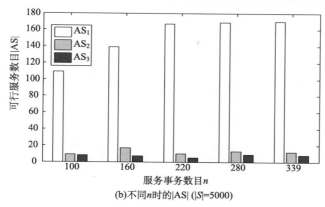

(b)不同n时的|AS| (|S|=5000)

图 8.2　不同|S|和 n 时的|AS|

图 8.2(b)也显示事务数目 n 和|AS|也没有直接的关联。

　　不同|S|和 n 时可行服务集大小与候选服务数目的比例如表 8.4 和表 8.5 所示。从中可以看到，|AS_1|比例相对较大，而|AS_2|和|AS_3|的比例很小，也就是|AS_2|和|AS_3|比|AS_1|有效，原因在于 AS_2 和 AS_3 计算时使用了更多关于用户效用的信息。此外，从表 8.4 还可以看到随着|S|的增大，AS 中的服务数目比例逐渐降低，这个结果对于用户显然十分有用。表 8.5 也显示 n 对于可行服务比例没有显著影响。因此，基于效用函数类型选择可行服务的方法是有效的。

表 8.4　AS 中服务的比例（n=339）

AS 中服务比例	候选服务数目|S|				
	1000	2000	3000	4000	5000
AS_1/%	20.50	14.00	3.57	3.73	3.40
AS_2/%	2.20	1.50	0.53	0.30	0.24
AS_3/%	1.60	1.20	0.43	0.20	0.16

表 8.5　AS 中服务的比例（|S|=5000）

AS 服务比例	事务数目（n）				
	100	160	220	280	339
AS_1/%	2.18	2.78	3.34	3.38	3.40
AS_2/%	0.18	0.34	0.20	0.26	0.24
AS_3/%	0.16	0.14	0.10	0.18	0.16

8.4.3 算法运行时间和可扩展性

图 8.3 为算法在不同$|S|$和 n 时的运行时间。随着$|S|$和 n 的增加，可行 Web 服务选择的运行时间也相应增加。但是，运行时间的增加是近似线性的。此外，由于获得高阶可行 Web 服务需要首先获得低阶可行服务，所以，高阶可行 Web 服务选择所需时间总是高于低阶可行 Web 服务选择时间。同时，由于高阶可行服务只是低阶可行服务的一小部分，所以，高阶可行 Web 服务选择所用时间比低阶可行 Web 服务选择增加的并不明显。

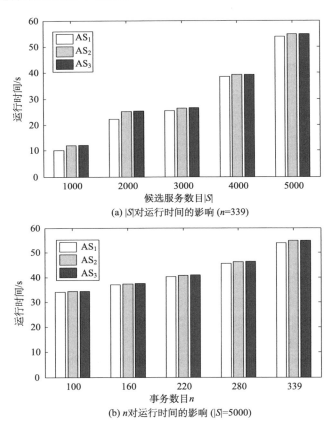

(a) $|S|$对运行时间的影响 (n=339)

(b) n对运行时间的影响 ($|S|$=5000)

图 8.3   不同$|S|$和 n 时算法的运行时间

图 8.4 为利用定理 8.7 对候选服务进行划分后再计算可行服务的运行时间。结果显示划分数目的变化对运行时间影响不明显($|S|$=5000, n=339)。需要注意的是，划分策略的时间是不同划分可行 Web 服务选择的时间总和。如果不同划分可并行运行，那么用户就可以在相对短的时间内得到可行服务。图 8.3 和图 8.4 验证了可

行 Web 服务选择算法均有良好的可扩展性。

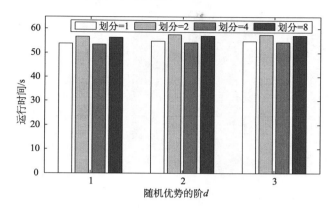

图 8.4　划分策略的运行时间（|S|=5000，n=339）

8.4.4　剪枝效率

可行 Web 服务选择的性能依赖于算法中减少的随机优势测试次数、$F^d(x)$（d=1，2，3）计算和比较次数（称为剪枝）。按照 8.3.1 节的阐述，利用均值必要条件，可以减少一半的随机优势测试次数。以下分析传递性、左尾和几何均值必要条件对随机优势测试次数减少的效果。首先，单独对传递性、左尾和几何均值必要条件进行使用，结果如图 8.5(a)所示。该结果显示，只使用传递性，可以减少超过94%的随机优势测试，而只用左尾必要条件可以减少大约 20%的测试，几何均值必要条件则只能减少大约 2%的测试。其次，将上述 3 种方法结合使用，则可以减少至少 97%的测试，结果见图 8.5(b)。

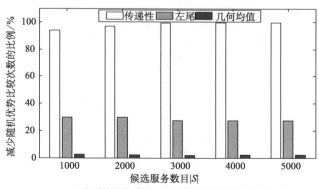

(a)分别使用传递性、左尾和几何均值必要条件

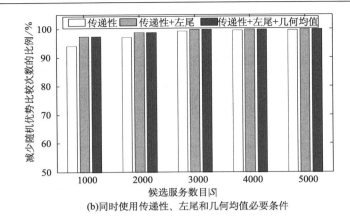

(b)同时使用传递性、左尾和几何均值必要条件

图 8.5　传递性、左尾和几何均值必要条件的剪枝效率(d=1, n=339)

对那些必须进行的随机优势测试，根据定理 8.8~定理 8.10，只要存在 $x\in$ SC 或者 $x\in T$ 使得 $F_A^d(x) > F_B^d(x)$，则测试过程可以立即停止。通过这种方法，至少可以减少 44%的 $F^d(x)$ 计算和比较。不同的 d 和$|S|$(n=339)时可被减少的 $F^d(x)$ 计算和比较的次数与最大需要次数的比例见图 8.6。

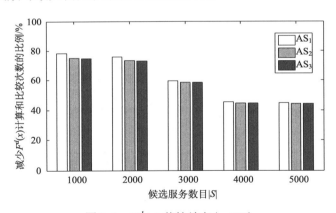

图 8.6　$F^d(x)$ 剪枝效率(n=339)

综合以上实验结果，可以看到本章的可行 Web 服务选择方法有很好的有效性、效率和扩展性。

8.5　小　　结

在服务用户不能给定对 QoS 属性的偏好时，可利用 Skyline 技术[154]减少候选服务的数目。吴键等[155]引入数据库查询中的 Skyline 方法，利用 Skyline 中的支配关系，在选择过程中仅考虑 Skyline 之上的服务，从而大大缩小了服务选择的范围，提高了服务选择的效率。同时针对动态 Web 服务环境，提出一种动态环境下的 Skyline 服务维护算法。文献[156]着重解决在给定服务描述时识别最好的候选语义服务的问题，并将该问题建模为 Skyline 查询以提高服务选择过程的效率。该研究同时从服务用户和服务提供者的角度考虑了服务选择问题。文献[157]则着重解决基于服务支配关系的服务查询结果排序和聚类问题。该研究利用多维匹配准则而不是每个服务的综合评分实现服务排序，提出了 3 种对服务查询结果排序的算法和两种为聚类选择最具代表性服务的方法，从而使得聚类反映了服务不同参数之间的平衡。

上述研究均认为服务 QoS 为一个确定值，因此，并不能应用于随机 QoS 场景下的服务选择。为此，Yu 等[145]提出了一种称为 p-优势的 Skyline 概念。当服务提供者 S 被另一个服务提供者支配的机会低于 p 时，服务提供者 S 就成为一个 p-优势 Skyline 服务提供者。通过利用 p-R-tree 作为服务提供者的索引结构，使用双向剪枝提高计算 p-优势 Skyline 的效率。该研究没有考虑服务用户对于风险的态度，而且，其实验只验证了 p-优势 Skyline 在 QoS 信息为均匀分布时的可行性，这对于复杂服务分布形式的服务选择显然是不够的。

与上述研究不同，本章介绍的可行 Web 服务选择方法不仅可以应用于任意 QoS 概率分布的情况，还考虑了整个 QoS 的概率分布，而不仅是一个确定值。并通过将用户风险态度纳入可行 Web 服务选择过程，提高了服务选择的实用性和灵活性。

第9章 基于整数规划的组合服务选择

局部服务选择策略不能满足组合服务端到端的 QoS 约束，也不能最大化组合服务 QoS 整体效用。为此，本章首先对全局服务选择策略进行形式化的描述，并介绍该问题的 0-1 整数规划模型。由于全局服务选择问题是 NP 难的，为提高服务选择的效率，本章还介绍了利用启发式算法和遗传算法对该整数规划问题进行求解的方法与实验结果。

9.1 引　言

第 5~8 章介绍了一系列不同应用场景下的 Web 服务局部选择方法。由于局部选择策略分别考查各个抽象服务的候选服务集，没有考虑端到端的全局 QoS 约束，也没有考虑组合服务中各个抽象服务之间的关系，而各个抽象服务选择具体服务时是相互独立的。因此，虽然采用局部选择策略时通常能以多项式时间复杂度从每个抽象服务的候选服务集中选择出满足单个抽象服务 QoS 约束的最好服务，但该策略也在组合服务应用中存在以下两个方面的问题。

（1）局部选择策略没有考虑并行结构时 QoS 属性之间的全局平衡。例如，如果组合服务包括由抽象服务 S_1 和 S_2 组成的并行结构，而 S_1 任意候选服务的响应时间低于 S_2 所有候选服务的响应时间。考虑到该并行结构响应时间为服务 S_1 和服务 S_2 之中的大者，因此，对于服务 S_1 而言，可以不必考虑其响应时间，而应该尽量优化它的其他 QoS 属性，以使得组合服务整体最优。显然局部服务选择策略不能处理这样的情况。

（2）局部选择策略不能满足端到端的全局 QoS 约束。在进行服务选择时，局部选择策略只考虑单个抽象服务的约束。对于组合服务中的每个任务，都可能有多个具有相同功能但 QoS 不同的候选服务。用户通常并不知道组合服务中包含了哪些服务，而只关心整个组合服务的 QoS（称为端到端 QoS）。组合服务的目标就是为每一个抽象服务选择一个具体服务，使得整个组合服务的 QoS 满足用户端到端的 QoS 约束。然而，利用局部选择策略选择的由组件服务组合形成的组合服务并不一定能满足覆盖整个组合服务的全局约束。例如，采用该策略不能确保组合服务整体价格低于 500 元，响应时间低于 50s，成功率高于 90%。

为解决局部选择策略存在的上述问题，就需要在服务选择过程中利用全局选择策略，将着眼点从单个抽象服务转移到整个组合服务，从而使得选择的服务能够满足用户对组合服务质量的要求，并实现整体效用最大化。虽然全局选择策略考虑了全局 QoS 约束，并且获得的解是满足端到端 QoS 约束的全局最优解，但其本质是一个多维多选择背包问题，而这是一个 NP 难问题[80-81]。为此，需要设计有效的算法求解全局选择问题，以提高组合服务的响应速度，这是第 9~11 章解决的核心问题。本章首先介绍由 Yu 等[158]提出的一种求解组合服务选择的启发式算法，利用该算法可以在线性时间内得到满足端到端 QoS 约束且近似优化的 Web 服务组合方案。此外，还对遗传算法在组合服务选择中的应用进行了探讨。

9.2 QoS 感知的服务组合模型

服务提供者可能提供具有相同功能但 QoS 水平不一样的服务，比如不同的响应时间和价格。为此，用 S 表示抽象服务类别集合，其中每一个元素 $S_j \in S$，$S_j=\{s_{j1}, s_{j2}, \cdots, s_{jn}\}$ 表示一类提供相同功能但 QoS 表现不同的服务集合。为简化描述，本章将一个服务的不同 QoS 表现建模为不同服务。按照 SOA 的思想，Web 服务的功能和非功能属性的描述可由服务代理维护的服务注册中心(如 UDDI)进行存储和管理，而服务可以通过注册机制加入或离开一个服务类。本书假定服务代理对网络上存在的服务类别和每个服务类别中的候选服务进行维护和更新，使得服务用户可以存取和使用这些信息。

9.2.1 抽象组合服务和具体组合服务

正如第 2 章所介绍的，组合服务流程中具有抽象组合服务和具体组合服务两个不同的概念[80]。

(1) 抽象组合服务是指一个组合请求 $CS_{abstract}=\{S_1, S_2, \cdots, S_n\}$ 的抽象表示，S_j 是组合服务流程中任务 j 的候选服务结合，而 $CS_{abstract}$ 则是指请求的服务类别(如机票预订服务)而不是任何的具体服务(如东方航空的机票预订服务)。

(2) 具体组合服务 CS 是指一个抽象组合服务的实例化，实例化可通过将 $CS_{abstract}$ 中的每一个抽象服务类别绑定到一个具体的 Web 服务 s_j 上实现，其中 $s_j \in S_j$，并且 $|S_j|=l$，即假设每一个服务类中的候选服务数目均为 l。

9.2.2 QoS 参数

本章考虑所有可量化为实数值的 QoS 属性，包括通用 QoS 属性，如响应时间、可用性、吞吐量、价格和信誉等，也包括其他可量化的领域 QoS 属性，如多媒体 Web 服务的带宽等。向量 $\boldsymbol{Q}_s=[q_1(s), \cdots, q_r(s)]$ 表示服务 s 的 r 个 QoS 属性，其中函数 $q_i(s)$ 用于确定服务 s 的第 i 个 QoS 属性的值。QoS 属性值可以由服务提供者直接提供(如价格)，也可以通过对服务历史执行情况进行监控获得(如响应时间)，或者利用用户反馈进行计算(如信誉)。效益型的 QoS 属性的优化目标是使其最大化，如吞吐量和可用性；而成本型 QoS 属性的优化目标是使其最小化，如响应时间和价格。由于可以很容易地将效益型属性转换为成本型(如对效益型属性值乘以–1，或者用所有服务 QoS 值的最大值减去服务 QoS 值)属性，所以，为了简化组合服务选择描述，本章假定所有的 QoS 指标均为成本型。

9.2.3　组合服务结构

目前主流的组合服务描述语言(如 WS-BPEL 等)均支持 4 种基本的服务组合结构，如图 9.1 所示。

(1)　顺序：一个顺序服务集合 $\{s_1, s_2, \cdots, s_n\}$ 严格按照先 s_i，再 s_{i+1} 的顺序执行。

(2)　选择：服务集合 $\{s_1, s_2, \cdots, s_n\}$ 与逻辑条件关联，该逻辑条件在运行时进行评估，确定一个服务 s_i 来执行。每一个服务 s_i 的执行概率为 $p(s_i)$，该概率可以通过分析组合服务的执行日志得到，也可以由组合服务设计人员给出。所有服务执行概率之和为 1，即 $\sum_1^n p(s_i) = 1$。

(3)　并行：多个服务 $\{s_1, s_2, \cdots, s_n\}$ 同时执行，并且只有所有服务均执行完毕，整个并行结构才执行完毕。

(4)　循环：一个或者多个服务重复执行最多 k 次。

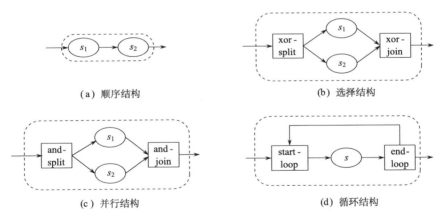

(a)　顺序结构　　　　　　　　　　(b)　选择结构

(c)　并行结构　　　　　　　　　　(d)　循环结构

图 9.1　组合服务结构示意图

以图 9.1 的基本结构为基础，可以递归地构建复杂的服务组合。如图 9.2 所示，旅行社旅行计划组合服务模型是一个结构化流程。其中机票预订与酒店预订活动构成的并行结构，汽车租赁与自行车租赁活动构成的选择结构与景点距离查询一起构成整体的顺序结构。

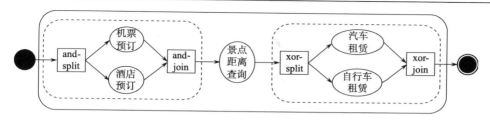

图 9.2　旅行计划组合服务模型

组合服务 CS=$\{s_1,s_2,\cdots,s_n\}$ 的 QoS 向量定义为 $\boldsymbol{Q}_{cs}=[q_1'(CS),\cdots,q_r'(CS)]$，其中 $q_i'(CS)$ 为第 i 个 QoS 属性的端到端估计值，通过将组件服务 $\{s_1,s_2,\cdots,s_n\}$ 的 QoS 值进行聚合，可以得到 $q_i'(CS)$。QoS 属性的内在物理含义决定了它们在不同组合结构下具有不同的叠加意义，即 QoS 聚合规则具有结构相关性。例如，服务响应时间对于顺序结构是累加性度量，而并行结构中的服务响应时间决定于并行分支中服务响应时间的最大值；服务价格对于顺序结构、并行结构均为累加性度量；成功率对于顺序结构为累乘性度量，而并行结构中的成功率决定于并行分支中成功率的最小值。对于选择结构和循环结构，它们的聚合 QoS 一般还与各个子结构的执行概率和次数相关。综上所述，根据 QoS 属性的语义和组合结构语义，QoS 聚合方式有 3 种：加法、乘法和 max/min（取最大/最小），如表 9.1 所示[159-160]，其中 $q(s_i)$ 表示服务 s_i 的 QoS，$p(s_i)$ 则表示服务 s_i 的执行概率，k 为最大循环次数。通过表 9.1，可以针对任意 QoS 属性指定其在顺序、选择、并行和循环结构中的聚合方法。

表 9.1　QoS 聚合规则

	$\sum$	$\prod$	max	min
顺序	$\sum_1^n q(s_i)$	$\prod_1^n q(s_i)$	$\max_1^n(q(s_i))$	—
选择	$\sum_1^n(p(s_i)\times q(s_i))$	—	—	—
并行	$\sum_1^n q(s_i)$	$\prod_1^n q(s_i)$	$\max_1^n(q(s_i))$	$\min_1^n(q(s_i))$
循环	$k\cdot q(s_1)$	$q(s_1)^k$	—	—

根据表 9.1，结合 QoS 指标的含义，表 9.2 给出了服务响应时间、价格、成功率和信誉四种典型的 QoS 属性分别关于顺序、选择、并行和循环四种结构的聚合规则。

表 9.2   典型 QoS 属性的聚合规则

	顺序	选择	并行	循环
响应时间	$\sum_1^n q(s_i)$	$\sum_1^n (p(s_i) \times q(s_i))$	$\max_1^n (q(s_i))$	$k \cdot q(s_1)$
价格	$\sum_1^n q(s_i)$	$\sum_1^n (p(s_i) \times q(s_i))$	$\sum_1^n q(s_i)$	$k \cdot q(s_1)$
成功率	$\prod_1^n q(s_i)$	$\sum_1^n (p(s_i) \times q(s_i))$	$\prod_1^n q(s_i)$	$q(s_1)^k$
信誉	$\prod_1^n q(s_i)$	$\sum_1^n (p(s_i) \times q(s_i))$	$\min_1^n (q(s_i))$	$q(s_1)^k$

图 9.3 是一个组合服务的例子，该组合服务整体为由服务 s_1、并行结构和服务 s_7 组成的顺序结构。由服务 s_2 以及分支结构(s_4、s_5)构成的顺序结构形成并行结构的第一个分支，而由服务 s_3 和循环结构(s_6)构成的顺序结构形成并行结构的第二个分支。假设 t_i 为服务 s_i 的响应时间，c_i 为 s_i 的价格，则整个组合服务的响应时间 T 和价格 C 的聚合函数分别为

$$T = t_1 + \max(t_2 + p(s_4) \cdot t_4 + p(s_5) \cdot t_5, t_3 + k \cdot t_6) + t_7$$
$$C = c_1 + c_2 + p(s_4) \cdot c_4 + p(s_5) \cdot c_5 + c_3 + k \cdot c_6 + c_7$$

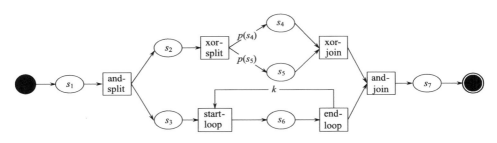

图 9.3   组合服务 QoS 聚合示例

9.2.4   基于聚合树的组合服务 QoS 计算

组合服务的 QoS 依赖于参与组合的组件服务的 QoS，那么如何根据组件服务的 QoS 计算组合服务的聚合 QoS 是进行组合方案评价和选择的前提。组合服务的 QoS 与组合服务的静态模型结构和组合服务各个执行路径的访问频率有关。结构化流程模型[161]是一类结构规范的流程模型，使用具有规范控制结构的构造块递归地构造流程，即组合结构之间可以嵌套但不能交叉。结构化组合流程具有优良的结构性质和行为性质，能够表达大多数组合服务场景，并有助于降低建模复杂度和开发风险。根据结构化程序设计语言的基本理论，对于不是结构化的组合流程，也可以将其转换为结构化流程。目前主流的描述语言(如 WS-BPEL、WSFL

等) 均支持结构化流程模型描述。

　　根据结构化流程的定义, 如果组合服务模型为结构化流程, 则它可分解为较细粒度的子结构, 子结构之间遵循顺序、选择、并行和循环四种关系进行组合。同样, 分解可以递归地施加于子结构, 直至所有子结构都为原子活动。因此, 结构化流程模型可以等价地表示为一棵树, 树的叶节点表示原子活动, 中间节点表示结构, 根节点表示整个流程模型。表示组合服务的流程结构并附加了组合服务执行统计信息的树被称为为聚合树。下面介绍文献[3]给出的聚合树定义和基于聚合树的全局 QoS 计算方法。

　　定义 9.1 （聚合树）组合服务聚合树（Aggregation Tree 或 A-Tree）是一棵节点加权的树, 定义为 $A\text{-}Tree = <V, pat, p>$, 其中:

　　（1）$V = LV \cup NLV$, LV 为叶节点集合, 表示活动, NLV 为非叶节点集合, 表示结构;

　　（2）$pat:NLV \rightarrow \{SEQ, OPT, PAR, CYC\}$为结构标识函数, SEQ, OPT, PAR, CYC 分别表示顺序、选择、并行和循环;

　　（3）$p:V \rightarrow \mathbf{Z}^+$为节点权函数, 表示结构的执行概率。其中, $\mathbf{Z}^+$表示正整数。

　　图 9.2 所示的组合服务流程对应的聚合树如图 9.4 所示, 其中"｜"、"∨"和"∧"分别表示顺序结构、选择结构和并行结构。

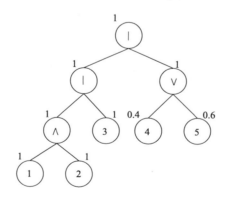

图 9.4　旅行计划组合服务聚合树

　　一般而言, 因为结构中可以包含任意多个子结构, 所以聚合树的形状是任意的。但是, 多个活动(子结构)构成的结构可以等价地转换为两个子结构的组合。例如, N 个活动的顺序组合相当第一个活动与后继 $N-1$ 个活动构成的顺序结构的组合。为此, 可以通过算法 9.1 对聚合树进行规范化, 将之转化为等价的二叉树。算法 9.1 通过如下方式将子节点数大于 2 的中间节点拆分为若干子节点数为 2 的节点: 如果节点 n 的子节点数大于 2, 则创建一个新的中间节点 v, v 具有与 n 同样的结构标识。除了 n 的最左子树，其余子树移到 v 下作为 v 的子树，同时将 v 置为 n 的子节点。节点 v 的权函数的设置依赖于 v 的结构标识，如果 n 为顺序结构或并行结构，那么 v 的权函数值为 1；否则 n 为选择结构，那么 v 的权函数值应为 v 的所有子节点的权函数之和，同时修正 v 的子节点的执行概率。

算法 9.1 ATree_Formalize(tree)（聚合树的规范化算法）

输入：任意形状聚合树 Tree
输入：二叉聚合树

```
1:  S={all the nodes in tree};
2:  while(there is node n in S)
3:      if children of n>2 then
4:          create node v;
5:          v.father = n;
6:          Pat(v)=Pat(n);
7:          u = the most left child of n;
8:          for each n's children u' other than u
9:              u'.parent = v;
10:         end for
11:         if Pat(v)=OPT then
12:             p(v)=1−p(u);
13:             p(v.child)=p(v.child)/p(v)
14:         else
15:             p(v)=1;
16:         end if
17:         S=S\{n}∪{v};
18:     else
19:         S=S\{n};
20:     end if
21: end while
```

定理 9.1 如 AT_1 为组合服务的聚合树，AT_2 为 AT_1 经过算法 9.1 转换得到的二叉聚合树，那么对于一组给定活动的 QoS，AT_1 的计算结果与 AT_2 相同。

证明 只需分别证明对于顺序结构、选择结构、并行结构和循环结构的聚合树，使用算法 9.1 将之转化为二叉聚合树后，QoS 的计算结果与原聚合树相同即可。设结构 C 的子结构分别为 $C_1,\cdots,C_n$，$q(C)$ 为基于原聚合树的计算结果，$q'(C)$ 为基于转换得到的二叉聚合树的计算结果。下面使用归纳法证明。

对于 $n=2$ 的情况，即 C 中仅有两个子结构时，原聚合树就是二叉聚合树，故命题成立；

假设对于 $n-1$ 时命题成立，那么考虑具有 n 个子结构的 C。下面分情况证明。

（1）若 C 为顺序结构或并行结构，则由于在这两种情况下使用算法 9.1 时新创建的节点的 p 均为 1，且不改变原聚合树中节点的 p，所以表 9.2 中给出的顺序结构与并行结构的计算公式均满足结合律，因此 $q(C)=q'(C)$。

（2）若 C 为选择结构，令 v 为算法 9.1 执行时首先创建的节点，则 v 表示具有 $n-1$ 个子结构的选择结构，不妨记为 C^{n-1}。由 QoS 聚合规则，有 $q'(C)=p_1 q(C_1)+(1-p_1)q(C^{(n-1)})$。由假设知，$q(C^{(n-1)})=\sum_2^n p_i^{(n-1)} q(C_i)$，其中 $p_i^{(n-1)}$ 为子结构 C_i 相对于 C^{n-1} 的执行概率。由算法 9.1 知，$p_i^{(n-1)}=p_i/(1-p_1)$，从而有 $q'(C)=p_1 q(C_1)+\sum_2^n p_i q(C_i)=q(C)$。

（3）若 C 为循环结构，则算法 9.1 不改变原聚合树结构，故 $q(C)=q'(C)$ 成立。

由上述归纳过程可知原命题成立。证毕。

定理 9.1 说明使用原始聚合树和规范化后的二叉聚合树对于计算组合服务 QoS 是等价的。由于聚合树包含了组合服务的静态结构信息和动态执行概率信息，所以为计算特定组合方案下的组合服务的 QoS 提供了良好的计算模型。令聚合树的每个节点附着一个 QoS 向量表示子结构的聚合 QoS，从而根节点的 QoS 向量即表示组合服务的聚合 QoS。从叶节点开始，后序遍历聚合树，依次计算非叶节点的 QoS 向量，即可得到组合服务 QoS。

9.2.5 全局 QoS 约束

组合服务用户对组合服务的聚合 QoS 值有一个或多个需求。这些需求可以用向量 $C=[c_1,c_2,\cdots,c_m]$ 表示，其中，$1\leqslant m\leqslant r$，每一个 c_i 表示用户对第 i 个 QoS 属性要求的上限。与局部服务选择不同，这个针对整体组合服务的约束称为全局 约束。

定义 9.2 （可行选择）给定抽象组合服务流程 $CS_{abstract}=\{S_1,S_2,\cdots,S_n\}$ 和全局 QoS 约束 $C=[c_1',c_2',\cdots,c_m']$，$1\leqslant m\leqslant r$，$r$ 为 QoS 属性个数。一个具体服务的选择 CS 被称为可行选择，当且仅当在 $CS_{abstract}$ 中出现的每个服务类别中只包括一个服务并且 CS 的聚合 QoS 值能够满足全局 QoS 约束，即 $q_k'(CS)\leqslant c_k'$，$\forall k\in[1,m]$。

9.2.6 效用函数

在用多个 QoS 属性描述每个服务的特性时，可以利用效用函数对给定服务多维 QoS 的整体表现进行评估。效用函数可将 QoS 向量 $\boldsymbol{Q}_s$ 映射为单一的实数值，从而帮助对候选服务进行排列和选择。在第 5 章进行局部服务选择时对服务进行评价使用的简单加权和法就是一种效用函数。效用函数计算包括两个阶段：第一阶段是对服务 QoS 属性值进行规范化，使得具有不同量纲与取值范围的 QoS 属性可以进行统一的评判；第二阶段则是通过 QoS 权重，反映用户对不同 QoS 属性的偏好，计算得到服务效用。对于一个组合服务 CS，通过使用标准 0-1 变换，将其 QoS 聚合值与最大、最小 QoS 聚合值进行比较，从而将每一个 QoS 聚合值转换为[0,1]之间的一个数。最大、最小 QoS 聚合值可利用计算组合服务的聚合 QoS 的方法得到。例如，某给定组合服务的最大价格可以通过将每一个参与组合的组件服务最高价格相加得到。抽象组合服务流程 $\text{CS}_{\text{abstract}}=\{S_1,S_2,\cdots,S_n\}$ 对应的一个具体组合服务 $\text{CS}=\{s_1,s_2,\cdots,s_n\}$ 的第 k 个 QoS 属性的最大、最小聚合值计算过程可以形式化描述为

$$Q'_{\max}(k) = F_k{}_{j=1}^n(Q_{\max}(j,k))$$
$$Q'_{\min}(k) = F_k{}_{j=1}^n(Q_{\min}(j,k))$$
$$(9.1)$$

式中，

$$Q_{\max}(j,k) = \max_{\forall s \in S_j} q_k(s)$$
$$Q_{\min}(j,k) = \min_{\forall s \in S_j} q_k(s)$$
$$(9.2)$$

根据每个服务类别中候选服务的给定信息，$Q_{\max}(j,k)$ 是服务类别 S_j 的第 k 个 QoS 属性的最大值，而 $Q_{\min}(j,k)$ 则为服务类别 S_j 的第 k 个 QoS 属性的最小值。函数 F_k 表示第 k 个 QoS 属性聚合函数。这样，组件服务 $s \in S_j$ 的效用函数为

$$U(s) = \sum_{k=1}^r \frac{Q_{\max}(j,k) - q_k(s)}{Q_{\max}(j,k) - Q_{\min}(j,k)} \cdot \omega_k$$
$$(9.3)$$

而组合服务 CS 的效用函数为

$$U'(\text{CS}) = \sum_{k=1}^r \frac{Q'_{\max}(k) - q'_k(\text{CS})}{Q'_{\max}(k) - Q'_{\min}(k)} \cdot \omega_k$$
$$(9.4)$$

式中，$\omega_k \in R^+$ 表示用户对组合服务 QoS 属性 q'_k 的重视程度（即权重），$\sum_{k=1}^r \omega_k = 1$。

9.2.7 问题描述

QoS 感知的组合方案选择是一个约束优化问题，其目的在于找到能满足用户全局 QoS 约束，并最大化用户效用的组合服务。该问题可形式化地描述为定义 9.3。

定义 9.3 （优化选择）给定抽象组合流程 $\text{CS}_{\text{abstract}}=\{S_1,S_2,\cdots,S_n\}$ 和全局约束向量 $C = [c'_1,c'_2,\cdots,c'_m]$，$1 \leqslant m \leqslant r$，优化选择是一个最大化整体效用 U' 的可行选择。

组合服务选择问题也可以形式化描述为：给定抽象组合流程 $\text{CS}_{\text{abstract}}=\{S_1,S_2,\cdots,S_n\}$ 和全局约束向量 $C = [c'_1,c'_2,\cdots,c'_m]$，如果每一个服务类别 S_j 有 l 个候选服务，通过为每一个 S_j 绑定一个 $s_j \in S_j$ 将 $\text{CS}_{\text{abstract}}$ 实例化为 $\text{CS}=\{s_1,s_2,\cdots,s_n\}$，使得（1）聚合

QoS 值满足 $q'_k(\text{CS}) \leqslant c'_k, \forall c'_k \in C$，(2) 整体效用 $U'(\text{CS})$ 最大化。

一种最直接的解决优化组合服务选择的方法是枚举并对所有可能的候选服务组合方案进行比较。假如组合服务流程需要调用 n 个种类的服务，而每种服务类型有 l 个候选服务，那么需要进行 l^n 次检查。因此，通过穷尽搜索找到优化选择在计算上代价十分巨大，不适合于需要在运行时确定组件服务的松耦合 SOA，尤其是在组合服务流程复杂且每一类候选服务数目都很大的情况下。本章将首先介绍顺序组合结构服务选择的方法，然后再介绍具有顺序、选择、并行和循环结构的组合服务选择方法。

9.3　顺序结构组合服务选择

9.3.1　服务选择模型

对于完全顺序结构的服务组合，其优化选择问题可以利用 0-1 整数规划方法进行解决[30,80]。使用整数规划方法求解 QoS 感知的服务组合问题时，利用 0-1 二元决策变量 x_{ji} 表示是否选择候选服务 s_{ji}。如果 x_{ji} 被设置为 1，则候选服务 s_{ji} 将被包含在优化组合中，而在同一个服务类 S_j 中的其他候选服务则会被忽略。将决策变量 x_{ji} 引入效用函数，服务选择问题就可以被形式化为最大化组合服务整体效用问题，其目标函数可表示为

$$\max \sum_{k=1}^{m} \frac{Q'_{\max}(k) - F_k{}_{j=1}^{n}(\sum_{i=1}^{l} q_k(s_{ji}) \cdot x_{ji})}{Q'_{\max}(k) - Q'_{\min}(k)} \cdot \omega_k \tag{9.5}$$

为确保选择到的组件服务聚合值满足全局 QoS 约束，需要在模型中加入其他的约束条件。为此，对于每一个利用累加方式进行聚合的 QoS 属性，就直接在模型中加入如下约束

$$\sum_{j=1}^{n} \sum_{i=1}^{l} q_k(s_{ji}) \cdot x_{ji} \leqslant c'_k \tag{9.6}$$

由于 0-1 整数规划模型只支持线性约束，从而需要将相乘、取最大(max)等非线性聚合函数转换为线性。对每一个利用乘法进行聚合的 QoS 属性，可先利用对数函数将式(9.7)以相乘关系描述的约束转换为式(9.8)以相加关系描述的约束，即

$$\prod_{j=1}^{n} \prod_{i=1}^{l} q_k(s_{ji}) \cdot x_{ji} \leqslant c'_k \tag{9.7}$$

$$\sum_{j=1}^{n}\sum_{i=1}^{l}\ln(q_k(s_{ji}))\cdot x_{ji}\leqslant\ln(c'_k) \tag{9.8}$$

类似地，对于那些使用最大化函数进行聚合的 QoS 属性，则为每一个组件服务加入如下一个约束，即

$$\forall j:\sum_{i=1}^{l}q_k(s_{ji})\cdot x_{ji}\leqslant c'_k,\qquad 1\leqslant k\leqslant m \tag{9.9}$$

同时，决策变量 x_{ji} 满足如下整数要求，即

$$x_{ji}\in[0,1] \tag{9.10}$$

x_{ji} 还需要满足分配约束，以确保为每一个服务类别 S_j 只绑定一个组件服务，即

$$\sum_{i=1}^{l}x_{ji}=1,\qquad 1\leqslant j\leqslant n \tag{9.11}$$

模型中决策变量 x_{ji} 的数目取决于所有服务类别中候选服务的数目$(n\cdot l)$，由于规划问题是 NP 难的，当 n 和 l 均很大时，整数规划模型可能无法有效地得到一个优化解。

注意，式(9.5)所描述的目标函数可能是非线性的，本节只考虑目标函数为线性形式的求解方法，在 9.5 节再对目标函数或约束为非线性形式的求解方法进行阐述。

9.3.2　分支限界法

求解 0-1 整数规划的常用方法是分支限界法(Branch and Bound) [162-163]。分支限界法思路为：①确定一个合理的限界函数，根据限界函数确定目标函数的上界，并估算目标函数的下界。②按照广度优先策略遍历问题的解空间树，在分支节点上，依次搜索该节点的所有子节点，分别确定这些子节点的目标函数的上界。③如果某子节点的目标函数可能取得的值低于目标函数的下界，则将其丢弃，因为从这个节点生成的解不会比目前已经得到的解更好；否则，将其加入待处理节点表中。④依次从该表中选取使目标函数取得极大值的节点成为当前的扩展节点。⑤随着这个遍历过程的不断深入，待处理节点表中所估算的目标函数的界越来越接近问题的最优解。⑥重复上述过程，直到找到最优解。具体而言，就优化服务选择问题，解空间树的每一个节点代表一个解状态：一些服务类已选择并确定组件服务，而其他服务类尚未确定组件服务。已确定组件服务的服务类集合称为 C。每个节点有 3 个状态值：

(1) 利用固定服务类生成的固定效用 U_f，即 $U_f=\sum_{S_j\in C}U(s_{j\rho_j})$，其中 ρ_j 表示服务类 S_j 中已经被选中的组件服务。

(2) 效用上界 $U_b=U_f+U_{LP}$。其中 U_{LP} 为 0-1 整数规划问题的松弛线性规划问题的解。松弛线性规划是指在优化选择问题中，对所有服务类 $S_j\notin C$,将其整数约

束 $x_{ji} \in (0,1)$ 放宽为 $0 \leqslant x_{ji} \leqslant 1$。

（3）分支类 S_g 是松弛线性规划问题 U_{LP} 的解，即 S_g 是 x_{ji} 之和最大的服务类别 S_j 的集合。

分支限界法求解组合服务选择时迭代地执行以下步骤。

（1）对解空间树中的每一个节点寻找效用上界 U_b，该上界 U_b 通过求解优化选择问题的线性松弛问题得到。

（2）选择具有最大 U_b 的节点并通过 S_g 对其进行扩展。这一步基于这样的假设，即最大的 x_{ji}（接近于 1）会使 s_{ji} 有最大的机会被选择为优化组件服务。这样，就通过为解空间树中的当前节点加入子节点将该服务类选择的 Web 服务进行固定。每一个新节点对应在 S_g 中选择一个服务。

分支限界法不断重复上述过程直到所有服务类都被固定，即所有服务类均指定了相应的组件服务。在解空间树中，具有最大 U_f 的节点为最优化选择。从该节点进行回溯直到根节点，就可以找到为每个服务类选择的组件服务。

分支限界法根据限界函数不断调整搜索方向，有利于实现大范围剪枝。因此，如果节点的扩展顺序合理并有一个好的限界函数，则该方法可以较快地获得最优组合服务。然而，分支限界法的较高效率是以一定代价为基础的，其工作方式也造成了算法设计的复杂性。首先，一个好的限界函数通常需要花费较多的时间计算相应的目标函数值，而且对于具体的问题，通常需要进行大量实验，才能确定一个好的限界函数。其次，由于分支限界法对解空间树中节点的处理是跳跃式的，所以，在搜索到某个叶子节点得到最优值时，为了从该叶子节点求出对应的最优解中的各个分量，需要对每个扩展节点保存该节点到根节点的路径，或者在搜索过程中构建搜索经过的树结构，这使得算法的设计较为复杂。再次，算法需要维护一个待处理节点表，并且需要在表中快速查找取得极值的节点。这需要较大的存储空间，在最坏的情况下，分支限界法需要的空间复杂度是指数级的。最后，分支限界法实质是穷举法，其计算时间随着问题规模的增长呈指数级增长[158]。这对于以快速响应为目标的优化服务选择是不可接受的。在这种情况下，可以在线性时间内获得近似最优选择的启发式算法，且更加实用。

9.3.3　启发式算法

本节介绍一种有效的启发式算法[158]以在线性时间内找到组合服务的可行选择。算法中用到的符号和函数定义见表 9.3，算法流程图如图 9.5 所示。表 9.3 中的 f^k 为可行因子，如果 $f^k \leqslant 1$，则代表对 QoS 属性 q_k，服务选择方案是可行的；否则为不可行。算法有 3 个主要步骤。

（1）寻找一个初始可行解。对每一个服务类 S_j，算法选择一个具有 $\min_i \{ \max_k \{ q_k(s_{ji}) / c_k \} \}$ 的服务 ρ_j，然后检查该初始解的可行性，即检查该初始解是否可以满足全局 QoS 约束。如果该解不可行,则算法不断地通过用 ρ'_j 替换 ρ_j 对解进行改进,其中 ρ'_j 是在所有服务类中具有最大 Δa_{ji} 的服务。服务替换过程持续进行,直到找到一个可行解或者发现无解为止。

(2) 利用可行提升改进解。对所有服务类中 S_j,算法寻找 ρ'_j 替换 ρ_j 以获得更高的效用并且不违反全局 QoS 约束。如果找不到可提升效用的服务,算法选择具有最大 Δp_{ji} 的服务。

(3) 利用不可行提升改进解。仅执行可行提升可能得到的是搜索空间中的局部最优解。为获得全局最优,算法利用表 9.3 中的 $F5$ 选择具有最大 $\Delta p'_{ji}$ 的服务对解进行提升。该替换会使得已确定的解不可行。因此,算法接下来选择具有最小化 $\Delta p''_{ji}$ 的服务以使解可行,该过程被称为降级(downgrade)。通过这种先进行不可行提升再进行降级的方法可提高解的效用。

对于一个具有 n 个服务类,每个类有 l 个候选服务,每个服务有 r 个 QoS 属性的服务选择问题,上述启发式算法的时间复杂度是 $O(n^2(l-1)^2 r)$,也就是说该算法的时间复杂度是多项式的。不过需要注意的是,利用上述算法得到的不一定是最优选择,也可能是次优选择。

表 9.3　启发式组合服务选择算法符号和定义

符号	定义
f^k	q'_k / c'_k
Δa_{ji}	$(q(s_{j\rho_j}) - q_{ji}) \times q' / \lvert q' \rvert$
Δp_{ji}	$(U(s_{j\rho_j}) - U(s_{ji})) / \Delta a_{ji}$
$\Delta t'_{ji}$	$\sum_{k=1}^{m} (q_k(s_{j\rho_j}) - q_k(s_{ji})) / (c'_k - q'_k)$
$\Delta p'_{ji}$	$(U(s_{j\rho_j}) - U(s_{ji})) / \Delta t'_{ji}$
$\Delta t''_{ji}$	$(q(s_{j\rho_j}) - q(s_{ji})) / (q' - c')$
$\Delta p''_{ji}$	$\Delta t''_{ji} / (U(s_{j\rho_i}) - U(s_{ji}))$
$F1$	$\forall k, q'_k \leqslant c'_k$
$F2$	$\rho'_j = \max_{j,i}\{\Delta a_{ji}\}$ 并且满足:(1) $f^\beta = \max_k\{f^k\}, f^\beta_{\text{new}} < f^\beta_{\text{old}}$;(2) 如果 $f^\beta_{\text{old}} > 1$ 并且 $k \neq \beta$, $f^\beta_{\text{new}} \leqslant f^\beta_{\text{old}}$;(3) 如果 $f^\beta_{\text{old}} \leqslant 1$ 且 $k \neq \beta$, $f^k_{\text{new}} \leqslant 1$。其中,$f_{\text{old}}$ 和 f_{new} 分别为服务替换前后的 f 值
$F3$	$\rho'_j = \max_{j,i}\{\Delta a_{ji}\}, \Delta a_{ji} > 0$
$F4$	$\rho'_j = \max_{j,i}\{\Delta p_{ji}\}, \Delta a_{ji} < 0$
$F5$	$\rho'_j = \max_{j,i}\{\Delta p'_{ji}\}$
$F6$	$\rho''_j = \max_{j,i}\{\Delta p''_{ji}\}$

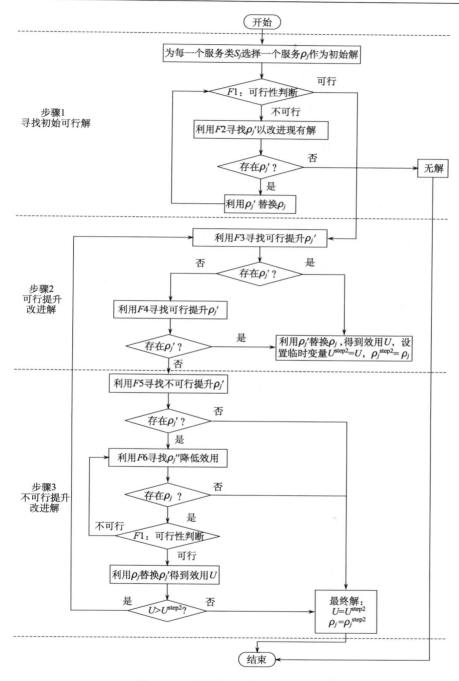

图 9.5　顺序结构组合服务选择启发式算法流程

9.4 复杂结构组合服务选择

9.3 节介绍了具有顺序结构的组合服务选择方法。然而，对于实际的 Web 服务组合，组件服务不可能都是顺序运行的，并行、选择和循环等结构均可能出现在组合服务流程中。为简化组合服务选择问题，可以先利用 Zeng 等[30]提出的方法将循环结构展开，也就是将循环结构中包含的功能按最大循环次数重复执行，从而使得抽象组合流程中不再包括循环结构。

对于具有复杂结构的组合服务，服务选择模型与顺序结构不同。下面先对复杂结构组合服务的整数规划模型进行说明，即确定模型中的服务选择变量、问题约束和目标函数。为此，先定义两种类型的子图。

(1) 执行路径 R。执行路径是指服务组合流程中从开始节点到结束节点，且只包括选择结构的一个分支和并行结构的全部分支的路径。每个执行路径 R_i 有一个概率 ξ_i，表示选择到该路径中的所有选择分支的概率的乘积。如果组合服务有 K 个执行路径，则 $\sum_{i=1}^{K} \xi_i = 1$。例如，图 9.3 有两个执行路径，则

$$\begin{cases} R_1 : \{S_1, S_2, S_3, S_4, S_6, S_7\}, \text{概率为} \xi_1 \\ R_2 : \{S_1, S_2, S_3, S_5, S_6, S_7\}, \text{概率为} \xi_2 \end{cases} \tag{9.12}$$

(2) 顺序路径 P。顺序路径是指服务组合流程中从开始节点到结束节点，且只包括选择结构的一个分支和并行结构的一个分支的路径。因此，一个具有并行结构的执行路径会包含多个顺序路径。例如，图 9.3 包括 3 个顺序路径，则

$$\begin{cases} P_1 : \{S_1, S_2, S_4, S_7\} \\ P_2 : \{S_1, S_2, S_5, S_7\} \\ P_3 : \{S_1, S_3, S_6, S_7\} \end{cases} \tag{9.13}$$

显然，$P_1 \subset R_1$，$P_2 \subset R_2$，而 P_3 则既是 R_1 也是 R_2 的子集。基于上述定义，可以将复杂结构下的服务选择问题映射为如下 0-1 整数规划问题。

1. 约束定义

(1) 顺序路径约束，是指每一个顺序路径必须满足的全局端到端 QoS 约束，以确保组合服务是可行的。假定有 h 个这样的 QoS 需求 c_k，$k=1,\cdots,h$，并且 $1 \leqslant h \leqslant m$，则为每一个顺序路径 P 定义如下约束，即

$$\forall k, 1 \leqslant k \leqslant h, \mathop{F}_{S_j \in P, 0 \leqslant i \leqslant l} (x_{ji} \cdot q(s_{ji})) \leqslant c_k \tag{9.14}$$

式中，F 为顺序结构下的 QoS 聚合函数，注意每一个顺序路径有 h 个这样的约束。如果 F 不为累加函数，则可以利用类似式(9.7)~式(9.9)的思想将约束线性化。

(2) 执行路径约束，是指每一个执行路径必须满足的全局端到端 QoS 约束。

这类约束应用于顺序和并行结构下均采用累加方法进行聚合的 QoS 属性。假定这样的 QoS 约束为 c_k，$k=h+1,\cdots,m$，则为每一个执行路径 R 定义 $m-h$ 个约束，即

$$\forall k, h+1 \leqslant k \leqslant m, \sum_{S_j \in R} \sum_{i=1}^{l} x_{ji} \cdot q(s_{ji}) \leqslant c_k \tag{9.15}$$

（3）其他约束。式(9.10)和式(9.11)描述的整数约束和分配约束，确保为每一个服务类只选择一个服务。

2. 目标函数

针对复杂组合服务的特点，可以定义如下两种目标函数。

（1）EU，优化目标是最大化所有执行路径的期望效用，即

$$\max \sum_{\alpha=1}^{K} \xi_\alpha \cdot U_\alpha \tag{9.16}$$

式中，ξ_α 是执行路径的执行概率，而 $U_\alpha = \sum_{S_j \in R_\alpha} \sum_{i=1}^{l} x_{ji} \cdot U(s_{ji})$ 是执行路径 R_α 的效用。

（2）HP，优化目标是最大化具有最大执行概率的执行路径 $R_{\max}$ 的效用，即

$$\max U_{\max} = \sum_{S_j \in R_{\max}} \sum_{i=1}^{l} x_{ji} \cdot U(s_{ji}) \tag{9.17}$$

式(9.17)确定的目标函数是基于这样一个假设：若具有最大执行效率的执行路径效用得到优化，则整个组合服务效用得到优化的可能性最大。利用上述方法将复杂结构组合服务选择问题建模为 0-1 整数规划问题后，就可以利用分支限界等方法求解。但是，正如 9.3.2 节所分析，分支限界法的计算时间随着问题规模的增长呈指数级增长，这对于以快速响应为目标的优化服务选择是不可接受的。为此，同样可以利用启发式方法求解上述 0-1 整数规划问题，以便在线性时间获得近似最优解。

求解复杂结构组合服务整数规划的启发式算法的结构类似于 9.3.3 节介绍的启发式算法，即首先寻找初始可行解，然后尝试通过可行提升和不可行提升对解进行优化。但与 9.3.3 节介绍的算法不同，由于复杂组合结构中存在选择和并行等结构，所以需要由 9.2.4 节叙述的方法获得组合服务的聚合 QoS 值，并判断初始解的可行性。对于式(9.16)确定的目标函数 EU，启发式求解的准则为如下三点。

（1）可行解。只有所有执行路径和顺序路径均满足相应的约束时对应的解才为可行解。

（2）效用。算法中的效用是指用式(9.16)确定的所有执行路径的期望效用而不是某一个单独执行路径的效用。

（3）可行提升。一个解是可行提升必须满足两个条件：一是其可以提高已有

解的效用 EU，二是其不会导致任意执行路径或顺序路径违反相应的约束。

对于由式 (9.17) 确定的目标函数 HP，其目标是最大化具有最大执行概率的执行路径 R_{max} 的效用，同时也需要为所有其他路径寻找可行解。因此，启发式算法包括两个部分：①利用与求解 EU 类似的方法为 R_{max} 寻找优化解；②尝试为 $R_\alpha (\forall \alpha \neq max)$ 确定可行解。求解 HP 与求解 EU 的启发式算法有如下不同。

（1）初始可行解判断。求解 HP 的算法只检查具有最高执行概率执行路径的解的可行性，而 EU 算法检查所有执行路径的可行性。

（2）解优化。在第一遍优化过程中，求解 HP 的算法只考虑 R_{max} 的可行性而不考虑其他路径是否满足 QoS 约束。在为 $R_\alpha (\forall \alpha \neq max)$ 找到可行解后，优化过程会维护所有路径的可行解。

（3）$R_\alpha (\forall \alpha \neq max)$ 的可行解。求解 HP 的算法需要为非 R_{max} 的其他路径寻找可行解。也就是说可能需要对上一步中得到的可行解进行调整以使其适应所有的路径。如果对 R_{max} 的效用进行了不可行提升，求解 HP 的算法需要回到第 2 和第 3 步以进一步改进可行解。

与求解顺序结构组合服务选择启发式算法一样，求解复杂结构组合服务选择启发式算法的时间复杂度为 $O(n^2(l-1)^2 r)$，但得到的不一定是最优选择，而是近似最优选择。

9.5　目标函数与约束不能线性化时的服务选择

9.3~9.4 节中介绍了利用启发式方法求解 0-1 整数规划模型所描述的组合服务选择问题。然而，如果式 (9.5) 所示的目标函数中的 QoS 聚合函数 F_k 不是线性的，或者任意全局 QoS 约束不能以线性形式描述，且不能将聚合函数和 QoS 约束线性化，则不能利用 9.3~9.4 节介绍的方法进行组合服务选择。事实上，正如表 9.1~表 9.2 所示，即使在顺序结构组合中，成功率等 QoS 属性的聚合方式也不是线性的。在考虑复杂结构的情况下，QoS 属性的聚合方式更难以用线性方式描述。在这种情况下，就需要采取其他的方法进行组合服务选择。为此，本节介绍文献 [81] 提出的一种基于遗传算法的组合服务选择方法，以解决目标函数或 QoS 约束不能线性化时的服务选择问题。

遗传算法由美国 Michigan 大学 Holland 教授于 1975 年首先提出的，其思想源于模拟达尔文的进化论"优胜劣汰、适者生存"的原理和孟德尔、摩根的遗传学理论，通过模拟自然进化过程搜索最优解，其本意是在人工适应系统中设计一种基于自然的演化机制。

遗传算法是建立在自然选择和群体遗传学基础上，通过自然选择、杂交和变异操作实现搜索的方法，其基本过程是：首先，采用某种编码方式将解空间映射到编码空间。编码可以是位串、实数等，具体问题中，可以直接采用解空间的形式进行编码，也可以直接在解的表示上进行遗传操作，从而易于引入特定领域的启发式信息，可以取得比二进制编码更高的效率。实数编码一般用于数值优化，有位串编码一般用于组合优化，每个编码对应问题的一个解，称为染色体或个体。其次，通过随机的方法产生初始解(被称为群体或种群)，在种群中根据适应值或某种竞争机制选择个体。适应值是解的满意程度，可以由外部显式适应度函数计算产生，也可以由系统本身产生，如由个体在种群中的存活量和繁殖量确定。再次，使用各种遗传操作算子(包括杂交、变异等)产生下一代(可以完全替代原种群，即非重叠种群，也可以部分替代原种群中一些较差的个体，即重叠种群)，如此进化下去，直到满足期望的终止条件。

遗传算法是模拟由个体组成的种群的整体学习过程，其中个体表示给定问题的搜索空间中的一个节点。遗传算法从任意初始种群出发，通过随机选择(使种群中的优秀个体有更多的机会传给下一代)、杂交(体现自然界中种群内个体之间的信息交换)和变异(在种群中引入新的变种确保种群中信息的多样性)等遗传操作，使种群一代一代地进化到搜索空间中越来越好的区域，直至达到最优解。下面给出遗传算法的一般框架。

(1) 初始化。

① 设置进化代数计数器 $t = 0$；

② 设置最大迭代次数 T；

③ 对搜索空间进行编码；

④ 随机产生 m 个个体作为初始种群 $P(0)$。

(2) 种群 $P(t)$ 经过选择、交叉和变异运算之后得到下一代种群 $P(t+1)$。

① 选择运算。将选择算子作用于种群。

② 交叉运算。将交叉算子作用于种群。

③ 变异运算。将变异算子作用于种群。

④ 个体评价。计算种群中各个个体的适应度。

(3) 若 $t \leqslant T$，则 $t = t+1$，转到(2)。

(4) 否则，以进化过程中得到的最大适应度的个体作为最优解输出，算法结束。

遗传算法是一种随机的优化与搜索方法，其整体搜索策略和优化搜索方法在计算时不依赖于梯度信息或其他辅助知识，而只需要影响搜索方向的目标函数和相应的适应度函数，所以遗传算法提供了一种求解复杂系统问题的通用框架，它不依赖于问题的具体领域，对问题的种类有很强的鲁棒性。由于遗传算法不是从单个解开始搜索的，所以有利于实现全局择优。而且遗传算法还对搜索空间中的多个解进行评估，减少了陷入局部最优解的风险，同时算法本身易于实现并行化。遗传算法的通用性、并行性、全局优化性、可操作性和简单性等特点，使得其被广泛应用于函数优化、组合优化、生产调度、自动控制、机器人学、图像处理和机器学习等领域。下面介绍利用遗传算法求解 QoS 感知的组合服务选择问题中的关键参数设置方法。

1. 染色体编码

将组合服务选择问题编码为合适的染色体是利用遗传算法解决服务选择问题的基础。为此，将染色体表示为一个整数数组，数组的长度等于组合服务中服务类的数目 (n)，而数组中的每个元素为服务类对应的具体候选服务的索引。该染色体设计思想如图 9.6 所示。

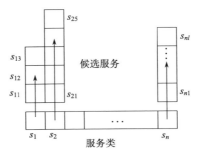

图 9.6　染色体设计

2. 交叉和变异算子

在自然界生物进化过程中起核心作用的是生物遗传基因的重组。同样，遗传算法中起核心作用的是遗传操作中的交叉算子。所谓交叉是指把两个父代个体的部分结构加以替换重组而生成新个体的操作。通过交叉，遗传算法的搜索能力得以飞跃提高。交叉算子根据交叉率将种群中的两个个体随机地交换某些基因，产生新的基因组合，期望将有益基因组合在一起。在基于遗传算法的服务选择过程中，交叉操作采用标准的两点交叉算子（见图 9.7）。

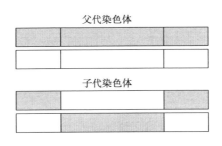

图 9.7　两点交叉算子

3. 变异算子

遗传算法引入变异的目的是使遗传算法具有局部的随机搜索能力。当遗传算法通过交叉算子已接近最优解邻域时，利用变异算子的这种局部随机搜索能力可以加速向最优解收敛。基于遗传算法的服务选择中变异操作随机选择一个服务类，并将该服务类对应的具体服务替换为另一个可用的候选服务。显然，在进化过程中没有必要再考虑那些只有一个可用候选服务的服务类。

4. 适应度函数

遗传算法中使用适应度这个概念来度量种群中的各个个体在优化过程中有可能达到最优解的优良程度。度量个体适应度的函数称为适应度函数，适应度函数的定义一般与具体问题有关。考虑到组合服务选择需要判断每个解满足 QoS 约束的情况，从而指导染色体尽量向满足约束的方向进化，为此，定义当前染色体 g 与约束的距离 $D(g)$ 为

$$D(g) = \sum_{k=1}^{m} F_{k\,j=1}^{n}(g) \cdot y_k \qquad (9.18)$$

式中

$$\begin{cases} y_k = 1, \ F_{kj=1}^{n}(g) \leqslant c_k' \\ y_k = 0, \ F_{kj=1}^{n}(g) > c_k' \end{cases} \qquad (9.19)$$

这样，适应度函数就定义为

$$F(g) = U'(g) + D(g) \qquad (9.20)$$

基于上述适应度函数的定义，除了利用最大迭代次数 T 作为遗传算法的终止条件，还可以采用如下两种方法。

（1）进化过程在 $D(g)=m$ 时终止，此时的染色体对应的服务选择方案可以满足所有全局 QoS 约束。如果达到最大迭代次数 T 时仍然没有使得 $D(g)=m$，则不能找到满足约束的解，需要对 T 进行调整。

（2）一旦达到最大迭代次数 T 之前尚没有使得 $D(g)=m$，则可以继续进化过程，直到 $F(g)$ 不再变化或达到最大迭代次数，此时，染色体 g 对应的服务选择方案的效用可以得到不断的提升。

5. 选择操作

选择的目的是把优化的个体直接遗传到下一代或把通过配对交叉产生新的个体遗传到下一代。选择操作是建立在群体中个体的适应度评估基础上，可以采用

轮盘赌方法进行。在轮盘赌方法中，各个个体的选择概率和其适应度值成比例。个体适应度越大，其被选择的概率就越高，反之亦然。个体被选后，可随机地组成交配对，以进行交叉操作。

　　由于遗传算法可以在非线性问题中搜索全局最优解，所以，非常适合被应用于具有不能线性化的目标函数或 QoS 约束的组合服务选择[81]。

9.6　实 验 分 析

9.6.1　顺序结构组合服务选择算法性能

　　本节对 9.3~9.5 节介绍的服务选择方法的性能进行实验验证，对启发式算法与分支限界算法的运行时间、优化率（启发式算法解的效用与分支限界法解的效用之比）进行比较。实验采用互联网拓扑生成器 Inet 3.0[164]生成具有 4000 个节点的图。然后随机选择 25~2500 个节点作为候选服务，每个候选服务的 QoS 属性数目为 5，QoS 属性值设置为[1,100]之间均匀分布的随机数，抽象服务流程的服务类数目为 5~50。对每一个代表不同服务类别数目和候选服务数量的实验场景，均计算 10 个流程实例的平均结果作为最终实验结果。

　　图 9.8(a) 为在不同服务类数目和不同 QoS 约束数目下分支限界法和启发式算法的运行时间之比，其中全局优化的分支限界法采用 LPSolve[①]实现。可以看到，随着服务类别数目的增加，启发式算法的优势逐渐增加。当服务类别数目为 50 时，启发式算法的运行时间仅为分支限界法的 0.01%~0.02%。而图 9.8(b) 则显示启发式算法获得的解的效用非常接近利用分支限界法获得解的效用（>98.5%）。以上结果说明，启发式算法能够在较短的时间内获得接近最优的组合方案。

9.6.2　复杂结构组合服务选择算法性能

　　实验对利用分支限界法和启发式算法求解复杂结构组合服务选择的性能进行比较。首先随机生成 100 个具有多个执行路径的组合服务流程，每个流程包括至少两种以上的组合结构。每个候选服务 4 个 QoS 属性值为[50,200]之间的均匀分布随机数。同样，每一个实验场景的结果均为 100 个实验实例的平均值。

　　在实验中，采用了两种不同获得初始解的方法：IS1 表示利用每个服务类中具有最高效用的候选服务作为初始解，而 IS2 则表示从每个服务类中选择具有 $\min_i\{\max_k\{q_k(s_{ji})/c_k\}\}$ 的服务 ρ_j 作为初始解。图 9.9 比较了启发式算法和分支限

---

　　① http://www.cs.sunysb.edu/algorith/implement/lpsolve/implement.shtml

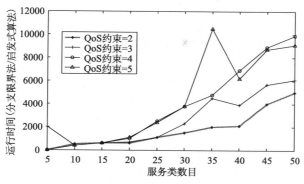

(a) 顺序结构不同服务类数目时的运行时间比较

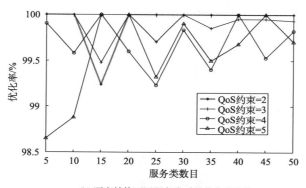

(b) 顺序结构不同服务类时的优化率比较

图 9.8 分支限界法与启发式算法比较

界法的优化率，其中 9.9(a) 为目标函数为 EU 时的优化率，而 9.9(b) 为目标函数为 HP 时的优化率。可以看到，无论使用哪一个目标函数，启发式算法都能很好地得到近似优化解（大多数情况下优化率>90%）。另一方面，从图 9.10 可以看到，采用启发式算法所用的时间远少于分支限界法。即使在最差的情况下，启发式算法所用的时间也低于分支限界方法所用时间的 10%。随着 QoS 约束的增加，启发式算法的优势越加明显。此外，图 9.9 和图 9.10 还表明，QoS 约束数目相同时，采用 IS2 作为初始解设定的方法，在优化率方面优于 IS1，但是需要更多的运行时间。对目标函数 HP，IS1 和 IS2 的性能十分接近，因此，可以选择任意一个作为初始解设置方法。对目标函数 EU，IS1 表现不如 IS2，因此，当目标函数为 EU 时，应选择 IS2 作为初始解的获取方式。

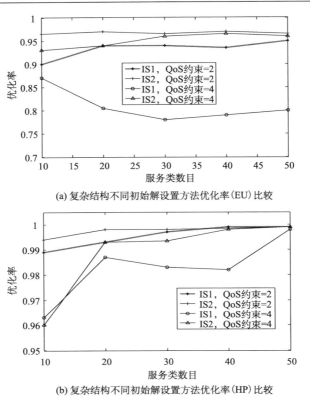

(a) 复杂结构不同初始解设置方法优化率(EU) 比较

(b) 复杂结构不同初始解设置方法优化率(HP) 比较

图 9.9　复杂结构组合服务的分支限界法与启发式算法优化率比较

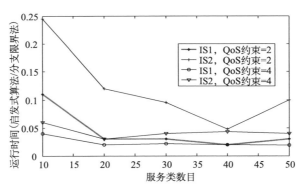

(a) 复杂结构不同初始解设置方法运行时间(EU) 比较

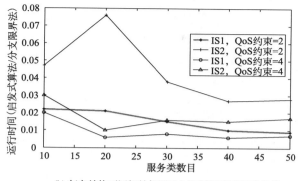

(b) 复杂结构不同初始解设置方法运行时间 (HP) 比较

图 9.10　复杂结构组合服务的分支限界法与启发式算法不同目标函数运行时间比较

9.6.3　遗传算法性能

实验对遗传算法和分支限界法进行组合服务选择的运行时间进行比较。遗传算法采用 Java 遗传算法包①实现，而全局优化的分支限界法则采用 LPSolve 实现。实验中服务类数目设置为 8，每个服务类具有 5~25 个候选服务，并且服务组合流程包括两个嵌套循环和一个分支结构。由于分支限界法不能求解非线性优化问题，因此实验设置中的服务选择问题不包括非线性目标函数和约束。遗传算法运行至解满足约束，并且解对应的效用值大于分支限界法获得的优化选择效用值的 99% 时终止。图 9.11 为遗传算法和分支限界法进行组合服务选择的运行时间比较结果。

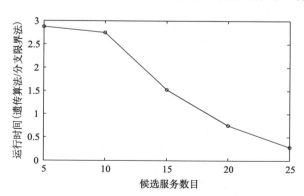

图 9.11　分支限界法与遗传算法运行时间比较

---

① http://sourceforge.net/projects/java-galib/

从该结果可以看到,当服务类候选服务数目低于 15 时,遗传算法的效率低于分支限界法,但是当候选服务数目大于 15 后,遗传算法对分支限界法的优势迅速增大。而且,无论候选服务数目多大,遗传算法的运行时间基本维持不变。因此,在求解候选服务数目很大的服务选择问题时,遗传算法具有显著的优势。考虑到遗传算法还可以求解具有不能线性化的目标函数或 QoS 约束的服务选择问题,因此遗传算法在服务选择中具有良好的实用性。

9.7　小　　结

如何计算组合流程中多个服务的聚合 QoS 问题是面向全局 QoS 约束组件服务选择的基础。其中,基于 METEOR 工作流管理系统的 QoS 研究最具代表性[159],他们选择了 Time、Cost 和 Reliability 三个 QoS 属性,并基于工作流领域中广泛采用的图归约法,提出随机工作流约简(Stochastic Workflow Reduction,SWR)算法计算工作流的 QoS。除了 METEOR 项目的研究之外,文献[160]基于工作流模式的定义抽象出几种基本的组合模式,针对抽象组合模式研究了时间和价格这两个 QoS 属性的最大值与最小值的聚合方法,没有讨论对其他 QoS 属性。本章介绍的方法是在上述工作提出的具体计算规则的基础上,着重于面向结构化流程模型建立组合服务 QoS 的计算方法,建立基于聚合树的 QoS 聚合模型。聚合树的思想与 SWR 算法有相似之处,但是聚合树方法易于理解,且其计算基于结构相对执行率而 SWR 则基于活动之间的转移概率。

基于全局 QoS 约束从大量组合计划中选出最优计划属于组合优化范畴,解决这类问题的基于 QoS 属性计算的方法分为两类:一类是穷尽算法,通过算法将所有的候选方案按一定的规则进行计算,从中选出最理想方案;另一类是近似算法,通过特定算法无限逼近理想方案,从而得出满足要求的但不一定是最理想的方案。

Zeng 等[30]基于 QoS 属性矩阵,提出了局部选择算法与全局选择算法,两个算法适合不同场景。他们提出的方法通过引入状态图来表示 Web 组合服务中的路径,从而将 QoS 计算建立在 Web 组合服务路径之上,并对循环路径问题进行了讨论。通过引入整数规划方法实现了全局优化算法,并对所提的两个算法进行了比较,得出两个算法适合的不同场景,局部选择算法计算量少于全局选择算法,但是无法考虑全局 QoS 约束,不能得出全局最优解,而全局选择算法计算量大,尤其在动态环境下,但是它可以考虑全局 QoS 约束,可以得出全局最优解,但当组合规模很大时,全局算法的计算量也增大很多。与文献[30]的方法类似,文献[165]等在线性规划的基础上进行了扩展,加入了局部 QoS 约束,进一步优化了服务选择问题。

穷举算法需要在计算出所有可能解的情况下,才能得出最优解。由于基于 QoS

的全局服务选择问题属于 NP 难问题[81]，所以采用穷尽计算的组合优化方法计算上很可能是不可行的。为此，通过启发式方法或者基于概率的随机搜索算法在允许时间内得出次优解是一种更可行的方法。本章介绍的方法[158]就是将利用启发式算法对全局服务选择问题进行求解，并可获得满意的结果。此外，文献[81]和[166]对基于遗传算法 Web 服务组合优化进行了有益的探讨。其中文献[81]采用一维染色体编码方式，只能表示固定的前后任务关系，无法表示多个任务间的关系，也无法通过一次编码来表示 Web 组合服务多条路径的情况。本章对这种方法进行了简单的介绍。为克服一维编码存在的问题，文献[166]采用关系矩阵编码方式，克服了一维编码方式表示的局限性，并且可以通过简单的方法来表示组合服务重计划与服务循环路径等情况。通过该方法一次运行就可以从所有组合路径的组合方案中选出满足用户 QoS 需求的组合方案。

第 10 章　基于全局 QoS 约束分解的
分布式组合服务选择

运行时动态 Web 服务选择对于构造灵活、松耦合的 SOA 应用十分重要，为此，需要在设计时给出需要服务的抽象描述，并在运行时绑定具体服务。虽然局部选择策略具有很高的效率，但却不能确保满足全局的 QoS 需求。相反，全局选择策略能解决全局约束问题，但其性能低下，并不适合具有动态和实时响应需求的服务选择应用。为此，本章介绍一种结合全局选择策略和局部选择策略优势的组合服务选择方法。该方法包括两个阶段：首先利用整数规划方法将全局 QoS 约束分解为一系列局部约束，然后利用局部策略选择满足局部约束的服务。实验结果表明该方法能在合理时间内找到近似最优化的解决方案。

10.1　引　　言

通常组合服务用户并不知道组合服务中包括哪些组件服务，因此他们以端到端 QoS 约束的方式给出对整个组合服务的需求。对组合服务而言，QoS 感知的 Web 服务选择在运行时实施，目的是根据组合服务用户的请求，为组合服务中的每一个任务从候选服务中选择一个具体组件服务，使得组合服务整体 QoS 能满足用户给出的约束信息，同时实现组合服务效用的最大化。该问题是一个组合优化问题的一个特例，即多维多选择背包问题，而该问题是一个 NP 难问题。对该问题而言，任何获得精确解的方法的时间复杂度均匀指数阶，在组合服务中包含很多任务，且每个任务有很多候选服务时，这种方式显然并不具有实用性。

因此，在实际商业应用中，组合服务选择机制的效率就成为十分关键的问题。考虑到响应时间、吞吐量和可用性等 QoS 需求通常是近似的，因此，在可接受成本下找到可行的、不明显违反 QoS 需求的组合方案比在很高成本下找到优化解反而更加重要。同时，在开放的 Web 服务环境下，通常并不存在一个对所有服务进行管理的中心，因此，组合服务选择应该支持通过分布式的方式进行。基于上述分析，本章介绍由 Alrifai 等[80,167]提出的分布式 Web 服务 QoS 计算模型，并通过整数规划方法将全局 QoS 约束有效地分解为一系列局部约束。这样，满足局部约束的服务就可以确保满足全局约束。利用这种方法，可以有效地在分布模式下实现组合服务选择。

10.2　分布式 QoS 感知的组合服务选择

本章解决的问题与第 9 章阐述的问题一致。正如第 9 章所分析，使用整数规划方法[168]求解 QoS 感知的服务组合问题时，模型中决策变量的数目取决于所有服务类别中候选服务的数目 $(n \cdot l)$，由于 0-1 整数规划问题是 NP 难的，所以当 n 和 l 的值均很大时，模型可能无法有效地得到一个优化解。此外，该方法要求所有可用 Web 服务的 QoS 信息从服务代理传输到一个服务组合整数规划模型中，极大地提高了通信成本。

为克服以上局限，一种很直观的思路就是将 QoS 感知的服务组合问题划分为若干可被有效解决的子问题。图 10.1 描述了该方法的框架。在第一阶段，服务组合器将每一个全局 QoS 约束分解为对组件服务的局部约束，并将这些约束信息发送给相应的服务代理。第二阶段，每一个服务代理实施局部服务选择找到满足局部约束且效用值最高的服务。10.3~10.4 节将分别对这两阶段的细节进行详细描述。

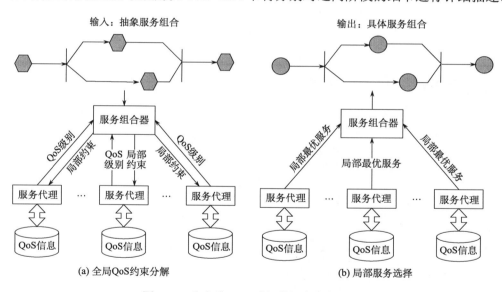

图 10.1　分布式 QoS 感知的组合服务选择

10.3　全局 QoS 约束分解

在解决方案的第一阶段，每一个全局 QoS 约束 C 被分解为 n 个局部约束的集合 $\{c_1, c_2, \cdots, c_n\}$，其中 n 为组合服务中抽象服务类型的数目。局部约束是一个保守上界，使得满足局部约束就可以确保全局约束得到满足。为此，使用一个称为局部 QoS 级别的概念，用于表示从一系列服务中得到的一个离散 QoS 级别的集合。给定每个服务类别的局部 QoS 级别，将每个全局 QoS 约束映射到这些 QoS 级别中的其中一个，然后使用选择到的 QoS 级别作为相应 QoS 属性的局部阈值。例如，给定一系列候选服务及其价格信息，可为该服务类创建一个价格级别列表，然后将价格属性全局约束映射为服务类的一个价格级别。

　　为避免忽略那些可能成为可行组合一部分的候选服务，全局 QoS 约束分解方法需要确保局部约束不比实际需要的严格。换句话说，需要尽可能地放宽局部约束以确保其不会与全局约束冲突。因此，可将全局 QoS 约束分解问题建模为一个优化问题，该模型的目标是为每一个服务类找到一系列覆盖尽可能多的候选服务的局部约束，并且这些局部 QoS 约束的聚合值不与全局约束相冲突。

　　为此，本章介绍利用整数规划方法找到将全局 QoS 约束分解为局部 QoS 级别的最佳方法。与第 9 章介绍的基于整数规划的组合服务选择方法不同，本章的整数规划方法是用于全局 QoS 约束分解，其决策变量代表 QoS 级别而不是候选服务，因此决策变量数目要少得多，从而该优化问题可以在短时间内得到解。下面首先介绍选择 QoS 级别的方法，然后描述如何将全局约束分解问题建模为整数规划问题。

10.3.1　选择 QoS 级别

　　这一个步骤的目标是确定一个离散的 QoS 值集合，并以这些 QoS 值的集合代表一个服务集。图 10.2 给出了该方法的总体思想。

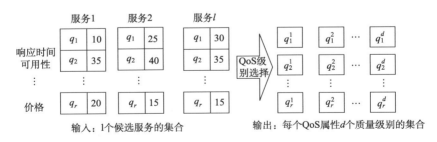

图 10.2　QoS 级别选择总体思想

　　对于每一个 QoS 属性 $q_k \in Q$，QoS 级别选择将某个服务类 S_j 所有 l 个候选服务的 QoS 值作为输入，而输出为 d 个离散值的集合 $\mathrm{QL}_{jk} = \{q_{jk}^1, q_{jk}^2, \cdots, q_{jk}^d\}$，其中

$$Q_{\min}(j,k) \leqslant q_{jk}^1 \leqslant \cdots \leqslant q_{jk}^d \leqslant Q_{\max}(j,k) \tag{10.1}$$

式中，$Q_{\min}(j,k)$ 和 $Q_{\max}(j,k)$ 分别为服务类 S_j 所有候选服务的第 k 个 QoS 属性的

最小值和最大值。

算法 10.1 描述了一种简单、有效的 QoS 级别选择方法。算法分别在每一个 QoS 属性 $q_k \in Q$ 上运行,其第一步是对服务类 S_j 中的所有候选服务按照 q_k 的值进行排序。然后,其中 q_k 的最小、最大值被直接选择成为 q_k 的 QoS 级别。接下来,其他被排序的服务被划分为 d 个子集,并从每一个子集中以随机方式选择一个服务,将其 QoS 值作为一个 QoS 级别。算法 10.1 中第 9 行的随机选择排除那些 QoS 值已经在上一步被选择的服务。

算法 10.1 SelectQualityLevels(S_j, q_k, d)局部 QoS 级别选择

输入: 特定服务类l个候选服务集合S_j,考虑的QoS属性q_k,需要的QoS级别数目d

输出: 一系列QoS级别QL$_{jk}$

1: QL$_{jk}$={};

2: S_j=sort(S_j, q_k);   //按q_k对S_j的候选服务进行排序

3: $q_{jk}^{\min} = S_j[1]$; $q_{jk}^{\max} = S_j[l]$

4: QL$_{jk}$ = QL$_{jk} \bigcup \{q_{jk}^{\min}, q_{jk}^{\text{m}\max}\}$;

5: index=2;

6: offset=$(l-2)/d$;

7: **for** z=1 **to** $d-2$ **do**

8:     S_z={$s_i|i\in$[index,index+offset-1]}; //将服务集划分为d个子集

9:     s_z=randomSelection(S_z);   //从每个子集中随机选择一个服务

10:    QL$_{jk}$ = QL$_{jk} \bigcup \{q_{jk}^z\}$;

11:    index=index+offset;

12: **end for**

13:**return** QL$_{jk}$.

下面通过一个示例对算法 10.1 描述的 QoS 级别选择方法进行说明,如表 10.1 所示。示例中,假定某服务类包含 32 个候选服务,每个服务特定 QoS 属性 q 的值在表 10.1 中列出,比如 $q(s_1)$=1,$q(s_{10})$=4。确定 d 个 QoS 级别的目的是选择 d $(d=7)$ 个最能代表整个候选服务集合的 QoS 属性 q 的值。第一步将 32 个服务按 q 的值进行排序,并把最小值 1 和最大值 200 直接作为两个 QoS 级别值。然后,把剩下的服务集合划分为 5$(7-2)$个大小相等的子集,即 $s_2\text{-}s_7$,$s_8\text{-}s_{13}$,$s_{14}\text{-}s_{19}$,$s_{20}\text{-}s_{25}$ 和 $s_{26}\text{-}s_{31}$。最后,从每一个子集中随机地选择一个服务,将该服务 QoS 属性 q 的值作为一个 QoS 级别。通过以上过程,一共得到 7 个 QoS 级别 1,3,4,

6，10，80 和 200。

表 10.1　QoS 级别选择示例

服务	s_1	s_2	s_3	s_4	s_5	s_6	s_7
QoS 值	1	2	2	3	3	3	3
选择方式	直接选择	子集 1，随机选择					
QoS 级别	$q^{\min}=1$	$q^1=3$					
服务	s_8	s_9	s_{10}	s_{11}	s_{12}	s_{13}	
QoS 值	3	4	4	4	4	5	
选择方式	子集 2，随机选择						
QoS 级别	$q^2=4$						
服务	s_{14}	s_{15}	s_{16}	s_{17}	s_{18}	s_{19}	
QoS 值	5	5	6	6	6	7	
选择方式	子集 3，随机选择						
QoS 级别	$q^3=6$						
服务	s_{20}	s_{21}	s_{22}	s_{23}	s_{24}	s_{25}	
QoS 值	7	8	8	9	10	15	
选择方式	子集 4，随机选择						
QoS 级别	$q^4=10$						
服务	s_{26}	s_{27}	s_{28}	s_{29}	s_{30}	s_{31}	s_{32}
QoS 值	20	50	80	100	150	160	200
选择方式	子集 5，随机选择						直接选择
QoS 级别	$q^5=80$						$q^{\max}=200$

注意，在选择 QoS 级别时，并不删除候选服务中重复的 QoS 值。因此，某一给定 QoS 值出现的频率越高，则该值被选择作为一个 QoS 级别的概率越高。这就意味着算法 10.1 的 QoS 级别选择方法考虑了 QoS 值的分布。图 10.3 描述了示例中的 QoS 值分布，其中水平虚线表示选择的 QoS 级别。可以看到，选择的级别主要集中在[1,10]范围之内（q^1, q^2, q^3, q^4），这与 32 个服务的 QoS 值主要出现在这一个范围内是吻合的。

获得局部 QoS 级别的目的是用其对全局 QoS 约束进行分解。约束分解的工作由一个全局优化器实施，该优化器确定哪一个局部质量级别被用于一个局部约束。因此，为每一个 QoS 级别 q^z_{jk} 分配一个[0,1]之间的权重值 p^z_{jk}，用来评估使用

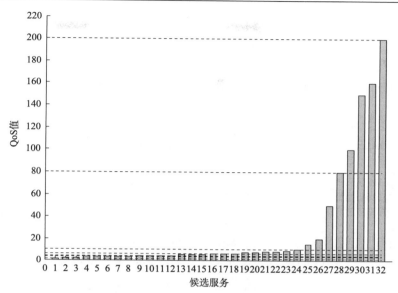

图 10.3　QoS 级别选择示例中的 QoS 分布

q_{jk}^z 作为局部 QoS 约束的效益。优化器的目标是选择组合后满足全局约束的局部 QoS 级别，并最大化聚合 p 值。p 值由以下方法确定：①计算 $h(q_{jk}^z)$，其值表示当 q_{jk}^z 被用作局部约束时能满足该约束的候选服务数目。②利用式(9.3)计算服务类中每一个候选服务的效用值，并确定能满足以 q_{jk}^z 为局部约束可获得的最高效用值 $u(q_{jk}^z)$。③利用式(10.2)计算权重 p_{jk}^z，即

$$p_{jk}^z = \frac{h(q_{jk}^z)}{l} \cdot \frac{u(q_{jk}^z)}{u_{max}} \tag{10.2}$$

式中，l 为服务类别 S_j 中候选服务的总数，u_{max} 为该服务类所有候选服务能获得的最大效用值。

从 QoS 级别的获取过程可以看到，一方面，服务 QoS 级别的数目 d 越小，找到将全局约束映射为局部 QoS 级别的方案的速度越快；另一方面，服务 QoS 级别的数目 d 越大，将全局约束分解为局部 QoS 级别的方案越优化，即得到的局部约束越准确。因此，选择 d 时就需要在性能和最优之间进行权衡。在 10.5 节中将通过实验结果对此进行进一步说明。确定优化局部 QoS 级别数目取决于 QoS 信息和用户的约束。在用户全局 QoS 约束很严的情况下，如果 QoS 级别数目过低，则可能导致无法将全局 QoS 约束分解为局部约束。因此，找到 d 的优化值是很困难的。为解决该问题，可以利用一种迭代的方法，首先将 d 设置为一个相对小的数(如 10)，如果没有找到对全局 QoS 约束分解的可行解，则将服务 QoS 级别 d 翻倍重新进行尝试。不断重复该过程，直到找到可行解或者到达设定的上限。

从 10.5 节的实验分析可以看到，如果 l 为每个服务类中候选服务数目的平均值，m 为全局约束数目，则当 d 远远小于 l/m 时，基于全局 QoS 约束分解的方法优于普通利用 9.3.1 节介绍的 0-1 整数规划求解组合服务选择的方法。因此，只要质量级别数目 d 不超过 l/m，寻找 d 的迭代过程就可以一直持续下去。在最极端的情况下，即 d 已经到达上限 l/m，但依然不能找到将全局 QoS 约束分解为局部约束的可行解时，则停止迭代过程，直接采用整数规划方法求解服务选择问题。不过，在实际 Web 服务 QoS 信息与代表不同极端情况的人工合成数据等数据集上的实验表明，平均只需要经过 4 次迭代，就可以找到一个合适的 d 值。

10.3.2 全局 QoS 约束分解

定义（全局 QoS 约束分解）给定一个组合服务 $CS_{abstract}=\{S_1, S_2, \cdots, S_n\}$ 的全局 QoS 约束 c'_k，以及每个服务类 S_j 各 QoS 属性的 d 个局部 QoS 级别 $QL_{jk}=\{q^1_{jk}, \cdots, q^d_{jk}\}$，全局 QoS 约束分解的目的是从每一个服务类选择合适的 QoS 级别 q_{jk}，使得选择到的 QoS 级别的聚合值满足全局约束，并且使得以 q_{jk} 为局部约束的服务数目最大化。

为求解全局 QoS 约束分解问题，将其建模为一个 0-1 整数规划问题。为简单计，下面先考虑顺序组合模式，然后在 10.3.3 节介绍其他复杂组合模式的处理。

利用 0-1 二元决策变量 x^z_{jk} 表示局部 QoS 级别 q^z_{jk}，只要 q^z_{jk} 被选择成为服务类 S_j 的 QoS 属性 q_k 的局部约束，则 $x^z_{jk}=1$，否则 $x^z_{jk}=0$。这样，就可以在全局 QoS 约束分解优化模型中使用如下分配约束，即

$$\forall j, \forall k : \sum_{z=1}^{d} x^z_{jk} = 1, \quad 1 \leqslant j \leqslant n, 1 \leqslant k \leqslant m, \quad 1 \leqslant z \leqslant d \tag{10.3}$$

容易知道式 (10.3) 中决策变量总数为 $n \cdot m \cdot d$（m 为全局约束数目），其独立于候选服务数目 l。一旦 QoS 级别数目 d 满足 $m \cdot d \leqslant l$，就可以确保该 0-1 整数规划模型的规模低于直接求解组合服务选择问题的 0-1 整数规划模型的规模[30,158,165]（其候选服务数目为 $n \cdot l$），从而可以更快地求解。

为确保选择到的 QoS 级别的聚合值满足全局约束，需要在模型中加入其他约束条件。由于整数规划模型只支持线性约束，从而需要将相乘、取小等非线性聚合函数转换为线性。为此，对于每一个利用累加方式进行聚合的 QoS 属性，就直接在模型中加入如下约束，即

$$\sum_{j=1}^{n} \sum_{z=1}^{d} q^z_{jk} \cdot x^z_{jk} \leqslant c'_k \tag{10.4}$$

对利用乘法方式进行聚合的 QoS 属性，则先利用对数函数将相乘关系转换为

相加关系，从而约束描述为

$$\sum_{j=1}^{n} \sum_{z=1}^{d} \ln(q_{jk}^z) \cdot x_{jk}^z \leqslant \ln(c_k') \tag{10.5}$$

对于那些使用最小化函数进行聚合的 QoS 属性，则为每一个组件服务加入如下一个约束，即

$$\forall j : \sum_{z=1}^{d} q_{jk}^z \cdot x_{jk}^z \leqslant c_k' \tag{10.6}$$

类似地，对于那些使用最大化函数进行聚合的 QoS 属性，则为每一个组件服务加入如下一个约束，即

$$\forall j : \sum_{z=1}^{d} q_{jk}^z \cdot x_{jk}^z \geqslant c_k' \tag{10.7}$$

0-1 整数规划模型的目标函数是最大化选择到的局部约束的 p 值，p 值的定义见式(10.2)，以最小化那些被舍弃的可行选择的数目。因此，整数规划模型的目标函数可表示为

$$\max \prod_{j=1}^{n} \prod_{k=1}^{m} p_{jk}^z \tag{10.8}$$

式(10.8)是非线性的，因此，先利用对数函数将其线性化，以便于使用 0-1 规划模型求解，即

$$\max \sum_{j=1}^{n} \sum_{k=1}^{m} \sum_{z=1}^{d} \ln(p_{jk}^z) \cdot x_{jk}^z \tag{10.9}$$

通过求解上述 0-1 整数规划问题，就可以得到一个局部 QoS 级别的集合，集合中的 QoS 级别被发送给服务代理。然后，服务代理将局部 QoS 级别作为进行局部选择的 QoS 约束，选择局部最优解发送给服务组合器，作为组合服务中对应抽象服务的组件服务。

10.3.3　复杂组合结构的处理

为简化模型描述，10.3.2 节中介绍的 0-1 整数规划模型假定组合服务是顺序结构。然而，在实际组合服务应用中，组合服务的结构可能是很复杂的，包含很多非顺序的结构，如选择、并行等。为了能够使用 10.3.2 节中的全局 QoS 约束分解模型，可以将任意组合结构约减为一个顺序结构，该约减过程可分步进行，每个步骤中，一个非顺序结构被一个虚拟的服务类替换。虚拟服务类的 QoS 级别从其所代表的服务类的 QoS 级别进行聚合后获得。该过程一直持续，直到组合流程中不存在任何非顺序结构。

通过这样的方法，就可以将一个非顺序的组合服务表示为顺序结构，并将端到端的 QoS 约束分解为该顺序组合每个服务类的局部约束。其中，分配到虚拟服务类的局部约束又是该虚拟服务类所表示的结构的全局约束。因此，可以在每一个虚拟服务类上递归地使用全局 QoS 约束分解方法，直到每一个原服务组合的服务类均获得局部约束。

将非顺序结构中的服务类替换为虚拟服务类，事实上是将全局 QoS 约束分解优化问题中的一系列随机变量替换为一个单一的随机变量。因此，通过聚合被替换的随机变量（被替换服务类的 QoS 级别）的域可以定义新随机变量（QoS 级别）的域。

图 10.4(a)描述了一个包含两个服务类 S_1 和 S_2 的并行组合。S' 是表示这个组合的虚拟服务。每个服务类响应时间(q_i)的范围如图 10.4(b)所示，S_1 的响应时间范围为 $[q_{i1}^{\min}, q_{i1}^{\max}]$，$S_2$ 的响应时间范围为 $[q_{i2}^{\min}, q_{i2}^{\max}]$。由于这是一个并行组合结构，$S'$ 的整体响应时间由其中最慢的响应时间决定。因此，可以利用表 9.2 中的最大聚合函数得到 S' 的最小响应时间为 $q_{i2}^{\min}$，最大响应时间为 $q_{i1}^{\max}$。最后，可利用算法 10.1 确定虚拟服务类 S' 的 QoS 级别，该算法输出为从 S_1 到 S_2 得到并且响应时间范围为 $[q_{i2}^{\min}, q_{i1}^{\max}]$ 的一系列服务。

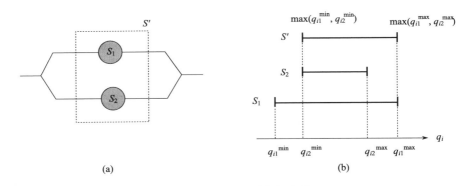

图 10.4   QoS 级别聚合示例

另一个计算 S' 的 QoS 级别的另一个方法是利用组合服务类 S_1 和 S_2 的 QoS 级别。与计算 S' 的 q_i 最小值和最大值类似，可以通过聚合 S_1 和 S_2 的 QoS 级别计算 S' 的 QoS 级别，结果为在 $[q_{i2}^{\min}, q_{i1}^{\max}]$ 内的一系列 QoS 值。考虑到每一个 QoS 级别有一个按照式(10.2)计算得到的权重 p，并且整数规划模型的目标函数是最大化所选择 QoS 级别的 p 值，因此，可以将每一个 S' 的 QoS 级别的 p 值设置为服务类 S_1 和 S_2 的相应 QoS 级别的最低值。这样，就可以确保通过最大化 S' 的 QoS 级别对应的 p 值，使得 S_1 和 S_2 的相应 QoS 级别 p 值也最大化。下面对该方法进行形式化的描述。

给定组合服务结构的一系列服务类 $S=\{S_1, S_2, \cdots, S_n\}$，以及对每个 $S_j \in S$、$q_k \in Q$ 的一系列 QoS 级别 $\mathrm{QL}_{jk} = \{q_{kj}^1, q_{kj}^2, \cdots, q_{kj}^d\}$，定义替换 S 的虚拟服务类 S^* 的 QoS 级别为

$$\mathrm{QL}_{kS}{}^* = \{q_{kS}{}^* \mid q_{kS}^{z*} = F_{k\,j=1}^{\,n}(q_{kj}^z) \wedge p_{kS}^{z*} = \min_{j=1}^{n}(p_{kj}^z), 1 \leqslant z \leqslant d\} \qquad (10.10)$$

式中，函数 F_k 为第 k 个 QoS 属性的聚合函数。换句话说，S^* 的第 i 个质量级别由其代表的结构中每个服务类 S 的第 i 个质量级别进行聚合后得到，并且其 p 值设置为聚合 QoS 级别的最小权重。

下面通过图 10.5 中的示例说明上述获得虚拟服务类 QoS 级别的方法，这是一个包括顺序和并行结构的复杂组合服务示例。表 10.2 列出图 10.5 中每一个服务类

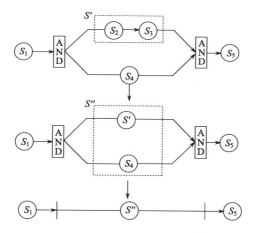

图 10.5　将复杂结构转换为顺序结构

表 10.2　QoS 级别聚合示例

服务	响应时间 QoS 级别/s				
	q^1, p^1	q^2, p^2	q^3, p^3	q^4, p^4	q^5, p^5
S_1	1, 0.10	2, 0.20	3, 0.30	5, 0.50	10, 1.0
S_2	1, 0.10	2, 0.25	3, 0.60	4, 0.75	5, 1.0
S_3	1, 0.15	3, 0.20	4, 0.55	5, 0.70	6, 1.0
S_4	1, 0.05	2, 0.25	3, 0.60	7, 0.75	15, 1.0
S_5	2, 0.10	5, 0.20	6, 0.30	10, 0.70	15, 1.0
$S'=\mathrm{sum}(S_2, S_3)$	2, 0.10	5, 0.20	7, 0.55	9, 0.70	11, 1.0
$S''=\mathrm{max}(S', S_4)$	2, 0.05	5, 0.20	7, 0.55	9, 0.70	15, 1.0

的响应时间级别，其中每个单元中第一个值为响应时间级别 q，第二个值则为利用式(10.2)对应的权重值 p。该组合服务的复杂结构可以通过两步转化为一个等价的顺序结构。

(1) 将由 S_2 和 S_3 组成的顺序结构替换为虚拟服务 S'，通过式(10.10)对 S_2 和 S_3 的 QoS 级别进行聚合后得到 S' 的 QoS 级别。在顺序结构下，响应时间的聚合函数 F 为累加函数 sum。利用上述方法计算得到的 S' 的 QoS 级别见表 10.2 倒数第二行。注意，按照式(10.10)，S' 每个 QoS 级别的 p 值等于 S_2 和 S_3 对应 QoS 级别 p 值的最小者，即 $p_{S'} = \min(p_{S_2}, p_{S_3})$。

(2) 将由 S' 和 S_4 构成的并行结构用虚拟服务 S'' 替换。同样，S'' 的 QoS 级别由 S' 和 S_4 的 QoS 级别按照式(10.10)进行聚合后得到。由于 S'' 是并行结构，其响应时间的聚合使用最大函数 max，结果见表 10.2 最后一行。

通过上面两个步骤得到一个由服务 S_1、S'' 和 S_5 构成的顺序结构。首先，利用 10.3.2 节介绍的整数规划模型，将全局 QoS 约束分解为对 S_1、S'' 和 S_5 的局部约束；然后，再将 S'' 的局部约束作为由 S' 和 S_4 构成的并行结构的全局约束，进一步进行分解，得到服务 S' 和 S_4 的局部约束；最后，将 S' 的局部约束作为 S_2 和 S_3 组成的顺序结构的全局约束进行分解，最终得到原组合中所有服务类的局部约束。

下面通过数据示例解释上述过程。假设用户对图 10.5 中组合服务的端到端响应时间约束为 10s，将该约束分解到 S_1、S'' 和 S_5 后得到局部约束为 1s，7s 和 2s。该结果对应的局部 QoS 级别分别为 (1, 0.10)，(7, 0.55)，(2, 0.10)。注意这个局部约束是能满足全局约束的唯一映射。

接下来，S'' 的局部约束 (7s) 被分解为 S' 和 S_4 的局部约束。由于并行结构的聚合类型为最大函数 max，所以可以直接将全局约束值 7 作为 S' 和 S_4 的局部约束。对于 S_4，对应的 QoS 级别为 (7, 0.75)。

最后，S' 的局部约束 (7s) 被分解为 S_2 和 S_3 的局部约束。由于顺序结构的聚合类型为 sum，就需要利用 0-1 整数规划方法将全局约束映射为局部 QoS 级别。通过该方法映射得到的 S_2 和 S_3 的局部 QoS 级别分别是 (3, 0.60) 和 (4, 0.55)。

经过以上步骤，端到端的全局约束 (10s) 就被分解为 S_1、S_2、S_3、S_4 和 S_5 的局部约束，分别为 1、3、4、7 和 2。

10.4　局 部 选 择

一旦将全局 QoS 约束分解为局部 QoS 约束，就可以利用局部服务选择方法（见第 4 章）分别从每一个服务类的候选服务中选择最好的服务用于服务组合。在从服务组合器收到局部约束信息和用户对 QoS 属性设置的权重后，每个服务代理实施局部服务选择并将最好的服务返回给服务组合器。局部约束作为组件服务 QoS 值的上界，使得凡是与局部约束冲突的 Web 服务会在进行局部选择前被剔除（见 4.2.2 节）。对于不违反局部约束的服务，计算其效用值，并按效用值排序后选择效用值最大的服务作为最佳服务。

如式（9.3）所示的效用函数计算方法并不适合在局部选择中计算服务效用。式（9.3）利用 $Q_{\max}(j,k) - q_k(s_{ji})$ 计算候选服务 s_{ji} 的 QoS 值和局部最大 QoS 值之间的距离，并将其与局部最小值、最大值的距离（$Q_{\max}(j,k) - Q_{\min}(j,k)$）进行比较。该 QoS 值标准化方法只考虑了局部 QoS 信息，从而可能导致局部最优而不是全局最优。因此，可将 $Q_{\max}(j,k) - q_k(s_{ji})$ 和全局 QoS 最小值与全局最大值的距离（$Q'_{\max}(j,k) - Q'_{\min}(j,k)$）进行比较。这种 QoS 信息标准化方法可以避免通过局部选择方法得到的服务不是全局最优的问题。基于以上分析，结合用户利用权重给出的对不同 QoS 属性的偏好，就可以利用下式计算服务类 S_j 中候选服务 s_{ji} 的效用值，即

$$U(s_{ji}) = \sum_{k=1}^{r} \frac{Q_{\max}(j,k) - q_k(s_{ji})}{Q'_{\max}(k) - Q'_{\min}(k)} \cdot \omega_k \tag{10.11}$$

式中，ω_k 表示用户对 QoS 属性 q_k 的重视程度，$\sum_{k=1}^{r} \omega_k = 1$。

从全局 QoS 约束分解方法求解组合服务选择的过程可以看到，0-1 整数规划模型是用来将全局 QoS 约束分解为一系列局部约束而不是用于真正的服务选择。最后的服务选择过程事实上是利用局部选择策略完成。与全局选择策略相比，每个代理实施局部选择策略的时间复杂度为 $O(l)$，从而具有非常好的效率和可扩展性。由于每个服务代理可以并行地实现局部服务选择，所以完成整个组合服务选择的时间复杂度并不随服务类的增长而增长，也就是说无论有多少个服务代理，完成局部选择的时间复杂度总是 $O(l)$。从上述分析可知，全局 QoS 约束分解方法的时间复杂度主要取决于约束分解部分的时间复杂度。只要选择较小的 QoS 级别数目 d 满足 $1 < d \ll l/m$，就可以确保全局 QoS 约束分解方法的时间复杂度比直接利用 0-1 整数规划方法求解全局服务选择问题[30,165]的时间复杂度低。

10.5　考虑成本优化的组合服务可靠性分配方法

10.3~10.4 节介绍了利用整数规划模型进行全局 QoS 约束分解，进而实现组合服务选择的方法，该方法适用于所有类型的 QoS 属性，但没有考虑 QoS 属性之间的关系。可靠性是组合服务 QoS 保障的基础，没有可靠性保障的组合服务，其他 QoS 属性也就无从谈起。因此，本节介绍一种将 Web 服务组合的可靠性约

束分配给各服务类的方法(为与 10.3 节考虑任意 QoS 属性的全局 QoS 约束分解方法区别,这里将可靠性约束分解称为可靠性优化分配)。该方法考虑了可靠性与成本之间的关系,既可以满足可靠性约束又可以实现成本最小化。

10.5.1　Web 服务组合流程及其可靠性

根据 9.2.3 节介绍的组合服务结构语义,基于服务类的可靠性,容易得到顺序结构下组合服务可靠性为

$$R_{\mathrm{seq}} = \prod_{j=1}^{n} R(s_j) \tag{10.12}$$

式中,R_{seq} 为组合服务可靠性,$R(s_j)$ 为结构中包含的服务 s_j 的可靠性,n 为结构中服务类的数量。类似地,如果循环结构中的服务 s_j 循环执行次数为 k,则循环结构下组合服务的可靠性为

$$R_{\mathrm{loop}} = (R(s_j))^k \tag{10.13}$$

在分支结构中,假定分支的数目为 n,执行服务 s_j 的概率为 p_i,并且满足约束 $\sum_{j=1}^{n} p_j = 1$,则分支结构的可靠性为

$$R_{\mathrm{xor}} = \sum_{j=1}^{n} p_j \cdot R(s_j) \tag{10.14}$$

对于并行结构,当其包含的多个服务全部成功执行时,整个结构才成功执行,所以,其可靠性为

$$R_{\mathrm{and}} = \prod_{j=1}^{n} R(s_j) \tag{10.15}$$

基于上述分析,并结合结构化组合流程的递归构造特性,可以获得任意组合结构的可靠性函数。例如,对于图 9.3 中描述的组合服务,其可靠性为

$$R = R(s_1) \cdot R(s_2) \cdot [p_1 \cdot R(s_4) + p_2 \cdot R(s_5)] \cdot R(s_3) \cdot R^k(s_6) \cdot R(s_7) \tag{10.16}$$

10.5.2　组合服务可靠性分配优化模型

组合服务的可靠性分配优化模型需要将可靠性指标合理分配给各服务类,同时需要将成本最小化。因此,模型要求候选服务的可靠性与成本之间存在一种定量关系,故首先给出了表示这种关系的可靠性成本函数,再给出可靠性分配优化模型。

可靠性和成本之间的定量关系函数通常分为两类:线性函数和非线性函数[171],这两类函数分别为

$$C(R(S_j)) = aR(S_j) + b \tag{10.17}$$

$$C(R(S_j)) = -b\ln(1 - \exp(R(S_j) - 1)) \tag{10.18}$$

式中，a，b 为常数，$C(R(S_j))$ 是服务类 S_j 的可靠性成本函数。

　　服务类的可靠性成本函数可以利用候选服务的可靠性和成本数据通过拟合得到。通过对式(10.17)和式(10.18)中的参数 a 和 b 进行调整，可以得到不同形式的可靠性成本函数。这两类函数都源于可靠性和成本之间的真实假设，即关于服务类 S_j 的可靠性成本函数是严格递增的，且呈现凹性。图 10.6 描述了这两类可靠性成本函数。

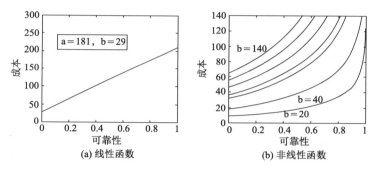

图 10.6　两种常见的可靠性成本函数

　　以式(10.12)~式(10.16)得到 Web 服务组合流程的可靠性 R，将 R 不小于给定的可靠性指标 R' 作为约束，再通过可靠性成本函数，得到总成本，并将其作为目标函数，可得 Web 服务组合的可靠性分配优化模型为

$$\min \sum_{j=1}^{n} C(R(S_j))$$

$$\text{s.t.} \begin{cases} l_j \leqslant R(S_j) \leqslant u_j \\ R \geqslant R' \end{cases} \tag{10.19}$$

由于每个服务类的候选服务是有限的，模型假设被选择的服务可靠性的下限值为 l_j，上限值为 u_j。

　　求解式(10.19)所描述的优化问题，即可在 Web 服务组合可靠性约束得到保证的前提下，将 Web 服务组合的可靠性指标合理地分配给各服务类，并把成本控制到最低。例如，对于图 9.3 中描述的组合服务，假设循环次数为 3，p_1 和 p_2 均为 0.5，成本函数为线性，每个服务类对应的参数为 a=(325, 181, 165, 22, 22, 60, 245)，b=(19, 29, 200, 280, 263, 200, 65)，l_j=0.01，u_j=0.99，组合服务的可靠性约束 R'=0.930，则利用式(10.19)建立优化模型求解得到每个服务类的可靠性分配结果为(0.559, 0.958, 0.982, 0.010, 0.989, 0.990, 0.731)，所需成本为 1833.5。根据该可靠性分配结果，只需为服务类 S_6 需要选择可靠性值最高的服务，而不需要为服务类 S_1~S_5 和 S_7 选择可靠性最高的服务就能满足组合服务可靠性约束。

10.6 实 验 分 析

实验分为两个部分，10.6.1~10.6.6 节首先对 10.3 节介绍的基于全局 QoS 约束分解进行组合服务选择的方法的有效性进行验证，而 10.6.7 节则对 10.5 节介绍的考虑成本优化的可靠性分配方法的有效性进行验证。

10.6.1 实验设计

实验采用真实数据和合成数据两种数据集。真实数据为 QWS[①]，该数据集包括 2500 个实际 Web 服务的 9 个 QoS 属性数据。这些服务从 UDDI、搜索引擎、服务门户等方面收集，其 QoS 值由商用基准工具度量。关于该数据集的细节可参见文献[169]。此外，实验还使用 3 个合成数据集用于测试大量 Web 服务、不同QoS 关系情况下的服务选择。3 个数据集利用合成数据生成器[145,154]生成：①QoS属性值正相关的数据集。②QoS 属性值反向相关的数据集。③QoS 属性值相互独立的数据集。每个数据集包括 1 万个服务，每个服务有 9 个 QoS 属性。

实验中的组合服务的服务类数目 n 设置为 10~50，然后，将前面数据集中的服务随机分配到每个服务类，成为这些服务类的候选服务。实验考虑顺序结构和复杂结构两种不同的组合场景。用户全局端到端 QoS 约束由最多 9 个随机数构成的向量表示。实验对以下几种组合服务选择方法进行比较。

（1）全局优化方法，即第 9 章中介绍的求解整数规划模型的分支限界法。该方法可以得到优化解，从而在实验中被作为实验的基准方法。

（2）全局 QoS 约束分解方法，即本章通过全局 QoS 约束分解将全局选择策略转换为局部选择策略的方法。

（3）启发式方法，即第 9 章中介绍的求解整数规划模型的启发式方法。

实验记录每种方法返回选择结果所用的时间，并将 50 次执行的平均值作为结果进行分析。由于全局 QoS 约束分解方法和启发式方法一样是一种近似算法，所以，实验还对全局 QoS 约束分解方法的优化率进行计算。优化率是指利用全局QoS 约束分解方法得到的组合方案的效用值与用 0-1 整数规划的全局优化方法得到的组合方案效用值之比。实验利用 LPSolve 5.5[170]进行全局优化选择。实验平

① http://www.uoguelph.ca/ qmahmoud/qws/index.html/

台为 HP ProLiant DL380 G3，含 2 Intel Xeon 2.80GHz 处理器和 6GB 内存，操作系统为 Linux（CentOS release 5）。

10.6.2 QoS 级别与性能

该实验测试 QoS 级别数目 d 对全局 QoS 约束分解方法性能的影响。实验的组合服务中包括 5 个服务类，每个类有 500 个候选服务，全局约束包括 7 个 QoS 属性，使用 QWS 数据集。实验中，全局 QoS 约束分解方法的 QoS 级别数目设置为 10~50，实验结果见图 10.7。该结果表明全局约束方法得到解的速度快于全局优化方法，而且能获得近似优化的结果。随着 QoS 级别数目的增大，全局 QoS 约束分解方法的优化率逐渐提高，但计算时间也逐渐增加。

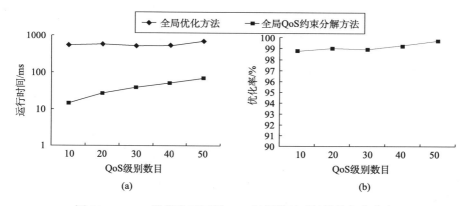

图 10.7   QWS 数据集下不同 QoS 级别数目时的性能与优化率

因此，在选择 QoS 级别数目时需要在运行时间和优化率之间权衡。而且，对于很严的端到端 QoS 约束，如果 QoS 级别数目设置过小，则全局 QoS 约束分解方法可能找不到解。为解决这个问题，需要利用 10.3.1 节介绍的迭代方法，对 QoS 级别数目从小到大进行尝试，如果没有找到可行的分解，则将 QoS 级别数目翻倍，直到找到一个可行的分解。以下实验就采用该方法确定 QoS 级别数目，而且实验结果表明通常只需要进行 3 次迭代就可以获得一个可行分解。

10.6.3 顺序结构组合服务选择性能

下面的实验对不同全局服务选择方法在不同候选服务数目、不同服务类数目和不同 QoS 约束数量下的性能进行比较。

图 10.8 对全局 QoS 约束分解方法、全局优化方法和启发式方法在不同数据集和不同候选服务数目时的运行时间进行比较。其中，每个服务类的候选服务数目为 100~1000，服务类数目设置为 10，全局 QoS 约束数为 5。

从图 10.8 可以看到,全局 QoS 约束分解方法在任何情况下均比全局优化方法的运行时间快,而且,除了在正向相关数据集时比启发式方法的运行时间稍慢,在其他数据集上均快于启发式方法。同时,随着候选服务数目的增大,各种方法求解所用的时间也随之增长,但全局 QoS 约束分解方法增长较慢,从而具有更好的可扩展性。

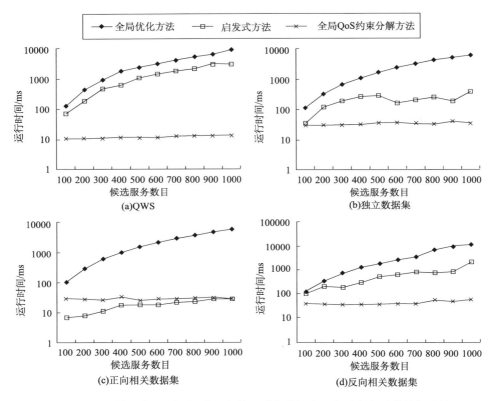

图 10.8　不同数据集和不同候选服务数目时各种组合服务选择方法的性能比较

图 10.9 对各种组合服务选择方法在不同数据集和不同服务类数目时的性能进行比较,其中服务类数目范围为 10~50,每服务类候选服务数为 500,QoS 约束数目为 5。实验结果表明随着服务类数目的增加,几种方法求解所需时间随之增加,但在不同数据集上,全局 QoS 约束分解方法均优于全局优化方法。同时,除了正向相关数据集,其他情况下全局 QoS 约束分解方法均优于启发式方法。

图 10.10 对各种方法在不同 QoS 约束数目下的性能进行比较,其中服务类数目设置为 10,每个服务类候选服务数目设置为 500,端到端 QoS 约束数目为 1~9。实验结果表明,一方面,随着 QoS 约束数目的增长,全局 QoS 约束分解方法所

用时间增长较快。但是，即使在 QoS 约束数目为 9 时，其所需计算时间也少于全局优化方法。另一方面，启发式方法在不同数据集上的性能差异很大。总的来看，随着约束数目的增大，启发式方法所用时间均有所减少，但多数时候其所用时间均高于全局约束分解方法。导致这样结果的原因在于启发式方法需要对不可行选择进行过滤，而随着约束数目的增加，不可行选择数目也随之增加，从而降低该方法的搜索空间，减少所需的计算时间。

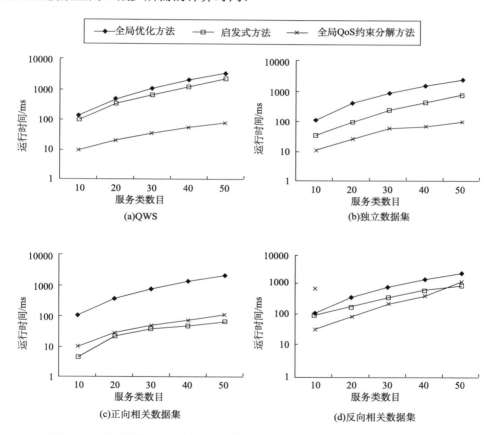

图 10.9　不同数据集和不同服务类数目时各种组合服务选择方法的性能比较

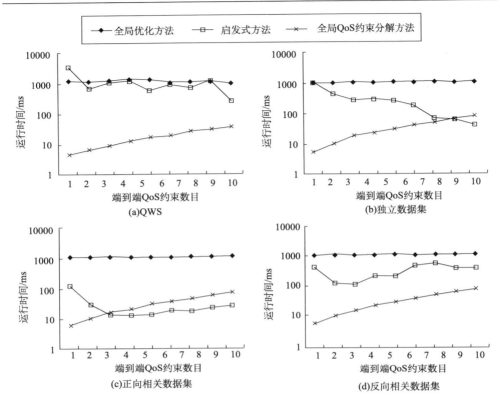

图 10.10　不同数据集和不同 QoS 约束数目时各种组合服务选择方法的性能比较

10.6.4　顺序结构通信成本比较

本实验的目的是对分布式式的全局 QoS 约束分解方法和第 9 章介绍的启发式方法的通信成本进行比较。通信成本定义为需要在服务组合器和分布的服务代理之间传输的消息数目。不失一般性，实验中假定每个服务类别均有一个单独的服务代理进行管理。实验结果证明启发式方法并不适合分布式环境，原因在于启发式方法通过迭代进行局部选择的提升和降级(即不断替换已选择的服务)实现服务选择，直到不能进一步优化为止。该迭代过程的每一轮均需要与各服务代理进行广泛的通信。实验结果见图 10.11。可以看到全局 QoS 约束分解方法在不同服务类时几乎保持稳定的消息传递数目，而启发式方法的通信成本则总是高于全局 QoS 约束分解方法，且随着服务类数目的增大，启发式方法的通信成本不断增加。

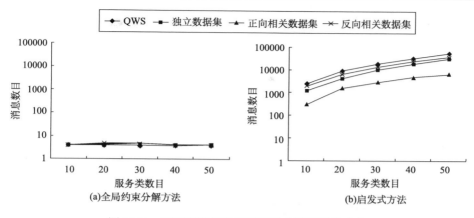

图 10.11　不同服务类数目时两种方法的通信成本

10.6.5　顺序结构组合服务选择优化率

图 10.12 为全局 QoS 约束分解方法和启发式方法在不同数据集、不同候选服务数目时的优化率(注意全局优化方法的优化率为 100%,不用进行比较)。图 10.13 为全局 QoS 约束分解和启发式方法在不同服务类数目时的优化率,图 10.14 为两种方法在不同端到端 QoS 约束数目时的优化率。

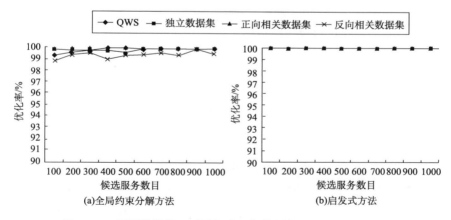

图 10.12　不同数据集、不同候选服务数目时两种方法的优化率

从上述结果可以看到,在任意情况下,全局 QoS 约束分解方法和启发式方法均可以获得近似优化解。虽然启发式方法的优化率更高,但差别并不显著(不超过 2%)。随着 QoS 约束数量的增大,全局 QoS 约束分解方法在反向相关数据集上的优化率逐渐降低,但也可以获得 98%以上的优化率。

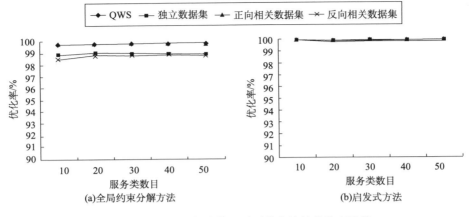

图 10.13　不同服务类数目时两种方法的优化率比较

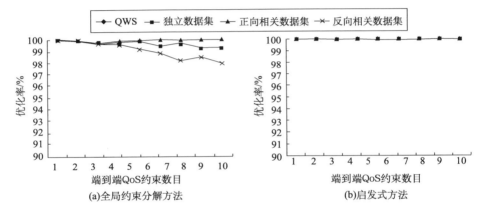

图 10.14　不同端到端 QoS 约束数目时两种方法的优化率比较

10.6.6　复杂结构组合服务实验评估

在 10.3.3 节介绍的复杂结构组合服务选择方法中，非顺序结构首先被转换为顺序结构。对于存在嵌套的组合流程，这种转换过程会在每一个嵌套级别上重复。实验的目的就是验证全局 QoS 约束分解方法在不同嵌套级别上的可扩展性。为此，首先建立一个包含 5 个服务类的顺序结构，然后不断将其中的一个服务替换为一个并行结构，形成具有不同嵌套级别的抽象组合，如图 10.15 所示。实验中最大嵌套级别为 30，使用数据集 QWS。

为使全局优化方法可以处理复杂结构，对服务组合中的每一个执行路径，均加入相应的约束，确保每个路径的 QoS 均能满足全局 QoS 约束。对于启发式方法，实验采用 9.4 节的复杂路径处理方法。图 10.16 为不同服务选择方法在复杂结

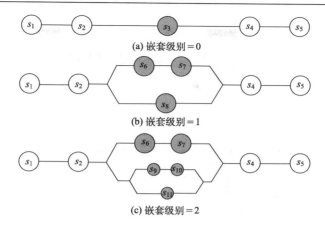

图 10.15　实验使用的不同嵌套级别的组合服务结构

构下的性能比较。随着嵌套级别的增加，各种方法的计算时间随之增加。但是，全局 QoS 约束分解方法计算时间始终低于其他两种方法，而且增长速度也低于其他两种方法，从而具有更好的可扩展性。

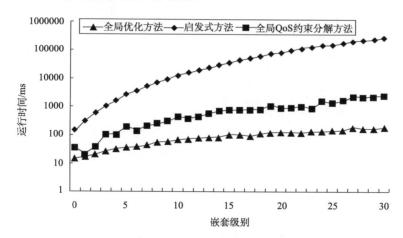

图 10.16　不同嵌套级别时各种方法的性能

　　图 10.17 为全局 QoS 约束分解方法和启发式方法在不同嵌套级别时的优化率比较，可以看到，两种方法均可以在高嵌套的复杂服务组合中获得近似优化的结果。虽然全局 QoS 约束分解方法的优化率略低于启发式方法，但差别并不显著（<0.02%）。

　　从以上实验结果可以看到，无论顺序结构还是复杂结构，全局约束分解方法在任意情况下均具有比全局优化方法更好的性能，同时在服务类别和候选服务数目方面比启发式方法均有更好的可扩展性，从而这种方法在不同组合服务选择场景下均具有良好的实用性。

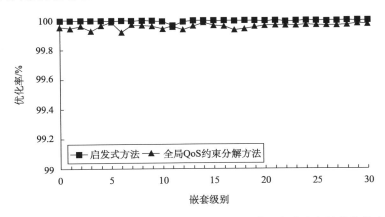

图 10.17　不同嵌套级别时全局 QoS 约束分解方法和启发式方法的优化率

10.6.7　可靠性优化分配方法实验评估

为验证可靠性优化分配方法的有效性，与取最高值法、等分配法等可靠性分配方法[172]进行了实验比较。所谓取最高值法是指在每个服务类中，均选择具有最高可靠性的候选服务作为组件服务；而等分配法则是将组合服务可靠性约束直接按式(10.12)~式(10.16)递归地将可靠性约束平均分解为每个服务类的可靠性。由于式(10.17)的可靠性优化分配模型是非线性，因此实验中采用 MATLAB 遗传算法工具箱进行求解：染色体中每个基因表示相应服务类的可靠性，初始种群的大小设置为 100，适应度函数为式(10.17)中的目标函数，终止条件为式(10.17)的约束条件，迭代次数最大为 20，选择算子采用轮盘赌方法，交叉算子为两点交叉，变异概率为 0.001。

首先固定服务类数目为 7 个，并用这些服务类组合成 5 种以上不同结构的服务组合流程，利用不同的可靠性成本函数进行实验。实验结果为不同组合流程满足可靠性约束的可靠性分配方案对应成本的平均值，以有效避免个别流程的特殊性。图 10.18 和图 10.19 描述了以取最高值法的成本为基准，其他方法所需成本与取最高值法所需成本的比率随成本函数变化的情况。该实验结果表明，当可靠性成本函数为线性时，可靠性优化分配方法与取最高值法相比，最少节约 19.56%的成本，最多节约 62.67%的成本，与等分配法相比最少节约 19.54%的成本，最多节约 62.61%的成本。当可靠性成本函数为非线性时，可靠性优化分配方法与取最高值法相比，最少节约 37.93%的成本，最多节约 37.96%的成本；与等分配法相比最少节约 37.29%的成本，最多节约 37.40%的成本。

进一步，假设服务类数目不同，不同服务类具有不同的可靠性成本函数，将

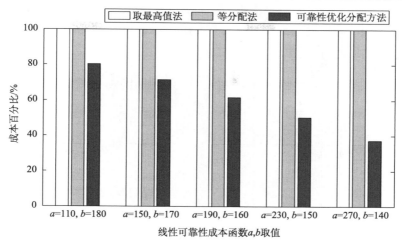

图 10.18　不同可靠性成本函数(线性)的成本对比

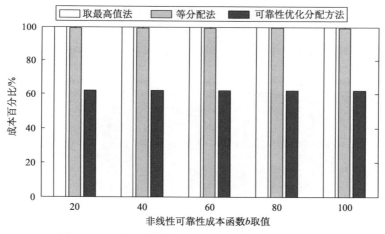

图 10.19　不同可靠性成本函数(非线性)的成本对比

不同服务类数目都组合成 5 种以上不同结构的服务组合流程。实验结果为不同情况下满足可靠性约束的可靠性分配方案对应成本的平均值,这样有效避免了个别流程和可靠性成本函数的特殊性。图 10.20 和图 10.21 描述了以取最高值法的成本为基准,其他方法所需成本与取最高值法所需成本的比率随服务类数目变化的情况。实验表明,当成本函数为线性时,优化分配方法与取最高值法相比,最少节约成本超过 8%,最多节约成本为 17.60%;与等分配法相比最少节约成本为 7.90%,最多节约成本超过 17%;当成本函数为非线性时,优化分配方法与取最高值法相比,最少节约成本为 40.20%,最多节约成本为 55.22%;与等分配法相比最少节约成本为 39.55%,最多节约成本为 47.36%。

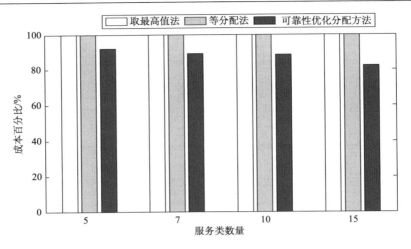

图 10.20　当成本函数为线性时不同服务类数目对比

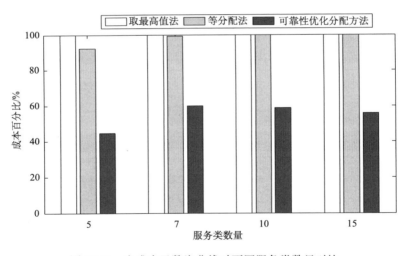

图 10.21　当成本函数为非线时不同服务类数目对比

为分析可靠性优化分配方法的效率，实验对不同服务类数目组合成 5 种以上不同结构的服务组合流程，并计算运行 100 次可靠性分配遗传算法所用时间的平均值，结果如图 10.22 所示。

从图 10.22 可以看出，随着服务类数目的增加，不管线性还是非线性可靠性成本函数，算法的运行时间都会相应增加。在可靠性成本函数为线性时，运行时间增长较慢；当可靠性成本函数为非线性时，随着计算适应度函数时复杂度的增加，运行时间增长较快，但即使在服务类数目为 15 时，也可在 2s 内获得可行解。

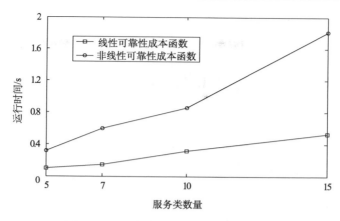

图 10.22　服务类数目和相应的运行时间

　　上述实验结果表明，10.5 节的可靠性优化分配方法始终优于取最高值法和等分配法，从而验证了该方法的有效性和实用性。

10.7　小　　结

　　Zeng[30]、胡建强[115]等的研究指出局部选择策略计算量少于全局选择策略，但是其无法考虑全局 QoS 约束，不能得出全局最优解。全局优化算法计算量大（尤其在动态环境下），它可以考虑全局 QoS 约束，得出全局最优解。为此，这两种策略都存在一定的优势和局限性，如何将这两种策略有机地结合起来，实现组合服务选择的快速求解，就成为服务选择的一个直观要求。

　　利用全局 QoS 约束分解的思想进行全局组合服务选择的思想最早由 Alrifai 等于 2009 年在 WWW 会议上提出[80]，并于 2012 年进行了完善[167]。本章介绍的就是 Alrifai 的方法，该方法采用贪心算法从候选服务 QoS 信息中抽取局部 QoS 级别，使得各服务代理可将 QoS 级别作为进行局部选择的 QoS 约束，利用分布式计算的思想提高组合服务选择的效率。王尚广等的研究[173]借鉴了将全局 QoS 约束分解为局部约束后进行服务选择的思想，具体实现时，该研究不是利用整数规划方法进行全局 QoS 约束分解，而是通过基于模糊逻辑的自适应调整方法和自适应粒子群优化算法将全局 QoS 约束自适应地分解为满足用户偏好的局部约束，然后再利用局部选择策略获得最合适的组合服务。

　　考虑到可靠性是组合服务 QoS 保障的基础，本章还介绍了一种利用非线性规划模型将 Web 服务组合的可靠性约束分配给各服务类的方法。该方法考虑了可靠性与成本之间的关系，既可以满足可靠性约束又可以实现成本最小化。

第 11 章　基于 Skyline 的组合服务选择

在为组合服务选择合适的组件服务时，一方面需要使得整个组合服务 QoS 满足用户给定的全局端到端 QoS 约束，另一方面需要使得组合服务 QoS 最优化。为了从大量候选服务中选择组件服务满足上述两个要求，用合适的方法降低全局服务选择问题的搜索空间是一种可行的处理方法。本章介绍基于 Skyline 概念的组合服务选择方法，该方法通过 Skyline 技术降低候选服务及组合方案数目，提高组合服务选择效率。此外，还介绍了服务提供者最有效地提高其竞争能力，使其提升提供的服务被包含到组合服务中的潜力得到提升的方法。

11.1　引　　言

在 SOA 下，组合应用是指组合了一系列抽象服务的抽象流程。这样，对每一个抽象服务，就需要在运行时为其选择一个具体服务。这种方式确保了应用的松耦合性和设计灵活性。QoS 在确定组合服务应用的成败中扮演着重要的角色。通常，用户和服务提供者之间通过服务级协议(SLA)描述双方认可的 QoS 指标。这样，寻找到最优的组件服务以满足服务级协议中规定的端对端 QoS 约束，是组合服务设计的重要目标。

随着具有相同功能但 QoS 水平不一样的服务数目的增长，组合服务中的服务选择变得越来越重要，并越来越具有挑战性。世界最大的 Web 服务搜索引擎 Seekda![①] 公布的统计数字显示,在过去几年中,Web 服务的数目呈指数级增长[169]。而且，随着云计算和 SaaS 概念的兴起，Web 上提供的服务必然会越来越多。云计算付费使用的商业模式使得服务提供者可以方便地基于不同的软硬件配置为用户提供具有不同的 QoS 表现的服务。因此，设计一种能为组合服务用户或设计者从大量候选服务中选择合适服务的需求越来越迫切。

由于组合服务中每个任务的候选服务数目可能都很大，所以导致所有可能的组合方案数目十分巨大。因此，采用穷尽搜索的方法找到能满足特定 SLA 的最好的服务组合并不现实。即使每个任务的候选服务只有数百个，但找到最优组合的时间也是不可接受的。例如，一个组合服务中有 10 个任务，每个任务有 100 个候

---

① http://Webservices.seekda.com/

选服务，则可能的组合方案就有 100^{10}，要从这么多的组合方案中通过穷尽搜索方法找到最优组合，显然是不现实的。QoS 感知的组合服务选择问题是一个 NP 难问题，其计算代价呈指数级增长。因此，在进行组合服务选择之前将那些不可能出现在优化组合方案中的服务剔除，降低组合方案选择的搜索空间成为解决组合服务方案选择的一个重要途径。本章介绍由 Alrifai 等[174]提出的利用 Skyline 技术降低组合服务选择搜索空间，并与第 10 章的组合服务分解方法结合实现快速高效组合服务选择的方法。此外，还介绍组合服务 Skyline 的概念及其计算方法，以支持不需要 QoS 权重的组合服务选择。

11.2　组合服务 Skyline

　　QoS 感知的组合服务选择需要从每一类服务中选择一个服务，满足用户的全局约束并最大化用户效用。需要注意的是，从每一个服务类别中选择具有最高效用值的服务并不是合理的解决办法，因为这样选择出来的服务并不一定能满足端到端的全局 QoS 约束。因此，在进行组合方案选择时，需要考虑每个服务类别中不同候选服务的组合。然而，事实上，并不是所有候选服务均为最终解决方案的潜在候选服务。因此，在进行组合服务选择之前，可以对每个服务类别中的候选服务进行甄别，筛选掉那些不可能出现在优化选择中的服务，这样，就可以有效地缩小优化选择的搜索空间。下面，先介绍 Skyline 查询的概念[154]和如何将 Skyline 查询应用于优化选择过程。然后，讨论在利用 Skyline 查询后剩余的候选服务数目仍然很大时的优化选择问题。

11.2.1　Skyline 与 Skyline 服务

　　给定一系列 d 维空间的点，Skyline 查询选择那些没有被其他任何点支配（dominate）的点。如果一个点 P_i 在所有 d 个维度上优于或等于另外一个点 P_j，并且至少在一个维度上严格优于 P_j，则称点 P_i 支配点 P_j。直观地讲，Skyline 查询就是选择那些在所有维度上都有优势的点。借鉴 Skyline 的思想，可以基于服务 QoS 属性值定义服务之间的优势关系，并将其用于某一类服务中被其他服务支配的服务。在进行组合服务选择时可以忽略这些被支配的服务，从而降低组合服务选择时需要考虑的组合数目。不失一般性，本章同样假定所有 QoS 属性均为成本型，即属性值越小越好。

　　定义 11.1　（服务支配）考虑一服务类别 S，以及两个服务 $x,y \in S$，每个服务由一系列 QoS 属性 Q 描述。x 支配 y，表示为 $x \succ y$，当且仅当 x 的所有 QoS 值不劣于 y，且 x 至少有一个 QoS 值严格优于 y，即 $\forall k \in [1,|Q|]$ 有 $q_k(x) \leqslant q_k(y)$，并且

$\exists k\in[1,|Q|]$使得 $q_k(x)<q_k(y)$。

定义 11.2 （Skyline 服务）某一服务类别的 Skyline，表示为 SL_S，是 S 中不被任何其他服务支配的那些服务的集合，即 $SL_S=\{x\in S|\nexists y\in S:y\succ x\}$。$SL_S$ 中的服务被称为服务类别 S 中的 Skyline 服务。

图 11.1 描述了一个服务类别中的 Skyline 服务示例。图中，每一个服务有两个 QoS 属性：响应时间和价格。因此，服务可以表示为二维空间的一个点，每个点的坐标对应服务两个 QoS 属性的值。可以看到由于服务 a 不被其他任何服务支配，即没有任何其他服务的响应时间低于 a，并且价格也高于 a，因此 a 属于 Skyline，是一个 Skyline 服务。同理，服务 b,c,d 和 e 也为 Skyline 服务，即 $SL_S=\{a,b,c,d,e\}$。相反，服务 f 被服务 b，c 和 d 支配，因此 f 不是一个 Skyline 服务。

需要注意的是，只要没有用户预先给定的反映对不同 QoS 属性重要性的偏好信息，Skyline 服务提供的是在不同 QoS 属性之间进行折中的结果，因此各 Skyline 服务之间是不可比较的。例如，由于服务 a 具有最短的响应时间，对于某特定用户，它可能是最适合的选择。然而，对于另外一个用户，可能响应时间并不是其首要关注的 QoS 属性，服务 e 具有最低的价格，因而其可能是该用户最合适的选择。但是，无论用户对 QoS 属性重要性的偏好如何，其一定会在 Skyline 中选择服务，而不会去选择那些被支配服务。例如，用户不应该选择服务 f，因为与其如此，还不如选择服务 b，c 或 d。

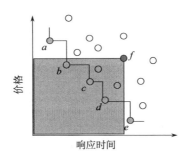

图 11.1　Skyline 服务示例

11.2.2　确定 Skyline 服务

确定一个服务类别的 Skyline 服务需要对所有服务的 QoS 向量进行成对比较。在候选服务数目很大，且 QoS 属性数目也较多时，这个过程是比较耗时的。目前，已经有一些可以很有效地计算 Skyline 的算法，比如块嵌套循环算法（Block-nested-loops）、分治算法（Divide and Conquer）等，其中分治算法理论上在最坏情况下的时间复杂度最低，适用性好。分治算法的详细内容和算法中的技巧可参阅文献[154]，下面介绍利用该算法确定 Skyline 服务的基本思路。

（1）对服务类 j 的候选服务集合 S_j，计算任意一个 $q \in Q$ 的 QoS 值的中位数 m_q。从中位数的定义可知，S_j 中有一半服务属性 q 的值小于 m_q，另一半服务属性 q 的值则大于 m_q。这样，就可以将所有候选服务划分为两个部分 P_1 和 P_2，使得 $S_j = P_1 \cup P_2$，其中 P_1 中包括所有 QoS 值优于 m_q 的服务，而 P_2 则包括所有 QoS 值劣于 m_q 的服务。

（2）分别计算 P_1 和 P_2 的 Skyline 服务 S_1 和 S_2。该过程递归地将分治算法应用于 P_1 和 P_2 实现，即对 P_1 和 P_2 进一步用第 1 步的方法进行划分，递归划分过程一直到每个部分只包含一个服务时结束。

（3）将 S_1 和 S_2 合并，进一步计算整体 Skyline 服务，即将 S_2 中被 S_1 中服务支配的那些服务剔除出去。因为 S_1 中的服务的 QoS 值优于 m_q，所以 S_1 中任意服务均在属性 q 上优于 S_2 中的服务，即 S_1 中没有任何服务会被 S_2 中的服务支配。因此，这一步不存在将 S_1 中被 S_2 中服务支配的那些服务剔除出去的问题。

考虑到确定 Skyline 服务与具体用户对 QoS 属性的偏好无关，从而并不需要在进行优化选择时实施在线 Skyline 服务选择。因此，原则上可以利用任意计算 Skyline 的算法来离线确定所有服务类别的 Skyline 服务，这样，就可以在进行组合服务选择时不再考虑那些不在 Skyline 中的服务，从而提高优化选择的效率。基于上述分析，服务代理可以为在其上注册的服务维护一个 Skyline 服务列表。该列表在每一次有服务加入、离开或者已注册服务 QoS 信息有变化时进行更新。当服务代理收到一个服务请求时，就直接向服务请求者返回匹配的服务类别中的 Skyline 服务。

如果一系列服务代理均可提供匹配的服务，则服务请求者会从每个服务代理得到一个 Skyline。这时，可以借鉴计算 Skyline 服务的分治算法的思想，将这些 Skyline 服务进行合并，得到一个全局 Skyline。考虑到每一个代理提供的 Skyline 中的服务不存在相互支配，因此，对多个 Skyline 的合并得到全局 Skyline 的过程就是通过对不同 Skyline 中的服务进行成对比较，剔除那些被其他 Skyline 中的服务支配的服务。上述过程如图 11.2 所示。

11.2.3　利用 Skyline 服务降低组合服务选择搜索空间

正如 9.2.7 节所分析的，直接枚举所有的可能的候选服务组合并对这些组合的 QoS 进行比较以获得最优选择的计算代价是巨大的。为解决该问题，可以首先将组合服务中所需要的每一个服务类别中的非 Skyline 服务删除，从而可以降低求解所需的搜索空间。通过聚焦于 Skyline 服务，就可以提高服务选择的速度，同时也确保能找到最优化的组合方案选择，该思路的理论基础可以用引理 11.1 进行说明。

　　引理 11.1　假定一个组合服务 CS=$\{s_1,s_2,\cdots,s_n\}$ 是给定请求的优化选择，即其

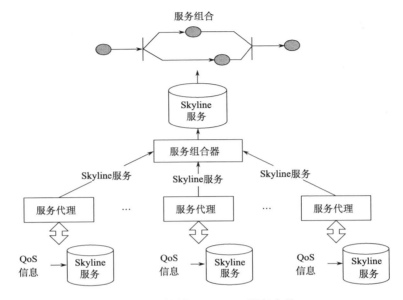

图 11.2　不同代理 Skyline 服务合并

满足用户的全局 QoS 约束并最大化整体效用，那么，每一个组件服务 s_i 一定是其所属服务类的 Skyline 服务，即对 $\forall s_i \in CS$，一定有 $s_i \in SLS_i$，其中 S_i 表示服务 s_i 所属的服务类别。

　　证明　假如 s_i 是 CS 的一部分，但不属于其所在服务类别 S_i 的 Skyline，那么按照服务支配和 Skyline 服务的定义，一定存在其他的服务 s_i' 是 S_i 的 Skyline 服务，并且 $s_i' > s_i$，即 s_i' 所有 QoS 属性均优于 s_i，而且 s_i' 至少有一个 QoS 属性严格优于 s_i。设 CS′ 是通过将组合服务 CS 中的服务 s_i 替换为 s_i' 后的新服务。由于两个服务均属于同一个服务类别，它们具有相同的功能，所以 CS′ 一定也能满足用户功能需求和约束。而且，由于表 9.1 给出的所有 QoS 聚合函数均为单调函数，即 QoS 值越优，产生聚合值也越优，因此，CS′ 不但可以满足用户的功能需求，而且还可以获得更优的效用值。因此，CS′ 是一个优于 CS 的可行选择。综上可知，优化选择中的服务 s_i 必然属于其所属服务类别的 Skyline。证毕。

　　引理 11.1 给出了通过只考虑每一个服务类别 Skyline 服务，提高 QoS 感知的服务选择算法效率的理论基础。然而，Skyline 严重依赖于 QoS 值的分布和不同 QoS 指标之间的相关性，因此，对于不同的 QoS 数据集，其 Skyline 的大小可能具有显著的差异。图 11.3 给出了 3 种不同类别的二维 QoS 数据：①独立数据集，

即两个维度 QoS 属性值之间是相互独立的，没有相关性。②相关数据集。两个维度 QoS 属性值之间具有正向相关性，即一个维度的 QoS 值高，则另一个维度的 QoS 值也高。③反向相关数据集。两个维度 QoS 属性值之间具有反向相关性，即一个维度的 QoS 值高，则另一个维度的 QoS 值就低。一般而言，在候选服务总数一定的情况下，相关数据集的 Skyline 服务数目会比较小，反向相关数据集的 Skyline 服务数目会比较大，而独立数据集的 Skyline 大小在相关数据集反向相关数据集之间[154]。

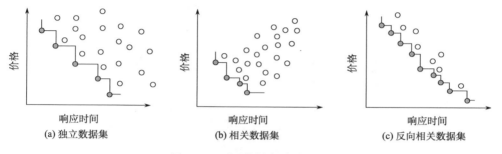

图 11.3　不同数据类型 Skyline

当 Skyline 中具有太多服务时，利用 Skyline 降低优化选择搜索空间的效率可能不显著。为此，需要采用更有效的方法进行处理。一种可行的方法是限制 Skyline 查询中的代表性服务的数目，即通过选择一系列具有代表性的 Skyline 服务，在多种 QoS 属性之间做出权衡，降低优化服务选择模型的输入服务集。

11.2.4　代表性 Skyline 服务

直观地，当某一服务类 S 的 Skyline 服务数目 K 太大，从而不能有效处理时，一种思路是从中选择具有代表性的服务作为整数规划优化选择模型[30,158,165]的输入。这种方法的挑战在于如何在多个 QoS 属性之间进行权衡，并选择一系列具有代表性的 Skyline 服务，使得这些服务最可能成为优化选择中的服务，满足用户 QoS 需求并使得效用最大化。在这个过程中，对代表性服务的数目进行仔细权衡是一个关键的问题，即代表性服务数要大到能够找到满足组合服务需求的优化选择，同时又要尽可能小以提高组合服务选择算法的效率。

为解决代表性服务选择的问题，可以采用基于层次聚类的方法。该方法的思想是将 Skyline 服务 SL 聚类为 k 个簇（cluster），$k=2,4,8,16,\cdots,|\mathrm{SL}|$，然后从每一个簇中选择具有最高效用的服务作为代表性服务。为此，可以建立一个代表性服务的树结构，如图 11.4 所示。该树中，每一个叶子节点对应一个 SL 中的 Skyline 服务，而根节点和中间节点则对应在相应簇中选择的代表性服务。

组合服务运行时，一旦接收到用户对组合服务的请求，就从树的根节点开始启动搜索过程。也就是说，首先只考虑每个服务类中的顶层代表性服务，如图 11.4 所示服务类 S 中的候选服务 s_3。在组合服务需要的每个服务类别中均选择这样的代表服务，并将其作为第 9 章介绍的整数规划组合方案选择模型的输入进行求解。如果使用给定的代表服务没有得到满足用户全局 QoS 约束的解，则继续处理下一级别的代表服务，即每一个服务类选择两个服务作为代表服务，如服务类 S 中的服务 s_3 和 s_6。不断重复该过程，直到找到一个解或者已经到达树的最底层，即已经尝试了所有的 Skyline 服务。如果问题有解，则根据引理 11.1，一定可以在使用树最底层的服务作为输入时得到，并且该解就是优化选择。如果不是在使用树的最底层 Skyline 服务时获得一个解，则对相应代表性服务的后代节点进行检查以进一步对解进行优化。这样对搜索空间的扩展过程一直持续，直到不能获得更好的效用值，或者到达树的底层节点。

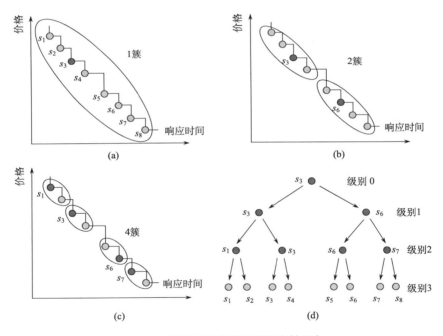

图 11.4　利用层次聚类确定代表性服务

建立代表服务树的过程可以利用已被广泛使用的 k-means 聚类算法完成。通过 k-means 算法得到的簇内服务相似度高，而簇间服务相似度低。k-means 是一种经典的划分聚类的算法，具有简单、高效、可伸缩性等优点。划分聚类算法把数据点集分为 k 个划分，每个划分作为一个聚类。它一般从一个初始划分开始，然

后通过重复的控制策略，使某个准则函数最优化，而每个聚类由其质心来代表。利用 k-means 算法对服务类 S 的 Skyline 服务 SL 进行聚类的问题是将 SL_S 划分为 k 个簇 $c=\{c_1,c_2,\cdots,c_k\}$，其中 $k \leqslant |SL|$，使得每个簇之间的距离平方和最小，即

$$\arg\min_c \sum_{i=1}^{k} \sum_{s_j \in c_i} \| s_j - \mu_i \|^2 \tag{11.1}$$

式中，μ_i 表示簇 i 中服务的质心(centroid)，也称为均值(mean)。在多维 QoS 属性情况下，服务质心的坐标定义为各 QoS 维度的平均值。

　　k-means 算法的基本思想是首先随机选择 k 个服务,每个服务代表一个聚类的质心。对于其余的每一个服务，根据该服务与各聚类质心之间的距离，把它分配到与之最相似的聚类中。然后，计算每个聚类的新质心。重复上述过程，直到准则函数收敛为止。以上思想可以用图 11.5 进行描述，其中椭圆代表质心，而四边形代表服务，$k=3$。基于上述思想的服务 k-means 聚类过程描述见算法 11.1。

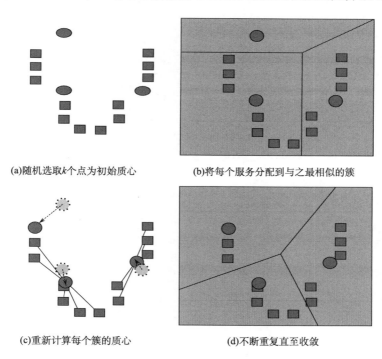

(a)随机选取k个点为初始质心　　　　(b)将每个服务分配到与之最相似的簇

(c)重新计算每个簇的质心　　　　　　(d)不断重复直至收敛

图 11.5　k-means 算法思想

算法 11.1　KMeansCluster(SL,k)（基于 k-means 的 Skyline 服务聚类算法）

输入：Skyline服务集合SL=$\{s_1,s_2,\cdots,s_{|SL|}\}$
输出：k个聚类中心μ_i和k个聚类服务集合c_i, $i\in[1,k]$

1: $t=1$;

2: 随机初始化k个聚类中心μ_i;

3: **repeat**

4: 　**for** $j=1$ **to** $|SL|$ **do**

5: 　　**for** $i=1$ **to** k **do**

6: 　　　计算欧式距离$D(\mu_i,s_j)=|\mu_i-s_j|$;

7: 　　　**if** $D(\mu_i,s_j)==\min(D(\mu_i,s_j))$ **then**

8: 　　　　$s_j \in c_i$;　//服务归类

9: 　　　**end if**

10: 　　**end for**

11: 　**end for**

12: 　**if** $t==1$ **then**

13: 　$J(c,\mu)=\sum_{i=1}^{k}\sum_{s_j \in c_i}\|s_j-\mu_i\|^2$;

14: 　**end if**

15: 　$t=t+1$;

16: 　**for** $i=1$ **to** k **do**

17: 　　$\mu_i=\dfrac{1}{|c_i|}\sum_{s_j \in c_i}s_j$;　//重新计算质心

18: 　**end for**

19: 　$J(c,\mu)=\sum_{i=1}^{k}\sum_{s_j \in c_i}\|s_j-\mu_i\|^2$;

20:**until** $|J^{(t)}(c,\mu)-J^{(t+1)}(c,\mu)|<\varepsilon$.

以 k-means 算法为基础，就可以建立代表服务树算法 11.2。该算法输入为服务类 S 的 Skyline 服务 SL，输出为一个代表性服务的二叉树。算法从确定根节点 s 开始，该节点是 SL 中效用值最大的服务。接下来，算法将 SL 聚类为两个子簇 CLS[1]和 CLS[2]，并分别将这两个簇中效用值最大的服务作为 s 的子节点。对每一个子簇不断重复这个过程，直到不能再生成新的簇，也就是直到新产生的簇中的服务数目低于 2。

算法 11.2　　BuildRepresentativesTree(SL)（利用层次聚类确定代表性服务树）

输入： Skyline服务集合SL

输出： 以s为根节点的代表性服务二叉树

1: $s=$maxUtilityService(SL);

2: CLS=KMeansCluster(SL,2);

3: **for** $i=1$ **to** 2 **do**

4: 　**if** (CLS[i].size>2) **then**

```
5:        C=BuildRepresentativesTree(CLS[i]);
6:    else
7:        C=CLS[i];
8:    end if
9:    s.addChild(C);
10: end for
11: return s.
```

11.3　基于 Skyline 的局部 QoS 级别选择

11.2 节介绍了如何通过关注于每一个服务类别中的代表性服务，以提高利用整数规划方法求解 QoS 感知的组合服务选择的效率的方法。另一方面，在第 10 章中介绍了一种利用整数规划方法将全局端到端 QoS 约束分解为局部约束，然后再利用局部选择策略为每个服务类选择最好服务的方法。全局 QoS 约束分解的整数规划模型中的决策变量不表示候选服务，而是代表每个服务类的局部 QoS 级别，这就使得这种方法与全局优化的整数规划方法相比，具有更高的可扩展性。第 10 章是采用贪心算法从候选服务 QoS 信息中抽取局部 QoS 级别，在这个过程中，对每一个 QoS 属性是单独处理的，没有考虑 QoS 属性间潜在的关联和依赖。因此，在 QoS 约束相当严格的情况下，可能会导致任何候选服务均不能满足分解后得到的局部 QoS 约束。这样，即使该 QoS 感知的服务组合问题有解，利用全局 QoS 约束分解方法也不一定能找到这个解。

为解决全局 QoS 约束分解方法存在的这个问题，可以用以下方法抽取局部 QoS 级别，该方法基于 Skyline 服务，总是可以找到可行的全局 QoS 约束分解，具体过程见算法 11.3。该方法的思想类似于 11.2.4 节介绍的代表性服务选择方法。算法 11.3 首先为每个服务类确定 Skyline 服务，并且递归地将这些服务利用 k-means 方法进行聚类。但是，这里不是在每个子簇中选择一个代表性服务，而是在多维 QoS 空间中创建一个虚拟点，该点的坐标为各子簇中 QoS 属性维度的最大值，如图 11.6 所示。图 11.6(a) 中的虚拟点 y_1 具有所有 Skyline 服务最大的执行时间和最高价格，即服务 s_8 的响应时间，服务 s_1 的价格。

算法 11.3　SelectQoSLevels(SL)（利用 Skyline 服务选择 QoS 级别）

输入：Skyline服务集合SL
输出：代表QoS级别、以y为根的树
1: y=newQoSLevel;
2: **for all** $q_i \in Q$ **do**
3:     $q_i(y)$=max q_i (s);$\forall s \in$SL;

```
4: end for
5: y.utility=maxUtilityValue(SL);
6: CLS=KMeansCluster(SL, 2);
7: for i=1 to 2 do
8:     if (CLS[i].size>2) then
9:         C=SelectQoSLevels(CLS[i]);
10:    else
11:        C=CLS[i];
12:    end if
13:    y.addChild(C);
14: end for
15: return y.
```

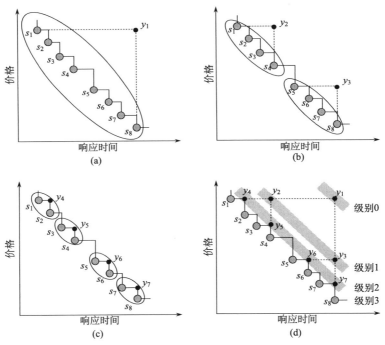

图 11.6　利用 Skyline 确定局部 QoS 级别

这样，就利用虚拟点(如 y_1 和 y_7)代表每个服务类的 QoS 级别，同时为每一个 QoS 级别分配一个效用值，该效用值为相应子簇中所有服务能得到的最高效用。然后，利用整数规划方法将每一个全局端到端 QoS 约束映射为组合问题中每个服务类的一个局部 QoS 级别，其中 0-1 决策变量 x_{ji} 对应每一个局部 QoS 级别 y_{ji}。如果 $x_{ji}=1$，则 y_{ji} 被选择为服务类 S_j 的局部约束；反之，如果 $x_{ji}=0$，则 y_{ji} 不被选

择为服务类 S_j 的局部约束。这样，第 10 章的整数规划模型的目标函数就被重新描述为

$$\max \sum_{j=1}^{n} \sum_{i=1}^{d} U(y_{ji}) \cdot x_{ji} \tag{11.2}$$

并满足全局 QoS 约束

$$\sum_{j=1}^{n} \sum_{i=1}^{d} q_k(y_{ji}) \cdot x_{ji} \leqslant c_k', \quad 1 \leqslant k \leqslant m \tag{11.3}$$

以及决策变量分配约束

$$\sum_{i=1}^{d} x_{ji} = 1, \quad 1 \leqslant j \leqslant n \tag{11.4}$$

上述整数规划模型中，变量 d 为每个服务类中的 QoS 级别数目。设置 d=1,2, 4,$\cdots$,K，其中 K 为总的 Skyline 服务数目。在图 11.6 的例子中，d 对应于图 11.6(d) 中的级别 0~3。持续求解整数规划模型，直到找到一个解，将所有全局 QoS 约束均映射到局部约束。最坏的情况下，该过程会持续到底级才停止。此时，每个 Skyline 服务代表一个 QoS 级别，问题复杂性类似于直接利用全局优化的整数规划进行求解。按照引理 11.1，如果 QoS 感知的服务组合问题有解，则用上述方法一定可以找到全局约束的分解方案。

11.4　服务竞争力提升

正如 11.2 节所阐述，在处理服务组合请求时，可以只将每一个服务类别的 Skyline 服务作为可能的候选服务。因此，非 Skyline 服务会被忽略，从而这些服务不会出现在任何潜在用户请求的优化选择中。这样，对于服务提供者而言，根据其提供服务的 QoS 信息，了解这些服务是否在 Skyline 中就十分重要。只有这样，服务提供者才能知道他们所提供的服务是否可能被用户使用。同时，如果其所提供的服务不在 Skyline 中，则如何提升服务 QoS 水平，使得服务能够出现在 Skyline 中，是服务提供者更加关注的问题。提供确保服务能成为 Skyline 服务的信息，对于服务提供者而言就非常有价值，因为这可以帮助他们分析其提供的服务与竞争对手相比在市场中所处的地位。

为解决这个问题，本节介绍一种帮助非 Skyline 服务的提供者提升其服务竞争力的算法。显然，对于一个非 Skyline 服务而言，可以有多种改变 QoS 的方式

使其成为 Skyline 的一部分。因此，服务竞争力提升算法的目标是通过对服务 QoS 值做最小改变就足以使其成为 Skyline 服务。更确切地说，算法就是要找到对非 Skyline 服务的每一个 QoS 属性做最小提升的方法，使得服务不再被任何其他服务支配，从而成为 Skyline 服务。

考虑图 11.7 所示的例子，其中服务 f 被 Skyline 服务 b、c 和 d 支配。按照定义 11.1，这就意味着服务 b、c 和 d 在所有 QoS 属性上均不劣于服务 f，并且至少在一个 QoS 属性上严格优于服务 f。因此，服务 f 不会成为任何优化服务组合方案的一部分。为提升服务 f 的竞争力，服务提供者必须确保其不会被任何其他服务支配。为达到这个目标，只需要使服务 f 至少在一个 QoS 维度上优于每一个对它支配的服务。对图 11.7 中的 Skyline 结构进行分析，可以确定二维空间的 4 个划分，每一个划分均可以使得服务 f 成为 Skyline 服务。前两个划分如图 11.7(a) 中的阴影部分所示。如果服务 f 向这两个划分之一进行提升，则只需要调整一个 QoS 维度即可。另外两个划分则如图 11.7(b) 所示，如果服务 f 向这两个划分之一进行提升，则需要同时调整两个维度的 QoS 值。这些可用于指导改善服务 QoS 方法的划分被称为服务的非支配划分，由于位于这些划分中的任意服务既不支配 Skyline 中的服务也不被 Skyline 中的服务支配，因此与所有 Skyline 服务之间没有支配关系。换句话说，位于划分中的服务一定是 Skyline 服务。

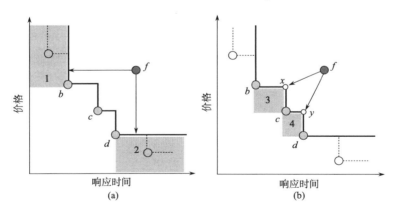

图 11.7　非 Skyline 服务提升的两种非支配划分

一般而言，将服务 QoS 提升到一定水平需要付出一定的费用。例如，为缩短服务响应时间，就可能需要购买更快的服务器，或者当服务运行于云平台时就需要购买更强大的 CPU 运算能力。这样，服务提供者就需要确定最优的 QoS 优化维度以最小化需要的成本。假定提升任何 QoS 属性的成本均为单调增长的，即 QoS 值提升越大，花费的成本也越大。这样，就可以利用加权欧氏距离评估将服

务 s 从位置 p_1 移动到新位置 p_2 的成本为

$$d_s(p_1, p_2) = \sqrt{\sum_{k=1}^{r} \omega_k (p_1(k) - p_2(k))^2} \tag{11.5}$$

式中，ω_k 由服务提供者给定，表示其对 QoS 属性偏好的权重。某 QoS 属性权重越高意味着提升该 QoS 的成本越高。

为了最小化在多维 QoS 空间中提升服务位置的成本，首先需要确定非支配划分。算法 11.4 用于通过改善一个维度的 QoS 就使得服务成为 Skyline 服务的非支配划分，这里的非支配划分是类似图 11.7(a) 的划分。算法输入为一个非 Skyline 服务 s 和与 s 属于同一服务类别的 Skyline 服务 SL，输出为集合 $I=\{i_1, i_2, \cdots, i_{|Q|}\}$，其中每一个元素 p_i 代表将服务 s 改变为 Skyline 服务需要在第 i 个 QoS 维度进行提升的值（其他 QoS 维度值保持不变）。

算法 11.4　OneDimImprovement(s,SL)（通过提升一个 QoS 维度使服务成为 Skyline 服务）

```
输入：非Skyline服务s，Skyline服务集SL
输出：包含每个QoS维度需要改进的值
1: DS={r∈SL:r≻s};
2: for each qi∈Q do
3:   I[i] = max |r^qi - s^qi| ;
        r∈DS
4: end for
5: return I.
```

算法 11.5 则用于确定需要同时调整多个维度的 QoS 值使非 Skyline 服务转变为 Skyline 服务的非 Skyline 划分的最大角（即左上角）坐标，如图 11.7(b) 中的点 x 和 y。将图 11.7(b) 中服务 f 的 QoS 值修改为略微优于点 x 或 y 对应的 QoS 值，就可以确保服务 f 不被 Skyline 中的任何服务支配。算法 11.5 以非 Skyline 服务 s 和与 s 属于同一服务类别的 Skyline 服务 SL 为输入，输出一个以非支配划分的最大角为元素的列表 M。算法 11.5 首先计算包含那些对服务 s 支配的服务列表 DS。然后，分别按照每一个 QoS 维度对 DS 进行排序，并将排序列表中两个相邻服务的最大 QoS 值作为一个最大角对应点的坐标。例如，图 11.7(b) 中最大角 x 和 y 的坐标由以下过程确定：先将服务 b，c 和 d 按照响应时间进行排序（排序结果为 b-c-d），接下来用 b 和 c 两个服务的最大响应时间和价格确定一个最大角 x，继续用 c 和 d 的最大响应时间和价格确定一个最大角 y。然后再按照价格对服务 b，c 和 d 按进行排序（排序结果为 d-c-b），继续检查利用相邻服务最大 QoS 值是否能得到新的最大角，并将新的最大角加入 M 中。

算法 11.5 MultiDimImprovement（s,SL）（通过提升多个 QoS 维度使服务成为 Skyline 服务）

输入：非Skyline服务s，Skyline服务集SL
输出：以非Skyline划分右上角为坐标的点集合M
1: DS=$\{r \in SL : r \succ s\}$;
2: M={};
3: **for all** $q_i \in Q$ **do**
4:      DS$_i$=DS.sortBy(q_i);
5:      **for** j=1 **to** |DS|−1 **do**
6:          s_i=DS$_i$[j];
7:          s_i+1= DS$_i$ [j+1];
8:          m = newQoSVector;
9:          **for all** $q_i \in Q$ **do**
10:             $q_i(m)$=max($q_i(s_i)$, $q_i(s_{j+1})$);
11:         **end for**
12:         **if** $m \notin M$ **then**
13:             M=m;
14:         **end if**
15:     **end for**
16: **end for**
17: **return** M.

通过算法 11.4 和算法 11.5 得到所有的非支配划分后，利用式(11.5)度量将服务从原位置移动到这些划分的距离，并选择具有最小距离的那一个划分对服务进行改进，就可以用最小代价使非 Skyline 服务转变为 Skyline 服务。

11.5 组合服务 Skyline 计算

11.5.1 组合服务 Skyline 的概念

11.2 节介绍的基于 Skyline 技术的服务选择方法是在每个服务类的 Skyline 服务中选择最有可能成为优化选择的服务作为整数规划选择模型的输入，从而缩小组合服务选择的搜索空间。而 11.3 节介绍的基于 Skyline 的局部 QoS 级别选择方法，其本质是在组合服务每一个服务类的 Skyline 服务的基础上实现全局 QoS 约束分解，进而将全局服务选择问题转换为局部服务选择问题进行求解，以解决第 10 章的 QoS 级别选择方法没有考虑 QoS 属性间潜在的关联和依赖的问题，提高服务选择的成功率。上述两种利用 Skyline 技术进行组合服务选择的方法都考虑了用户对 QoS 的约束，并力求使组合服务效用最大化，其实现过程均需要用户根据其对不同 QoS 属性的偏好给出数值化的 QoS 权重。然而，正如 5.4 节所述，用户要计算精确的 QoS 权重事实上是很困难的。为此，以每个服务类的候选服务的 QoS 信息为基础，利用 Skyline 的思想，在不考虑用户对 QoS 属性偏好的情况下，找到那些不被其他任何组合方案支配的组合方案(称为组合服务 Skyline，CSL)返回给用户，是 QoS 感知的组合服务选择的一种重要手段[177-178]。事实上，在得到组合服务 Skyline 后，可以进一步利用第 5 章介绍的局部服务选择方法，选择合适的方案作为最终的组合方案。

下面先用一个示例对组合服务 Skyline 的思想进行说明。假如某组合服务由服务类 S_1 和 S_2 构成，其中 S_1 有 5 个候选服务，而 S_2 有 4 个候选服务，每个候选服务有 3 个 QoS 属性，其 QoS 值如表 11.1 所示，其中 Grade 为服务等级。

表 11.1　组合服务 Skyline 示例

| | S_1 | | | | | | S_2 | | | | |
	q_1	q_2	q_3	Grade	Skyline 服务		q_1	q_2	q_3	Grade	Skyline 服务
s_{11}	1.5	0.8	2	4.3	是	s_{21}	4	0.8	4	8.8	是
s_{12}	2.7	0.8	3	6.5	否	s_{22}	3	1	4	8	是
s_{13}	2	1.1	2	5.1	否	s_{23}	5	2	4	11	否
s_{14}	1.3	1.1	2	4.4	是	s_{24}	5	1	5	11	否
s_{15}	1.4	1.2	3	5.6	否						

由于 S_1 和 S_2 各有 5 个和 4 个候选服务，因此一共有 20 个组合方案。在用户没有给出 QoS 权重时，可以利用 Skyline 思想将所有 20 个组合方案的 QoS 值进行比较，得到那些不被其他任何组合方案支配的 CSL 作为服务选择的结果。进一步，如果组合服务有 n 个服务类，每个服务类有 l 个候选服务，则可能的候选方案数目为 l^n。显然，当 n 和 l 很大时，要在所有组合方案中找到组合服务 Skyline 是十分困难的。一种直观的改进方法是基于每个服务类的 Skyline 服务计算组合服务 Skyline，从而显著减少计算组合服务 Skyline 的计算成本。假如每个服务类 S_i 的 Skyline 服务数目为 $|SL_i|$，则只需要在 $\prod_{i=1}^{n}|SL_i|$ 个组合方案中计算组合服务 Skyline。由于服务类的 Skyline 服务数目通常只是候选服务的一小部分，即 $|SL_i|<<l$，因此利用这种方法可以显著提高计算组合服务 Skyline 的效率。在表 11.1 的例子中，对 S_1 而言，由于 $s_{11}>s_{12},s_{11}>s_{13},s_{14}>s_{15},s_{21}>s_{23},s_{21}>s_{24}$，因此有 SL$_1$={ s_{11},s_{14} }，SL$_2$={s_{21},s_{22}}，于是，在计算组合服务 Skyline 时需要考虑的组合方案就从 20 个降低为 4 个，降低幅度高达 80%。假定 QoS 属性 q_1 和 q_2 的聚合函数为累加，q_3 的聚合函数为取最小，则在剩下的 4 个组合方案中，再次利用 Skyline 技术，可以

得到最终的 CSL 为{(s_{11},s_{21}),(s_{11},s_{22}),(s_{14},s_{22})}，如表 11.2 所示。

表 11.2　表 11.1 的组合服务 Skyline 计算结果

	q_1	q_2	q_3	Grade	组合服务 Skyline
s_{11}，s_{21}	5.5	1.6	2	9.1	是
s_{11}，s_{22}	4.5	1.8	2	8.3	是
s_{14}，s_{21}	5.3	1.9	2	9.2	否
s_{14}，s_{22}	4.3	2.1	2	8.4	是

上述计算组合服务 Skyline 的思想是基于引理 11.2 的。

引理 11.2　给定组合服务 CS={$S_1,S_2,\cdots,S_n$}，则其组合服务 Skyline 完全由服务类的 Skyline 服务 SL_i(i=1,2,$\cdots$,n)确定。

证明　如果存在某组合方案 φ={ $s_1,s_2,\cdots,s_n$ }，$\varphi\in$CSL，并且服务 $s_i\notin SL_i$，而 $s_j\in SL_j$($\forall j\neq i$)，此时，一定存在其他的服务 $s_i'\in SL_i$，并且 $s_i'\succ s_i$。这样，将 s_i 替换为 s_i' 后可以得到新的组合方案 φ'使得 $\varphi'\succ\varphi$，即组合方案 φ 被 φ'支配，$\varphi\notin$CSL，这就与 $\varphi\in$CSL 冲突，从而得证。证毕。

11.5.2　计算 CSL 的 OnePass 算法

引理 11.2 确保只需要在每个服务类的 Skyline 服务基础上进行计算就可以得到组合服务。基于该引理，可以通过对所有 Skyline 服务的组合方案进行一遍扫描(One Pass，OP)即可计算 CSL。为提高对 Skyine 服务之间是否具有支配关系进行判断的效率，可以根据利用服务支配的特性，在假定QoS值越小越优的前提下，将每个 Skyline 服务的各 QoS 属性值相加后得到的值进行比较。QoS 属性值相加后得到的结果成为服务等级。

定义 11.3　(服务等级 Grade)服务等级 Grade 定义为服务各 QoS 值之和，即 Grade=$\sum_{k=1}^{r} q_k$。

表 11.1 中各服务的 Grade 值如表 11.1 的 Grade 列所示。基于服务 Grade 的定义，容易得到引理 11.3。

引理 11.3　如果 $s_i\succ s_j$，则一定有 $Grade_i<Grade_j$。

证明　根据 Grade 的定义，Grade 值越小越好。$s_i\succ s_j$意味着 s_i 在所有 QoS 属性上不劣于 s_j，并且至少在一个 QoS 属性上优于 s_j，即 $Grade_i<Grade_j$。证毕。

基于引理 11.2 和 11.3 的组合服务 Skyline 计算过程见算法 11.6。算法 11.6 枚举所有可能的候选组合方案，并只存储那些可能成为 CSL 的组合方案。在对所有候选方案进行检查后输出 CSL。OP 算法需要将每个服务类中的 Skyline 服务按照其 Grade 值进行降序排列。算法首先对第一个组合方案（称为 CS_1）进行评估，该组合方案由每个服务类 Skyline 中 Grade 值排在最前面的服务组成。由于 CS_1 中的每个服务均是所属服务类中 Grade 值最小的服务，从而组合后 CS_1 的 Grade 值也是所有组合方案中最小的，按照引理 11.3，一定有 $CS_1 \in CSL$。由于 CS_1 具有最小的 Grade 值，因此可以预计其可能对很多其他方案有支配关系，从而在计算 CSL 的早期就将这些被支配的方案剔除出去，提高 CSL 计算的效率。之后，算法继续对其他的组合方案进行枚举。如果某组合方案 CS 不被其他任意方案支配，则将其加入组合服务 Skyline，否则将 CS 从 CSL 中删除，并继续检查下一个组合方案。即如果某 $CS_j \in CSL$，而 $CS_i \succ CS_j$，则将 CS_i 加入 CSL，而将 CS_j 从 CSL 中剔除。

算法 11.6　$OnePass(SL_1, SL_2, \cdots, SL_n)$（计算组合服务 Skyline 的 OnePass 算法）

输入：n 个按 Grade 值降序排列的 Skyline 服务集合 $\{SL_1, SL_2, \cdots, SL_n\}$
输出：组合服务 Skyline，即 CSL

```
1: N = \sum_{k=1}^{n} |SL_k|;
2: CS_1=Aggregate(SL_{11}, SL_{21}, \cdots, SL_{n1});
3: CSL.add(CS_1);
4:  for i=1 to N do
5:     CS_i=EnumerateNext(SL_1, SL_2, \cdots, SL_n);
6:     IsDominated=false;
7:     for j=1 to |CSL| do
8:        CS_j=CSL.get(j);
9:        if CS_i.Grade<CS_j.Grade then
10:          if CS_i > CS_j then
11:             CSL.remove(j);
12:          end if
13:       else
14:          if CS_j > CS_i then
15:             IsDominated=true;
16:             break;
17:          end if
18:       end if
19:    end for
20:    if IsDominated==false then
21:       CSL.add(CS_i);
22:    end if
23: end for
```

在算法 11.6 中，如果不限制枚举组合方案的顺序(第 5 行)，则在早期加入到 CSL 中的组合方案可能会在后面的检查过程中被其他组合方案支配，这就导致存储空间和计算时间的大量增加。为避免出现这种情况，需要对函数 EnumerateNext 函数进行控制。对于已经按照 Grade 值排序的 Skyline 服务集合 $\{SL_1, SL_2, \cdots, SL_n\}$，EnumerateNext 函数首先返回由每个 SL_i 中具有最小 Grade 值的 Skyline 服务组成的组合方案 CS_1，而第二个方案 CS_2 则是将第一个方案中的第 n 个服务替换为服务类 S_n 中 Grade 值排在第二位的 Skyline 服务。当枚举完 S_n 中所有服务之后，就将第 n-1 个服务替换为服务类 S_{n-1} 中 Grade 值排在第二位的 Skyline 服务，而服务类 S_n 中的服务又从排在第一位的服务开始枚举，这样直到所有服务类的 Skyline 服务均枚举完毕为止。上述控制过程可以使得先得到的组合方案有最大的机会被包含在 CSL 之中。

11.5.3 计算 CSL 的 DualProgressive 算法

利用 OP 算法计算组合服务 Skyline 时，只有在所有组合方案均被枚举并检查后才能得到最终结果，在组合方案数目大时，该过程需要较长时间才能完成。如果能在 CSL 计算过程中渐进地输出 CSL 中的组合方案，则用户就不必等所有组合方案枚举完成后才得到最终结果[177]。这种方法的基本思路是：

(1) 渐进地按照 Grade 值升序枚举所有可能的组合方案，也就是 Grade 值低的组合方案首先被枚举，枚举过程由扩展网格(Expansion Lattice)进行控制。

(2) 渐进地输出 CSL 中的组合方案。由于后被枚举的组合方案的 Grade 值不会小于先被枚举的组合方案，从而后枚举的组合方案不可能对先枚举出的组合方案支配。因此，只要检查当前的组合方案不被已经在 CSL 中的方案支配，就可以确保输出的组合方案不会被任何其他的组合方案支配，从而可以将其在所有组合方案检查完毕之前就返回给用户。

由于上述思想一方面渐进地枚举组合方案，另一方面渐进地输出结果，因此被称为双重渐进 (DualProgressive，DP)[177]算法。DP 算法具有两个显著的优势：首先，该算法不需要检查所有输入的组合方案就可以渐进地得到结果，从而可减少用户的等待时间；另一方面，由于只需要存储在 CSL 中的组合方案，从而可以大大地降低存储成本，同时剔除那些不必要的支配检查。

DP 算法的核心是通过对待检查的组合方案进行控制实现渐进的 CSL 输出，因此，控制组合方案枚举顺序是算法的核心。与 OP 算法一样，DP 算法要求所有服务类的 Skyline 已经按其 Grade 值升序排列。DP 算法利用扩展网格对组合方案枚举顺序进行控制。图 11.8 为 3 个服务类 A、B、C 的扩展网格，其中每个服务类的已按 Grade 值升序排列的 Skyline 服务分别为 $SL_A=(a_1, a_2, a_3)$，$SL_B=(b_1, b_2, b_3)$，

$SL_C=(c_1,c_2,c_3)$，这样，可能的组合方案就有$|SL_A|\times|SL_B|\times|SL_C|=27$ 个。扩展网格中的每个节点对应一个组合方案，并且根节点(记为 n_1)由每个服务类中具有最小 Grade 值的服务组成，从而其一定属于 CSL。将父节点中的一个服务类的服务替换为 Grade 值排序靠后的服务，即可得到一个新的子节点。这样，任意子节点的 Grade 值均不小于其祖先节点。通过这种方法，就可以确保子节点对应的组合方案一定在其祖先节点之后被枚举。对于那些没有继承关系的节点，比如第一级中的(a_2,b_1,c_1)和第二级中的(a_1,b_3,c_1)，也需要按照其 Grade 值在枚举过程中首先枚举 Grade 值小的节点。

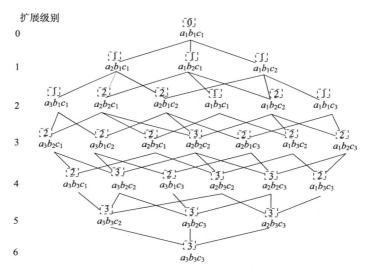

图 11.8　$SL_A=\{a_1,a_2,a_3\}$，$SL_B=\{b_1,b_2,b_3\}$，$SL_C=\{c_1,c_2,c_3\}$的扩展网格

DP 算法的基本思想是将扩展网格 T 与一个堆 H 配合实现基本的渐进枚举。由于父节点的 Grade 值低于子节点，因此扩展网格可以确保父节点总是在子节点之前被枚举。而堆 H 则用于确定那些没有继承关系的节点的枚举顺序。堆 H 首先被初始化为 n_1，然后令每个枚举步骤包括两个子步骤：①提取具有最小 Grade 值的节点，即从堆 H 中提取节点 n_i 并将其与已确定的 CSL 方案进行比较，如果 n_i 不被任何其他节点支配或被丢弃，则将 n_i 加入 CSL。②扩展 n_i，生成 n_i 的子节点并将其插入堆 H 中。当堆 H 为空时，枚举过程结束。

上述计算 CSL 的过程中，一个节点可能在父节点扩展过程中被生成多次，即产生节点重复。由于一个节点最多可能有 n(服务类数目)个父节点，因此，子节点最多可能被生成 n 次。在图 11.8 中，每个节点上方标注的数字表示节点的父节点数目。比如，由于节点(a_2,b_2,c_2)有 3 个父节点，因此在其父节点扩展过程中该节点会被 3 次插入到堆 H 中。由于节点重复，就使得同一节点会被处理多次，从而产生大量不必要的计算成本，同时，一个节点也可能被多次加入到 CSL 中，从而产生错误的输出结果。为解决该问题，可以利用父表(Parent Table)数据结构 P，该结构可以用最小代价解决节点重复的问题。父表中存放给定节点的父节点的数目而不是存放其所有祖先节点。利用父表的原则是只有所有父节点都被处理后才能将子节点插入到堆 H 中。由于节点最多有 n 个父节点，因此父表中每个节点最多用 $\lfloor\log_2 n\rfloor+1$bit 即可存储父节点数目。这样，如何确定一个节点的父节点数目就成为解决节点重复问题的关键。根据扩展网格的定义，其显然具有如下性质：如果每个服务类 Skyline 服务从 1 开始编号，则给定节点 n_i 的父节点数目等于编号大于 1 的 Skyline 服务数目。比如图 10.8 中，节点 (a_2,b_2,c_2) 中三个服务的编号均大于 1，因此，节点 (a_2,b_2,c_2) 的父节点数目为 3。

　　基于上述分析，可以得到改进的节点渐进枚举过程。首先对父表 P 进行初始化，其中存储每个节点的父节点数目，同时，利用扩展网格 T 中的根节点对堆 H 进行初始化。每一次枚举的提取步骤与基本渐进枚举一样，而扩展步骤则只生成子节点而不将其插入到堆 H 中。除了提取和扩展步骤之外，还加入更新检查步骤：对新生成的子节点，首先将父表 P 中该子节点对应的父节点数目减 1，使父表中的信息表示剩余未处理的父节点数目，如果该数目值为 0，则将节点插入到堆 H 中。通过这种方法，就可以确保所有父节点均被处理后，子节点才会被插入到堆中。上述过程如算法 11.7 所示。

算法 11.7　DualProgressive(T)（计算组合服务 Skyline 的 DualProgressive 算法）

输入：扩展网格T；
输出：CSL；
1: CSL=$\varnothing$，H=T.rootnode;
2: 对父表P进行初始化；
3: **while** $H\neq\varnothing$ **do**
4:　从H中提取最前面的节点n;
5:　**if** n不被CSL中任何节点支配 **then**
6:　　CSL.add(n);
7:　**end if**
8:　CN=expand(n,T); //生成子节点
9:　**for all** node $n_i\in$CN **do**
10:　　$P(n_i)= P(n_i)-1$;
11:　　**if** $P(n_i)==0$ **then**
12:　　　H.add(n_i);
13:　　**end if**
14:　**end for**
15: **end while**

　　图11.9和图11.10是DP算法的一个示例,其中图11.9是两个服务类的Skyline服务及其扩展网格,图11.10是 DP 算法运行时节点枚举过程。表 11.3 和表 11.4 为堆和父表的变化情况。枚举第一步,(a_1,b_1) 被从堆中移出,并扩展为 (a_1,b_2) 和 (a_2,b_1)。对这两个节点在父表中的内容进行更新,即 $P(a_1,b_2)=P(a_1,b_2)-1=0$,$P(a_2,b_1)=P(a_2,b_1)-1=0$,即 (a_1,b_2) 和 (a_2,b_1) 节点的待处理父节点数目都为 0,因此将这两个节点插入到堆中。第二步,由于 (a_1,b_2) 具有最小的 Grade 值,因此将其从堆中移出,并扩展子节点 (a_2,b_2) 和 (a_1,b_3),同时父表内容更新为 $P(a_2,b_2)=P(a_2,b_2)-1=1$,$P(a_1,b_3)=P(a_1,b_3)-1=0$。节点 (a_2,b_2) 和 (a_1,b_3) 中,只有 (a_1,b_3) 的待处理父节点数为 0,因此,只将 (a_1,b_3) 插入到堆中。图 11.10 描述了每一步的扩展方向,其中符号 "×" 表示生成的子节点不会被插入到堆中。当堆为空时,整个枚举过程结束。从该示例可以看到,DP 算法性能的决定性因素是堆的大小。利用父表结构,DP 算法通过避免节点和其祖先节点同时出现在堆中实现了堆的最小化。

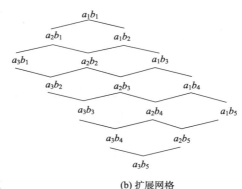

A	Grade
a_1	0.08
a_2	0.37
a_3	0.75
B	Grade
b_1	0.13
b_2	0.16
b_3	0.46
b_4	0.72
b_5	0.87

(a) Skyline服务及Grade值　　　　　　(b) 扩展网格

图 11.9　$SL_A=\{a_1,a_2,a_3\}$,$SL_B=\{b_1,b_2,b_3,b_4,b_5\}$及其扩展网格

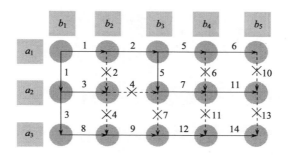

图 11.10　DP 算法运行时节点枚举过程

表 11.3　堆变化情况

步骤	堆内容
0	(a_1,b_1)
1	(a_1,b_2), (a_2,b_1)
2	(a_1,b_3), (a_2,b_1)
3	(a_1,b_3), (a_3,b_1), (a_2,b_2)
4	(a_1,b_3), (a_3,b_1)
5	(a_1,b_4), (a_3,b_1), (a_2,b_3)
6	(a_1,b_5), (a_3,b_1), (a_2,b_3)
7	(a_1,b_5), (a_3,b_1), (a_2,b_4)
8	(a_1,b_5), (a_3,b_2), (a_2,b_4)
9	(a_1,b_5), (a_3,b_3), (a_2,b_4)
10	(a_3,b_3), (a_2,b_4)
11	(a_3,b_3), (a_2,b_5)
12	(a_3,b_4), (a_2,b_5)
13	(a_3,b_4)
14	(a_3,b_5)

表 11.4　父表内容变化情况

步骤	0	1	2	3	4	5	6	7	8	9	10	11	12	13	14
a_1b_1	0	0	0	0	0	0	0	0	0	0	0	0	0	0	0
a_1b_2	1	0	0	0	0	0	0	0	0	0	0	0	0	0	0
a_2b_1	1	0	0	0	0	0	0	0	0	0	0	0	0	0	0
a_1b_3	1	1	0	0	0	0	0	0	0	0	0	0	0	0	0
a_2b_2	2	2	1	0	0	0	0	0	0	0	0	0	0	0	0
a_3b_1	1	1	1	0	0	0	0	0	0	0	0	0	0	0	0
a_1b_4	1	1	1	1	1	0	0	0	0	0	0	0	0	0	0
a_2b_3	2	2	2	2	1	0	0	0	0	0	0	0	0	0	0
a_3b_2	2	2	2	2	1	1	1	1	0	0	0	0	0	0	0
a_1b_5	1	1	1	1	1	1	0	0	0	0	0	0	0	0	0
a_2b_4	2	2	2	2	2	2	1	0	0	0	0	0	0	0	0
a_3b_3	2	2	2	2	2	2	1	1	1	0	0	0	0	0	0
a_2b_5	2	2	2	2	2	2	1	2	2	2	1	0	0	0	0
a_3b_4	2	2	2	2	2	2	2	2	2	1	1	1	0	0	0
a_3b_5	2	2	2	2	2	2	2	2	2	2	2	2	1	0	

11.6　实　验　分　析

这一节介绍基于 Skyline 的服务选择方法在性能方面的实验评估结果，包括两个方面的内容：一是利用服务类的 Skyline 服务进行服务选择，二是利用组合服务 Skyline 进行服务选择（见 11.6.4 节）。

11.6.1　实验设计

实验采用与第 10 章实验相同的数据集。两个数据集实验评估使用的组合服务应用包括 10 个不同的服务类，通过将数据集随机划分形成每个服务类的候选服务。然后，生成最多包括 9 个属性的 QoS 向量表示用户的全局端到端 QoS 约束，每一个 QoS 向量对应一个基于 QoS 的组合请求。这样，组合服务选择的目标就是从候选服务中选择合适的具体服务，满足用户 QoS 全局约束，并使整体效用最大化。

实验对如下几种 QoS 感知的组合服务选择方法的有效性进行比较：

（1）精确方法，即利用全局优化方法求解 0-1 整数规划模型（见第 9 章），可以获得全局最优解；

（2）精确 Skyline 方法，即采用 0-1 整数规划模型求解，但只将 Skyline 服务作为候选服务；

（3）代表性 Skyline 方法，利用 11.2.4 节介绍的方法获得的代表性 Skyline 服务作为每个服务类的候选服务；

（4）约束分解方法，即第 10 章介绍的基于全局 QoS 约束分解的服务选择方法；

（5）混合 Skyline 方法，即利用 11.3 节介绍的利用 Skyline 技术来确定第 10 章基于全局 QoS 约束分解中的局部 QoS 级别的服务选择方法。

以上实验中，求解 0-1 整数规划的精确方法用开源的 LPSolve[170]实现。实验使用平台为 HP ProLiant DL380 G3，含 2 Intel Xeon 2.80GHz 处理器和 6GB 内存，操作系统为 Linux（CentOS release 5）。

11.6.2　候选服务数目与性能

对实验采用的每一种服务选择方法，记录每个服务类候选服务从 100~1000 之间变化时的计算时间，结果如图 11.11 所示。

比较精确方法和精确 Skyline 方法的性能可以看出，通过剔除非 Skyline 服务，服务选择的性能得到显著提高。但是，对于不同的数据集，在不同候选服务数目时性能提高的程度是不一样的。对于反向相关数据集，性能提高的幅度最小。另一方面，代表性 Skyline 方法在性能上明显优于其他所有方法，这就说明采用该方法可以有效处理服务选择的效率问题。总体而言，混合 Skyline 方法在 QWS 数据集和正向相关数据集上的性能与约束分解方法差不多，但在反向相关数据集和独立数据集时混合 Skyline 方法性能低于约束分解方法。但是，通过后续的实验可以看到，混合 Skyline 方法的优化率显著高于约束分解方法。事实上，实验结果还表明在任何情况下，混合 Skyline 方法以及代表性 Skyline 方法的优化率均高于 90%，这就显示这些方法能以较高的性能获得近似优化的结果。

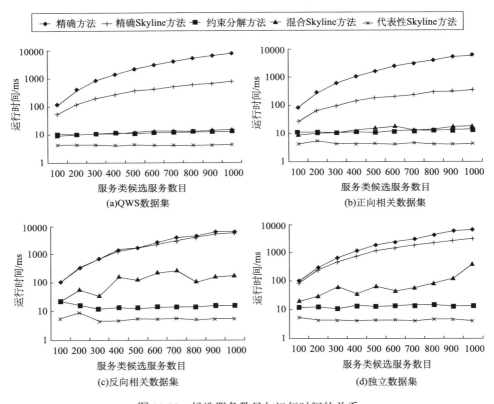

图 11.11   候选服务数目与运行时间的关系

11.6.3   QoS 约束数目与性能

显然，随着端到端 QoS 约束数目的增加，一个给定服务组合的可行选择会减少，这就使各种方法都需要更多的计算时间用于找到最终解。更具体地讲，代表性 Skyline 和混合 Skyline 方法需要更多迭代次数才能找到最终解的概率会增加。

为评估不同方法在不同 QoS 约束数目时的性能，实验将每个服务类的候选服务数目固定为 500，然后将 QoS 约束数目从 1~9 变化，记录不同方法得到最终解的运行时间。考虑到反向相关数据是所有类型数据中最具挑战性的，所以以图 11.12(a) 列出了在反向相关数据集上运行时各种服务选择方法的运行时间。从结果可以看到，代表性 Skyline 方法的运行时间明显优于其他方法。约束分解方法和混合 Skyline 方法的性能区别不明显，但都优于精确求解方法。

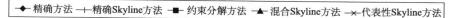

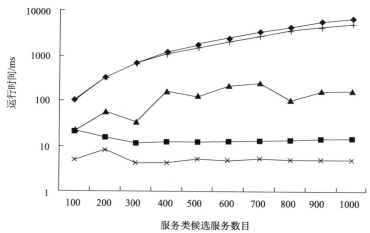

(a)约束数目与运行时间的关系（反向相关数据集）

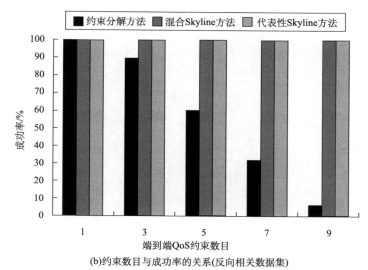

(b)约束数目与成功率的关系(反向相关数据集)

图 11.12　不同 QoS 约束时的运行时间和成功率

除了运行时间外，实验还对各种方法的成功率进行评估。成功率是指对存在一个解的组合服务选择问题，各种不同方法找到这个解的百分比，结果如图 11.12(b) 所示。结果显示，代表性 Skyline 方法和混合 Skyline 方法总能找到解，原因是这两种方法不断通过检查代表性的服务和局部 QoS 级别来扩展搜索空间，直到找到一个解，或者所有 Skyline 服务都已经处理完毕。按照引理 11.1，如果对所有 Skyline 服务都进行了检查，则一定可以找到解（如果存在）。另一方面，约束分解方法的成功率随着服务组合问题的 QoS 约束数目增加而显著降低。出现这样结果的原因在于约束分解方法将每一个全局 QoS 约束独立地进行分解而没有考虑 QoS 属性之间的关系，随着 QoS 约束数目的增加，可能使得候选服务不能满足独立分解后得到的局部 QoS 约束，最终导致不能获得组合问题的解。

11.6.4　组合服务 Skyline 实验

本小节对 11.5 节中介绍的两种计算组合服务 Skyline 的算法性能进行实验分析，实验在独立数据集和反向相关数据集上进行，服务类数目设置为 2~4，QoS 属性数目设置为 2~5。为充分验证在没有给定用户约束和 QoS 权重时利用组合服务 Skyline 进行服务选择的有效性，实验中每个服务类的候选服务设置为 10^5 个，并利用 11.2.2 节中介绍的方法计算每个服务类的 Skyline 服务并将这些服务按照其 Grade 值升序排列，并选择其中 Grade 值最高的 100 个候选服务进行实验。这样，当服务类数目为 4 时，组合服务 Skyline 总的组合方案数目为 10^8 个，如果直接进行两两优势关系比较是很困难的。

图 11.13 对 OP 和 DP 两种算法在不同 QoS 属性数目时计算组合服务 Skyline 的性能进行比较（服务类数目为 4）。可以看到，为了得到组合服务 Skyline，OP 算法所用的时间总是低于 DP 算法所需的时间，原因在于和 OP 算法相比，DP 算法需要使用堆和父表等数据结构，从而导致一些额外的时间开销。但随着 QoS 属

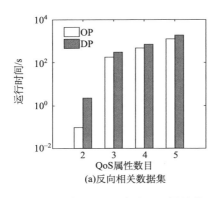
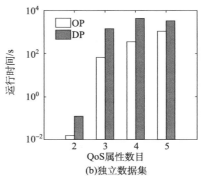

图 11.13　不同 QoS 属性数目时 OP 和 DP 算法的运行时间

性数目的增加，两种算法所用时间的差距逐渐缩小。另一方面，OP 算法通过使用 EnumerateNext 函数限制枚举组合方案的顺序提高了算法的有效性（见图 11.14 的实验结果）。但是，需要特别注意的是，OP 算法需要完全执行完毕才可以输出组合服务 Skyline，而 DP 算法一开始运行，就可以输出组合服务 Skyline 中的组合方案，因此，虽然 OP 算法所用的时间少于 DP 算法，但如果用户希望尽快获得部分组合方案，则无疑 DP 算法具有明显的优势。

图 11.14 对 OP 算法中 EnumerateNext 函数的有效性进行评估。可以看到，随着迭代次数的增加，CSL 中的组合方案数目总体保持增长的趋势，只是在某些迭代中 CSL 中的组合方案数目会有少许的下降，下降的原因是 OP 算法在运行过程中加入到 CSL 中的组合方案可能会被后来枚举的组合方案支配，从而需要将这些被支配的组合方案从 CSL 中移出。但 CSL 中的组合方案数目总体保持增长的结果表明，EnumerateNext 函数可以有效地降低已加入 CSL 中的组合方案被移除的机会，从而提升了 OP 算法的性能。

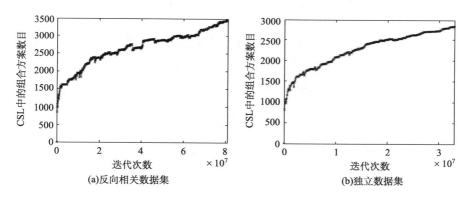

图 11.14　OP 算法迭代中 CSL 方案数目的变化情况

图 11.15 对 OP 和 DP 两种算法在不同服务类数目时计算组合服务 Skyline 的性能进行比较（QoS 属性数目为 3）。与在不同 QoS 属性数量时一样，OP 算法获得最终组合服务 Skyline 所用的时间总是少于 DP 所用时间，但随着服务类数目的增加，两种方法所用时间的差距逐渐增大，原因在于随着服务类数目的增大，堆中的组合方案数目会快速增长。

11.7　小　　结

利用 Skyline 技术降低候选服务的数目、缩小选择决策的搜索空间是 Web 服务选择的一种重要技术。第 8 章讨论了 Skyline 技术在局部服务选择策略中的应用。

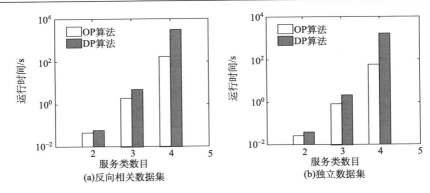

图 11.15　不同服务类数目时 OP 和 DP 的运行时间

基于 Skyline 概念进行全局组合服务选择的思想最早由 Alrifai 等于2010年在 WWW 会议上提出[174]，该方法通过引入 Skyline 计算剔除服务类的冗余候选服务，在保障服务选择可靠性的同时，提高服务选择的实时性。不仅如此，该研究还讨论了利用 Skyline 服务选择代表性服务进行全局优化选择的启发式方法，并将 Skyline 技术与全局 QoS 约束分解方法结合，进一步提高了全局服务选择的效率和成功率。该研究还对不是 Skyline 的服务如何提升竞争力进行了探讨。

文献[175]同样利用 Skyline 思想进行服务选择，该方法首先通过云模型计算 QoS 的不确定性，然后采用 Skyline 计算提取 Web 服务中的 Skyline 服务，剔除冗余服务，最后采用整数规划在 Skyline 服务中进行服务选择。吴键等[176]提出一种利用 MapReduce 思想进行并行 Skyline 服务选择的方法，该方法利用基于角度的划分方法对数据进行分割，并通过优势度提高服务选择效率。此外，该研究还探讨了一种称为纸带模型的动态 Skyline 服务更新方法。

上述研究只是将 Skyline 思想应用于减少单个服务类的候选服务数目，而没有考虑对各服务类的候选服务进行组合后的 Skyline 问题。为此，Yu 等[177]讨论了服务提供者之间的优势关系，并利用这种优势关系寻找一系列可能的最好组合服务，这些服务被称为组合服务 Skyline。组合服务 Skyline 与 Alrifai 方法中的 Skyline 不同，Alrifai 方法的 Skyline 用于每个服务类的候选服务筛选，而组合服务 Skyline 则是指候选服务组合后得到的组合方案的 Skyline。Yu 的研究利用 OP 算法和 DP 算法寻找组合 Skyline 服务。OP 算法是一种直观且容易理解的组合服务 Skyline 计算方法，而 DP 算法可以渐进地输出组合服务 Skyline，为此，本章对这两种算法进行了详细的介绍。在文献[178]中，Yu 等又进一步提出了 BUA（Bottom-Up Algorithm）算法以提高寻找组合 Skyline 服务的效率。尽管如此，目前的研究仅局限于 QoS 信息为确定值时的组合服务 Skyline 计算，QoS 信息具有不确定性情况下的组合服务 Skyline 计算仍然是一个开放的问题。

参 考 文 献

[1]   张明宝, 夏安邦. 基于面向服务体系架构的敏捷虚拟企业信息系统框架. 计算机集成制造系统, 2004, 10(6):985-990.

[2]   Alonso G, Fiedler U, Hagen C, et al. Wise-business to business e-commerce. Proceedings of the 9th International Workshop on Research Issues on Data Engineering: Information Technology for Virtual Enterprises. Washington: IEEE Computer Society, 1999:132-139.

[3]   刘必欣. 动态 Web 服务组合关键技术研究[博士学位论文]. 长沙:国防科学技术大学, 2005.

[4]   Papazoglou M P, Georgakopoulos D. Service-oriented computing. Communications of the ACM, 2003, 46(10): 25-28.

[5]   Papazoglou M P. Service-oriented computing: concepts, characteristics and directions. Proceedings of the 4th International Conference on Web Information Systems Engineering. Washington DC: IEEE Computer Society, 2003:3-12.

[6]   Sprott D, Wilkes L. Understanding service-oriented architecture. Microsoft Architects Journal, 2004(1):10-17.

[7]   Endrei M, Ang J, Arsanjani A, et al. Patterns: Service-oriented architecture and Web services. 2004.

[8]   Newcomer E, Lomow G. Understanding SOA with Web services. Massachusetts: Addison Wesley Professional, 2004.

[9]   W3C. Web services description language (WSDL) version 2.0 part 1: core language. http://www.w3.org/TR/2007/REC-wsdl20-20070626/, 2007.

[10]   W3C. SOAP version 1.2 part 1: messaging framework (Second Edition). http://www.w3.org/TR/2007/REC-soap12-part1-20070427/, 2007.

[11]   OASIS. UDDI v3: the registry standard for SOA. http://www.oasis-open.org/presentations/uddi_v3_Webcast_20050222.pdf, 2005.

[12]   Curbera F, Duftler M, Khalaf R. Unraveling the Web services Web: an introduction to SOAP, WSDL, and UDDI. IEEE Internet Computing, 2002, 6(2):86-93.

[13]   岳昆, 王晓玲, 周傲英. Web 服务核心支撑技术——研究综述. 软件学报, 2004, 15(3): 428-442.

[14]   W3C. Web services architecture. http://www.w3.org/TR/ws-arch/, 2004.

[15]   飞思科技产品研发中心. Java Web 服务应用开发详解. 北京:电子工业出版社, 2002.

[16]   Gottschalk K, Graham S. Introduction to Web service architecture. IBM Systems Journal, 2002, 41(2):170-177.

[17]   Curbera F, Khalaf R, Mukhi N. The next step in Web services. Communications of the ACM. 2003, 46(10):29-34

[18]   OASIS. Web services reliable messaging: WS-Reliability 1.1. http://docs.oasis-open.org/

wsrm/ws-reliability/v1.1/wsrm-ws_reliability-1.1-spec-os.pdf, 2004.

[19]　OASIS. Web services transaction v1.1. http://www.oasis-open.org/specs/index.php# wstransac-tionv1. 1, 2007.

[20]　W3C. OWL-S: Semantic markup for Web services. http://www.w3.org/Submission/OWL-S/, 2004.

[21]　W3C. Web service modeling ontology（WSMO）. http://www.w3.org/Submission/WSMO/, 2005.

[22]　OASIS. Web services business process execution language version 2.0. http://docs.oasis-open.org/wsbpel/2.0/wsbpel-v2.0.html, 2007.

[23]　W3C. Web services choreography description language version 1.0. http://www.w3.org/ TR/ws-cdl-10/, 2005.

[24]　W3C. Web service choreography interface（WSCI）1.0. http://www.w3.org/TR/wsci/, 2002.

[25]　W3C. Extensible markup language（XML）. http://www.w3.org/xml, 2006.

[26]　OASIS. WS-Security 1.1. http://www.oasis-open.org/committees/tchome.php?wgabbrev=wss, 2006.

[27]　Fan J, Kambhampati S. A snapshot of public Web service. SIGMOD Record, 2005, 34(1):24-32.

[28]　van der Aalst W M P, Dumas M, ter Hofstede A H M. Web service composition languages: old wine in new bottles?. Proceedings of the 29th EUROMICRO Conference "New Waves in System Architecture". Washington DC: IEEE Computer Society, 2003:298-307.

[29]　Pires P F, Benevides M, Mattoso M. Building reliable Web services compositions. Lecture Notes in Computer Science, 2593,2002:59-72.

[30]　Zeng L Z, Benatallah B, H H Ngu, et al. QoS-aware middleware for Web services composition. IEEE Transactions on Software Engineering, 2004, 30(5): 311-327.

[31]　Milanovic N, Malek M. Current solutions for Web service composition. IEEE Internet Computing, 2004, 8(6):51-59.

[32]　Casati F, Sayal M, Shan M C. Developing e-services for composing e-services. Lecture Notes in Computer Science, 2068, 2001: 171-186.

[33]　van der Aalst W M P, van Hee K. 工作流管理——模型、方法和系统. 王建民, 闻立杰, 译. 北京: 清华大学出版社, 2004.

[34]　Rao J H, Su X M. A survey of automated Web service composition methods. Lecture Notes in Computer Science, 3387, 2005:43-54.

[35]　Berners-Lee T, Hendler J, Lassila O, et al. The semantic Web. Scientific American, 2001 (5):1-18.

[36]　McIlraith S, Son T C. Adapting Golog for composition of semantic Web services. Proceedings of the 8th International Conference on Knowledge Representation and Reasoning, Toulouse, 2002:482-493.

[37]　McIlraith S, Son T C, Zeng H. Semantic Web services. IEEE Intelligent Systems, 2001, 16(2):6-53.

[38]　Ponnekanti S R, Fox A. SWORD: a developer toolkit for Web service composition. Proceedings of the 11th International World Wide Web. Washington DC: IEEE Computer

Society, 2002:83-107.

[39]   Casati F, Shan M C. Dynamic and adaptive composition of e-Services. Information Systems, 2001, 26(3):143-163.

[40]   Benatallah B, Sheng Q Z, Dumas M. The Self-Serv environment for Web services composition. IEEE Internet Computing, 2003, 7(1):40-48.

[41]   Patil A, Oundhakar S, Sheth A, et al. METEOR-S Web service annotation framework. Proceedings of the 13th international World Wide Web conference. NewYork: ACM Press, 2004:553-562.

[42]   吕建, 马晓星, 陶先平, 等. 网构软件的研究与进展. 中国科学 E 辑, 2006, 36(10): 1037-1080.

[43]   吕建, 徐锋, 王远. 开放环境下基于信任管理的软件可信保障. 中国计算机学会通讯, 2007, 11: 26-34.

[44]   Bosloper I, Siljee J, Nijhuis J, et al. Creating self-adaptive service system with Dysoa. Proceedings of the 3rd European Conference on Web Services. Washington DC: IEEE Computer Society, 2005:95-104.

[45]   Tohma Y. Incorporating fault tolerance into an autonomic-computing environment. IEEE Distributed Systems Online, 2004, 5(2):3/1-3/12.

[46]   Kim S M, Rosu M C. A survey of public Web services. Proceedings of the 13th International World Wide Web Conference. NewYork: ACM Press, 2004:312-313.

[47]   马晓星, 余平, 陶先平, 等. 一种面向服务的动态协同架构机器支撑平台. 计算机学报, 2005, 28(4):467-477.

[48]   Menascé D A. QoS Issues in Web Services. IEEE Internet Computing, 2002, 6(6):72 -75.

[49]   W3C. QoS for Web services: requirements and possible approaches. http://www.w3c.or.kr/ kr-office/TR/2003/ws-qos/, 2003.

[50]   杨芙清. 软件工程技术发展思索. 软件学报, 2005, 16(1):1-7.

[51]   雷丽晖, 段振华. 一种基于扩展有限自动机验证组合 Web 服务的方法. 软件学报, 2007, 18(12):2980-2990.

[52]   Berardi D. Automatic composition of e-Services that export their behavior. Proceedings of the 1st International Conference on Service-Oriented Computing, Lecture Notes in Computer Science, 2910, 2003: 43-58.

[53]   Fu X, Bultan T, Su J W. Formal verification of e-Services and workflows. Lecture Notes in Computer Science, 2002: 88-202.

[54]   Nakajima S. Model-checking verification for reliable Web service. Proceedings of the Workshop on Object-Oriented Web Services. New York: ACM Press,2002.

[55]   Pahl C. A pi-calculus based framework for the composition and replacement of components. Proceedings of the Workshop on Specification and Verification of Component-based systems. New York: ACM Press, 2001:97-107.

[56]   Hamadi R, Benatallah B. A Petri net-based model for Web service composition. Proceedings of the 14th Australasian Database Conference, Adelaide, 2003:191-200.

[57]   Mecella M, Presicce F P, Pernici B. Modeling e-Service orchestration through Petri nets. Proceedings of the 3rd International Workshop on Technologies for e-Services, Lecture Notes

in Computer Science, 2002: 38-47.

[58]   Tang Y, Chen L, He K, et al. SRN:An extended Petri-net-based workflow model for Web
        services composition. Proceedings of the 2004 IEEE International Conference on Web
        Services. Washington DC: IEEE Computer Society, 2004:591-599.

[59]   Baresi L, Nitto E D, Ghezzi C. Toward open-world software: issues and challenges. IEEE
        Computer, 2006, 39(10):36-43.

[60]   Ganek G, Corbi T A. The dawning of the autonomic computing era. IBM Systems Journal,
        2003, 42(1):5-18.

[61]   Kephart J O, Chess D M. The vision of autonomic computing. IEEE Computer, 2003,
        36(1):41-50.

[62]   Keller A, Ludwig H. The WSLA framework: specifying and monitoring service level
        agreements for Web services. Journal of Network and Systems Management, 2003,
        11(1):57-81.

[63]   Tian M, Gramm A, Ritter H, et al. Efficient selection and monitoring of QoS-aware Web
        services with the WS-QoS framework. Proceedings of the IEEE/WIC/ACM International
        Conference on Web Intelligence. Washington DC: IEEE Computer Society, 2004:152-158.

[64]   Li Z, Jin Y, Han J. A runtime monitoring and validation framework for Web service
        interactions. Proceedings of the 2006 Australian Software Engineering Conference.
        Washington DC: IEEE Computer Society, 2006:70-79.

[65]   Baresi L, Ghezzi C, Guinea S. Smart monitors for composed services. Proceedings of the 2nd
        International Conference on Service-Oriented Computing. Washington DC: IEEE Computer
        Society, 2004: 193-202.

[66]   Spanoudakis G, Mahbub K. Requirements monitoring for service-based systems: towards a
        framework based on event calculus. Proceedings of the 19th International Conference on
        Automated Software Engineering, 2004: 379-384.

[67]   Zulkernine H, Seviora R. Towards automatic monitoring of component-based software
        systems. The Journal of Systems and Software, 2005, 74(1): 15-24.

[68]   Wang G J, Wang C Z, Chen A, et al. Service level management using QoS monitoring,
        diagnostics, and adaptation for networked enterprise systems. Proceedings of the 9th IEEE
        International EDOC Enterprise Computing Conference. Washington DC: IEEE Computer
        Society, 2005: 239-250.

[69]   Ardissono L, Console L, Goy A, et al. Enhancing Web services with diagnostic capabilities.
        Proceedings of the 3rd IEEE European Conference on Web Services. Washington DC: IEEE
        Computer Society, 2005:182-191.

[70]   Hagen C, Alonso G. Exception handling in workflow management systems. IEEE
        Transaction on Software Engineering, 2000, 26(10): 943-958.

[71]   付晓东, 邹平. 一种规则驱动的 Web 服务组合例外处理方法. 计算机应用, 2007, 27(8):
        1984-1986.

[72]   Cao J H, Yang J, Chan W T. Exception handling in distributed workflow systems using
        mobile agents. Proceedings of the IEEE International Conference on e-Business Engineering.
        Washington DC: IEEE Computer Society, 2005: 48-55.

[73] 刘方方, 史玉良, 张亮, 等. 基于进程代数的 Web 服务合成的替换分析. 计算机学报, 2007, 30(11): 2033-2039.

[74] Neches R, Fikes R, Finin T, et al. Enabling technology for knowledge sharing. AI Magazine, 1991, 12(3): 16-36.

[75] Gruber T. A translation approach to portable ontology specifications. Knowledge Acquisition, 1993, 5(2): 199-220.

[76] Ran S. A model for Web services discovery with QoS. ACM SIGecom Exchanges, 2003, 4(1): 1-10.

[77] Maximilien E M, Singh M P. A framework and ontology for dynamic Web services selection. IEEE Internet Computing, 2004, 8(5): 84-93.

[78] Noy N F, Sintek M, Decker S, et al. Creating semantic Web contents with protégé. IEEE Intelligent Systems, 2001, 16(2): 60-71.

[79] W3C. OWL Web ontology language overview. http://www.w3.org/TR/2004/REC-owl-features-20040210/#s1.2, 2004.

[80] Alrifai M, Risse T. Combining global optimization with local selection for efficient QoS-aware service composition. Proceedings of the 2009 Conference of World Wide Web. Washington DC: IEEE Computer Society, 2009: 881-890.

[81] Canfora G, Penta M D, Esposito R, et al. An approach for QoS-aware service composition based on genetic algorithms. Proceedings of the 2005 Conference on Genetic and Evolutionary Computation. New York: ACM Press, 2005: 1069-1075.

[82] Maximilien E M, Singh M P. Toward autonomic Web services trust and selection. Proceedings of the 2nd International Conference on Service Oriented Computing. New York: ACM Press, 2004: 212-221.

[83] Vu L H, Hauswirth M, Porto F, et al. A search engine for QoS-enabled discovery of semantic Web service. International Journal of Business Process Integration and Management, 2006, 1(4): 244-255.

[84] Resnick P, Zeckhauser R, Friedman R, et al. Reputation systems. Communications of the ACM, 2000, 43(12): 45-48.

[85] Jøsang A, Ismail R, Boyd C. A survey of trust and reputation systems for online service provision. Decision Support Systems, 2007, 43(2): 618-644.

[86] Rasmusson L, Janssen S. Simulated social control for secure internet commerce. Proceedings of the 1996 New Security Paradigms Workshop. New York: ACM Press, 1996.

[87] Zacharia G. Collaborative reputation mechanisms for electronic marketplaces. Decision Support Systems, 2000, 29(4): 371-388.

[88] Yu B, Singh M. An evidential model of distributed reputation management. Proceedings of the 1st International Joint Conference on Autonomous Agents and Multi-agent Systems. Washington DC: IEEE Computer Society, 2002: 294-301.

[89] 张巍, 刘鲁, 朱艳春. 在线信誉系统研究现状与展望. 控制与决策, 2005, 20(11): 1201-1207.

[90] JøsangA, Ismail R. The beta reputation system. Proceedings of the 15th Bled Conference on Electronic Commerce, 2002: 24-37.

[91]　Jøsang A. A logic for uncertain probabilities. International Journal of Uncertainty, Fuzziness and Knowledge-Based Systems, 2001,9(3): 279-311.

[92]　Sabater J, Sierra C. Social ReGreT, a reputation model basedon social relations. ACM SIGecom Exchanges, 2002, 31(1): 44-56.

[93]　徐兰芳, 胡怀飞, 桑子夏, 等. 基于灰色系统理论的信誉报告机制. 软件学报, 2007, 18(7): 1730-1737.

[94]　Cahill V, Shand B, Gray E, et al. Using trust for secure collaboration in uncertain environments. Pervasive Computing, 2003, 2(3): 52-61.

[95]　付晓东, 邹平, 姜瑛. 基于质量相似度的 Web 服务信誉度量. 计算机集成制造系统, 2008, 14(3): 619-624

[96]　Liu Y, Ngu A, Zeng L Z. QoS computation and policing in dynamic Web service selection. Proceedings of 13th International Conference on World Wide Web. New York: ACM Press, 2004: 66-73.

[97]　杨胜文, 史美林.一种支持 QoS 约束的 Web 服务发现模型. 计算机学报, 2005, 28(4): 589-594.

[98]　Wishart R, Robinson R, Indulska J, et al. SuperstringRep: reputation-enhanced service discovery. Proceedings of the 28th Australasian Conference on Computer Science. Washington DC: IEEE Computer Society, 2005: 49-57.

[99]　Kalepu S, Krishnaswamy S, Loke S W. Reputation = f(user ranking, compliance, verity). Proceedings of the IEEE International Conference on Web Services. Washington DC: IEEE Computer Society,2004: 200-207.

[100]　Rosario S, Benveniste A, Haar S, et al. Probabilistic QoS and soft contracts for transaction-based Web services orchestrations. IEEE Transactions on Services Computing, 2008, 1(4): 187-200.

[101]　Hwang S Y, Wang H, Tang J, et al. A probabilistic approach to modeling and estimating the QoS of Web-services-based workflows. Information Sciences, 2007, 177(23): 5484-5503.

[102]　Levy H. Stochastic Dominance Investment Decision Making Under Uncertainty. Berlin: Springer, 2005.

[103]　Kroll Y, Levy H. Stochastic dominance: a review and some new evidence. Research in Finance, 1980, 2: 163-227.

[104]　Wolfstetter E. Topics in Microeconomics: Industrial Organization, Auctions, and Incentives. Cambridge: Cambridge University Press, 1999: 133-166.

[105]　Zheng H, Yang J, Zhao W. QoS Probability distribution estimation for Web services and service compositions. Proceedings of the 2010 IEEE International Conference on Service-Oriented Computing and Applications. Washington DC: IEEE Computer Society, 2010: 1-8.

[106]　Levy H. Stochastic dominance and expected utility: survey and analysis. Management Science, 1992, 38(4): 555-593.

[107]　王静龙, 梁小筠. 非参数统计, 北京:高等教育出版社, 2006.

[108]　Malik Z, Bouguettaya A. RATE Web: reputation assessment for trust establishment among Web services . The VLDB Journal, 2009, 18(4): 885-911.

[109]　Li H, Du X, Tian X. A review-based reputation evaluation approach for Web services.

Journal of Computer Science and Technology, 2009, 24(5): 893-900.

[110]   Malik Z, Bouguettaya A. Rater credibility assessment in Web services interactions. World Wide Web, 2009, 12(1): 3-25.

[111]   Vu H L, Hauswirth M, Aberer K. QoS-based service selection and ranking with trust and reputation management. Lecture Notes in Computer Science, 3760, 2005: 466-483.

[112]   付晓东, 岳昆, 邹平. 随机服务质量感知的 Web 服务信誉度量模型. 计算机集成制造系统, 2011, 17(8): 1844-1850.

[113]   岳超源. 决策理论与方法. 北京:科学出版社, 2003.

[114]   杨文军, 李涓子, 王克宏. 领域自适应的 Web 服务评价模型. 计算机学报, 2005, 28(4):514-523.

[115]   胡建强, 李涓子, 廖桂. 一种基于多维服务质量的局部最优服务选择模型. 计算机学报, 2010, 33(3): 526-534.

[116]   Wang H C, Lee C S, Ho T H. Combining subjective and objective QoS factors for personalized Web service selection. Expert Systems with Applications, 2007, 32(2): 571-584.

[117]   Fu X, Zou P, Jiang Y. Web service selection with uncertain QoS information. Proceedings of the 27th Chinese Control Conference. Washington DC: IEEE Computer Society, 2008: 271-275.

[118]   Hwang C L, Yoon K. Multiple Attribute Decision Making: Methods and Applications. New York: Springer-Verlag. 1981.

[119]   Ben-Haim Y. A non-probabilistic concept of reliability. Structural Safety, 1994, 14(4): 227-245.

[120]   Moorse R E. Method and Application of Interval Analysis. London:Prentice-Hall,1979.

[121]   Nakahara Y, Sasaki M, Gen M. On the linear programming problems with interval coefficients. International Journal of Computer Industrial Engineering, 1992, 23: 301-304.

[122]   Nakahara Y. User oriented ranking criteria and its application to fuzzy mathematical programming problems. Fuzzy Sets and Systems, 1998, 94(3): 275-286.

[123]   徐泽水, 达庆利. 区间数排序的可能度法及其应用. 系统工程学报, 2003, 18(1): 67-70.

[124]   吴江, 黄登仕. 区间数排序方法研究综述. 系统工程, 2004, 22(8): 1-4.

[125]   Maximilien E M, Singh M P. Agent based trust model involving multiple qualities. Proceedings of the 4th International Joint Conference on Autonomous Agents and Multi-agent Systems. Washington DC: IEEE Computer Society, 2005: 519-526.

[126]   Yoon K P, Hwang C L. Multiple Attribute Decision Making: an Introduction. London:SAGE Publications, 1995.

[127]   Fu X, Yue K, Zou P, et al. Risk-driven Web services selection based on stochastic QoS. ICIC Express Letters，2011, 5(7): 2269-2274.

[128]   代志华, 付晓东, 贾楠,等. 基于最大熵原理的 Web 服务 QoS 概率分布获取. 计算机应用, 2012, 32(10): 2728-2731.

[129]   Markowitz H. Portfolio Selection: Efficient Diversification of Investments. Oxford: Blackwell Publishing, 1991.

[130]   Chakraborty S,Yeh C H. A simulation comparison of normalization procedures for TOPSIS.

Proceedings of the 39th International Conference on Computers & Industrial Engineering, Troyes, France, 2009: 1815-1820.

[131]　Ma J, Fan Z P, Huang L H. A subjective and objective integrated approach to determine attribute weights. European Journal of Operational Research,1999, 112(2): 397-404.

[132]　Jaynes E T. Information theory and statistical mechanics. The Physical Review, 1957, 106(4): 620-630.

[133]　Mallows C L. Bounds on distribution functions in terms of expectations of order statistics. The Annals of Probability, 1973, 1(2): 297-303.

[134]　Zellner A, Highfiled R. Calculation of maximum entropy distributions and approximation of marginal posterior distributions, Journal of Econometrics, 1988, 37(2): 195-209.

[135]　Wiesemann W, Hochreiter R, Kuhn D. A stochastic programming approach for QoS-aware service composition. Proceedings of the 8th IEEE International Symposium on Cluster Computing and the Grid. Washington DC: IEEE Computer Society, 2008: 226-233.

[136]　Klein A, Ishikawa F, Bauer B. A probabilistic approach to service selection with conditional contracts and usage patterns. Proceedings of the 7th International Conference on Service Oriented Computing. Lecture Notes in Computer Science, 2009: 253-268.

[137]　Schuller D, Lampe U, Eckert J, et al. Cost-driven optimization of complex service-based workflows for stochastic QoS parameters. Proceedings of the 10th IEEE International Conference on Web Services. Washington DC: IEEE Computer Society, 2012: 66-73.

[138]　Rosario S, Benveniste A, Jard C. Flexible probabilistic QoS management of orchestrations. International Journal of Web Services Research, 2010, 7(2): 21-42.

[139]　Jurca R, Faltings B, Binde W. Reliable QoS monitoring based on client feedback. Proceedings of the 16th International Conference on World Wide Web. New York: ACM Press, 2007: 1003-1012.

[140]　Barbon F, Traverso P, Pistore M, et al. Run-time monitoring of instances and classes of Web service compositions. Proceedings of the 4th international conference on Web Services. Washington DC: IEEE Computer Society, 2006: 63-71.

[141]　Porter R B, Gaumnitz J E. Stochastic dominance vs. mean-variance portfolio analysis: an empirical evaluation. American Economic Review,1972, 62(3):438-446.

[142]　Cynthia B L, Allan E S. Precise and realistic utility functions for user-centric performance analysis of schedulers. Proceedings of the 16th International Symposium on High Performance Distributed Computing. New York: ACM Press, 2007: 107-116.

[143]　Arrow K J. Essays in the Theory of Risk-Bearing. Amsterdam: North-Holland, 1976.

[144]　Zheng Z, Zhang Y, Lyu M. Distributed QoS evaluation for real-world Web services. Proceedings of the 8th IEEE International Conference on Web Services. Washington DC: IEEE Computer Society, 2010: 83-90.

[145]　Yu Q, Bouguettaya A. Computing service skyline from uncertain QoWS. IEEE Transactions on Services Computing, 2010, 3(1): 16-29.

[146]　Levy H. Stochastic dominance and expected utility: survey and analysis. Management Science, 1992, 38(4):555-593.

[147]　van der Vaart A W. Asymptotic Statistics. Cambridge:Cambridge University Press, 2000.

[148] Kuosmanen T. Efficient diversification according to stochastic dominance criteria. Management Science, 2004, 50(10): 1390-1406.

[149] Hadar J, Russell W R. Rules for ordering uncertain prospects. American Economic Review, 1969, 59(1): 25-34.

[150] Hanoch G, Levy H. The efficiency analysis of choices involving risk. The Review of Economic Studies,1969, 36(3): 335-346.

[151] Whitmore G A. Third-degree stochastic dominance. American Economic Review, 1970, 60(3): 457-459.

[152] Bawa V S. Optimal rules for ordering uncertain prospects. Journal of Financial Economics, 1975, 2(1): 95-121.

[153] Hu F, Wang G, Feng L. Fast knowledge reduction algorithms based on quick sort. Proceedings of the 3rd International Conference on RoughSets and Knowledge Technology. Lecture Notes in Computer Science, 2008: 72-79.

[154] Borzsonyi S, Kossmann D, Stocker K. The skyline operator. Proceedings of the 17th International Conference on Data Engineering. Washington DC: IEEE Computer Society, 2001: 421-430.

[155] 吴健, 陈亮, 邓水光, 等. 基于 Skyline 的 QoS 感知的动态服务选择. 计算机学报, 2010, 33(11): 2136-2146.

[156] Skoutas D, Sacharidis D, Simitsis A, et al. Serving the sky:discovering and selecting semantic Web services through dynamic Skyline queries. Proceedings of the 2008 IEEE International Conference on Semantic Computing. Washington DC: IEEE Computer Society, 2008: 222-229.

[157] Skoutas D, Sacharidis D, Simitsis A, et al. Ranking and clustering Web services using multicriteria dominance relationships. IEEE Transactions on Services Computing, 2010, 3(3): 163-177.

[158] Yu T, Zhang Y, Lin K J. Efficient algorithms for Web services selection with end-to-end QoS constraints. ACM Transactions on the Web, 2007, 1(1): 1-26.

[159] Cardoso J, Sheth A, Miller J, et al. Quality of service for workflows and Web service processes. Journal of Web Semantics, 2004, 1(3): 281-308.

[160] Jaeger M C, Rojec-Goldmann G, Muhl G. QoS aggregation for Web service composition using workflow patterns. Proceedings the 8th IEEE International Enterprise Distributed Object Computing Conference. Washington DC: IEEE Computer Society,2004: 149-159.

[161] Kiepuszewski B. Expressiveness and Suitability of Languages for Control Flow Modelling in Workflows. Australia: Queensland University of Technology, 2002.

[162] Khan S. Quality Adaptation in a Multisession Multimedia System: Model, Algorithms and Architecture. Australia: University of Victoria, 1998.

[163] 王红梅. 算法设计与分析. 北京: 清华大学出版社, 2006.

[164] Winick J, Jamin S. Inet 3.0: Internet topology generator. USA:University of Michigan, http://irl.eecs.umich.edu/jamin/, 2002.

[165] Ardagna D, Pernici B. Adaptive service composition in flexible processes. IEEE Transactions on Software Engineering, 2007, 33(6): 369-384.

[166] 张成文, 苏森, 陈俊亮. 基于遗传算法的 QoS 感知的 Web 服务选择. 计算机学报, 2006, 29(7): 1029-1037.

[167] Alrifai M, Risse T, Nejdl W. A hybrid approach for efficient Web service composition with end-to-end QoS constraints. ACM Transactions on Web, 2012, 6(2): 1-31.

[168] Nemhauser G L, Wolsey L A. Integer and Combinatorial Optimization. New York: Wiley, 1988.

[169] Al-Masri E, Mahmoud Q H. Investigating Web services on the world wide Web. Proceedings of the 17th International Conference on World Wide Web. New York: ACM Press, 2008: 795-804.

[170] Michel-Berkelaar K E, Notebaert P. Open source (mixed-integer) linear programming system. Sourceforge. http://sourceforge.net/projects/lpsolve/, 2009.

[171] Helander M E, Zhao M, Ohlsson N. Planning models for software reliability and cost. IEEE Transactions on Software Engineering, 1998, 24(6): 420-434.

[172] 曾声奎, 冯强. 可靠性设计与分析. 北京: 国防工业出版社, 2011.

[173] 王尚广, 孙其博, 杨放春. 基于全局 QoS 约束分解的 Web 服务动态选择. 软件学报, 2011, 22(7): 1426-1439.

[174] Alrifai M, Skoutas D, Risse T. Selecting skyline services for QoS-based Web service composition. Proceedings of the 19th international conference on World Wide Web, New York: ACM Press, 2010: 11-20.

[175] 王尚广, 孙其博, 张光卫, 等. 基于云模型的不确定性 QoS 感知的 Skyline 服务选择. 软件学报, 2012, 23(6): 1397-1412.

[176] Wu J, Chen L, Yu Q, et al. Selecting skyline services for QoS-aware composition by upgrading MapReduce paradigm. Cluster Computing, 2013: 1-14.

[177] Yu Q, Bouguettaya A. Computing service skylines over sets of services. Proceedings of the 2010 IEEE International Conference on Web Services. Washington DC: IEEE Computer Society, 2010: 481-488.

[178] Yu Q, Bouguettaya A. Efficient service skyline computation for composite service selection. IEEE Transactions on Knowledge and Data Engineering, 2013, 25(4): 776-789.